21世纪高等学校系列教材

HUODIANCHANG HUANJING BAOHU

火电厂环境保护

主　　编　郝艳红

副主编　黄成群　傅毓赟

编　　写　辛云岭

主　　审　王罗春

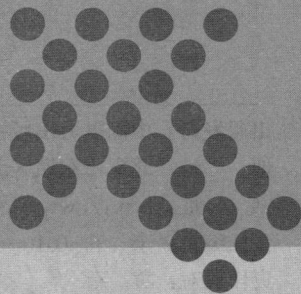

中国电力出版社

CHINA ELECTRIC POWER PRESS

内 容 提 要

全书共分为五章，第一章电力环境保护概述，主要介绍了我国电力生产的现状与发展方向、火电生产对环境质量的影响、火电厂环境保护的现状与任务；第二章烟气的污染与防治，主要介绍了火电厂大气污染物的排放管理、烟气排放监测、烟气的除尘与脱硫脱硝技术；第三章废水处理及回用技术，主要介绍了电厂水平衡与水务管理、火电厂废水及其水质特征、废水的排放监测、废水的处理及回用技术；第四章灰渣综合利用技术，主要介绍了火电厂灰渣综合利用的意义、用于建材的相关标准、火电厂各类灰渣的利用技术；第五章噪声污染与防治，主要介绍了噪声控制的基本技术、控制标准，并结合火电厂噪声源阐述了火电厂噪声的防治技术。

本书介绍的火电厂的环保技术突出先进性和实用性，可作为本科能源动力类和高职高专电力技术类专业学生电力环境保护相关课程的教材，也可作为环保专业学生的教学参考书，亦可供相关领域从事环境保护工作的技术人员参考。

图书在版编目（CIP）数据

火电厂环境保护/郝艳红主编．—北京：中国电力出版社，2008.12（2023.1 重印）
21 世纪高等学校规划教材
ISBN 978－7－5083－7508－3

Ⅰ．火… Ⅱ．郝… Ⅲ．火电厂－环境保护－高等学校－教材 Ⅳ．X773

中国版本图书馆 CIP 数据核字（2008）第 195557 号

出版发行：中国电力出版社
地　　址：北京市东城区北京站西街 19 号（邮政编码 100005）
网　　址：http://www.cepp.sgcc.com.cn
责任编辑：李　莉（010—63412538）
责任校对：黄　蓓
装帧设计：赵姗姗
责任印制：吴　迪

印　　刷：北京雁林吉兆印刷有限公司
版　　次：2008 年 12 月第一版
印　　次：2023 年 1 月北京第十一次印刷
开　　本：787 毫米×1092 毫米　16 开本
印　　张：12.5
字　　数：299 千字
定　　价：28.00 元

前　言

随着我国国民经济的快速增长，电力工业得到了超常规发展。我国电力工业的构成以燃煤发电厂为主，近期由于超临界及超超临界压力大容量火力发电机组的发展，火电机组的总容量又有所上升，目前以及今后相当一段时间内，火力发电在我国电力工业中仍将占主要地位。火电生产过程中污染物的排放，从某种程度上来说，已成为电力工业可持续发展的制约因素之一。党和政府十分重视环境问题，已将"建设资源节约型、环境友好型社会"写入党的"十七大"报告中，作为"十一五"期间政府的重点工作，电力环境保护面临着前所未有的机遇与挑战。

随着环境保护工作重心从对污染物的"末端治理"向"源头控制"的前移，提高从事火力发电专业人员的环保意识与素质，使他们掌握一定的火电环保技术已显得非常必要。鉴于以上目的，我们编写了本书。

本书在编写的过程中，力图做到主要介绍火电环保实用与先进技术，不同于培养环境基本素质的概论，也不同于详尽的技术手册。在编写过程中，本着这样几个原则，一是污染控制技术的背景知识点到为止，主要针对火电环保技术展开内容；二是对应用广泛的技术重点介绍，对有应用前景的技术简要介绍，对应用少或已淘汰的技术一般不作介绍；在前两点的基础上，尽量做到系统、先进与实用。

本书共分为五章，第一章主要介绍了火力发电厂环境保护的目标和任务；第二章重点介绍了火电厂烟气除尘与脱硫脱硝技术；第三章重点介绍了火电厂废水处理及回用技术；第四章重点介绍了火电厂灰渣综合利用技术；第五章结合火电厂噪声源介绍了火电厂噪声控制技术方面的内容。其中第一章、第四章由山西大学工程学院（太原电力高等专科学校）郝艳红编写；第二章由重庆电力高等专科学校黄成群编写；第三章由保定电力职业技术学院傅毓赟编写；第五章由山西大学工程学院（太原电力高等专科学校）辛云岭编写。全书由郝艳红负责统稿。

上海电力学院王罗春教授对本书进行了认真的审阅，并提出了许多宝贵意见，在此深表感谢。

由于编者水平有限，书中不当之处敬请读者批评指正。

编　者

2009 年 1 月

目　录

第一章   电力环境保护概述

第一节   我国电力生产的现状与发展方向

一、我国电力生产的现状

我国自然资源总量排世界第 7 位，能源资源总量居世界第 3 位。从常规能源资源总储量来看，水能资源蕴藏量丰富，可开发装机容量为 3.78 亿 kW，经济可开发装机容量为 2.9 亿 kW，居世界第 1 位；煤炭保有储量为 10024.9 亿 t，经查可开采储量 893 亿 t，探明储量居世界第 3 位；石油的资源量为 930 亿 t，探明储量居世界第 10 位；天然气资源量为 38 亿 m³，探明储量居世界第 18 位；铀储量可供 4000 万 kW 核电站运行 30 年。将煤炭、石油、天然气和可开发水能资源折算成标准煤量计，全世界常规能源资源总量为 1.45 万亿 t 标准煤。其中，我国能源总量约为 1551 亿 t 标准煤，占世界资源总量的 10.7%。另外，我国新能源与可再生资源丰富：风能资源量约为 16 亿 kW，可开发利用的风能资源约为 2.54 亿 kW；地热资源的远景储量为 1353.5 亿 t 标准煤，探明储量为 31.6 亿 t 标准煤；太阳能、生物质能、海洋能等储量更处于世界领先地位。

然而，由于人口众多，就人均能源资源占有量而言我国的一次能源又非常匮乏。我国人口占世界总人口的 22%，已探明煤炭储量仅占世界储量的 11%，石油探明储量仅占世界储量的 2.4%，天然气的探明储量更是仅占世界储量的 1.2%。人均常规能源资源占有量为 135t 标准煤，仅相当于世界平均水平 264t 标准煤的 1/2，石油仅为 1/10，天然气所占比例更低。据有关专家估计，我国煤炭剩余可采储量为 900 亿 t，石油剩余可采储量为 23 亿 t，天然气剩余可采储量为 6310 亿 m³。人均能源资源相对不足，将是我国经济社会可持续发展的一个限制因素。

电力工业的发展与能源状况息息相关，我国的能源状况决定了电力工业的现状与发展方向。

改革开放之后，得益于电力工业体制的不断改革，电力工业发展迅速，在发展规模、建设速度和技术水平上不断刷新纪录、跨上新的台阶。装机容量从 1996 年底开始一直稳居世界第 2 位。进入 21 世纪，我国的电力工业发展又面临前所未有的机遇，呈现出快速发展的态势。主要表现在以下几个方面：

（1）电力装机容量、发电量持续增长。进入 21 世纪，电力装机实现了 4 亿 kW、5 亿 kW、6 亿 kW 三次大的标志性跨越，四年年均增长 15%，比改革开放以来年均增长率高 6.41 个百分点。到 2006 年底，全国发电装机容量达到 6.24 亿 kW，火电发电量为 23573 亿 kWh，装机容量和发电量已经连续 12 年位列世界第 2 位。截至 2007 年底，全国电力装机容量达到了 7.13 亿 kW。预计到"十一五"末，全国电力装机容量约为 9 亿 kW。

（2）电源建设取得跨越式发展。水电装机容量平稳快速增长，风电发展步入高速增长期，核电在确定技术路线、项目前期准备等方面取得了可喜的进展。截至 2007 年底，水电装机容量达到 1.45 亿 kW，居世界首位；火电达到 5.54 亿 kW，对电力供应的保障作用更加明显；随着田湾核电站两台百万千瓦核电机组投产，核电装机容量已达 885 万 kW；2007

年风电并网生产的装机总容量实现翻番，达到 403 万 kW；生物质发电开始起步，截至 2006 年底，全国已建成共 8 万 kW 国家级秸秆发电示范项目机组，填补了我国秸秆发电的空白。

（3）电网规模不断扩大。区域、省电网主网架得到较大发展，到 2006 年底，220kV 及以上输电线路回路长度增长到 28.64 万 km，年均增长 10.99%；变电容量增长到 96405 万 kVA，年均增长 16.29%。全国大部分地区已经形成了 500（330）kV 为主的电网主网架，西北地区官厅至兰州东的 750kV 输变电工程投产，标志着我国输变电最高电压等级提高到了新的水平。全国联网格局初步形成，对促进资源优化配置起到了重要的作用。

（4）火电技术装备水平大幅提高。30 万、60 万 kW 的大型火电机组已成为电力系统的主力机组，并逐步向 100 万 kW 级发展，火电机组的参数逐步向超超临界方向发展，在建的机组与发达国家的新建机组的效率、可靠性、环保性能等基本持平。近年来，华能玉环电厂 1、2 号、华电邹县电厂 7、8 号共四台国产超超临界压力百万千瓦燃煤机组相继投运，国电大同二厂直接空冷 60 万 kW 机组、国网新源四川白马电厂和大唐开远电厂 30 万 kW 循环流化床锅炉机组的投运，标志着我国火电技术装备水平和制造能力进入新的发展阶段。

（5）节能减排初见成效。2006 年，全国电厂供电标准煤耗为 366g/kWh，比 2002 年下降 17g/kWh，全国供电线损率为 7.08%，比 2002 年下降 0.63 个百分点。2003～2006 年供电煤耗、线损率下降共计相当于节约标准煤 3400 万 t，同时带来年减少排放烟尘 15.7 万 t、二氧化硫 51.2 万 t、氮氧化物 30.7 万 t、二氧化碳 5700 万 t 的效果，起到了节约资源与保护环境的共同作用。

但是，我们还应看到目前存在的几个问题：

（1）电源结构还不够合理。一是煤电比重很高，近几年又增长较快，所占比重进一步提高，水电开发率较低，清洁发电装机总容量所占比例较小，截止到 2006 年，火电装机容量约占装机总容量的 77.8%；二是在运行空冷机组的容量所占比例低，其节水优势没有体现出来；三是热电联产机组少，城市集中供热普及率较低；四是电源调峰能力不足，主要依靠燃煤火电机组降负荷运行，调峰经济性较差。

（2）电力生产主要技术指标与国际水平还有一定差距。火电机组参数等级不够先进，超临界及以上等级机组占的比例偏小；国产大容量机组的经济性落后于相应进口机组，30 万 kW 容量等级，国产亚临界压力机组的供电煤耗比进口亚临界压力机组高 4～12g/kWh，60 万 kW 容量等级，国产亚临界压力机组的供电煤耗比进口亚临界压力机组高 20～23g/ kWh，比进口超临界压力机组高 28～39.5g/kWh。这种状况有待在今后的发展中逐步予以克服。

二、电力生产技术发展的主要方向

经过多年的发展和探索，我国电力工业发展的指导思想已经明确，这就是：大力开发水电，优化发展煤电，积极推进核电，稳步发展天然气发电，加快新能源发电，提高能源效率，加强电网建设，保护生态环境，促进装备工业发展，深化体制改革，实现电力、经济、社会、环境统筹协调发展。

要实现电力、经济、社会、环境统筹协调发展，需解决目前制约我国电力工业大发展的关键技术，如超临界与超超临界技术、联合循环、污染控制、动态优化设计等，我国应加大对这些问题的研究和投入，赶超国际先进水平。

1. 超临界和超超临界技术

积极开发建设 600MW 和 1000MW 级的超临界和超超临界压力机组，可节约能源，降低排放，实现国民经济的可持续发展。

超超临界技术是国际上成熟、先进的发电技术，在机组的可靠性、可用率、机组寿命等方面已经可以和亚临界机组媲美，并有了较多的商业运行经验。目前，国际上超超临界机组的参数能够达到主蒸汽压力 25～31MPa，主蒸汽温度 566～611℃，机组热效率 42%～45%。

2. 燃气—蒸汽联合循环发电技术

把燃气发电和蒸汽发电组合起来形成燃气—蒸汽联合循环发电，它具有较高的电能转换效率，受到世界各国的重视。在我国沿海经济发达地区，可发展燃用天然气和进口石油的联合循环机组。在以上煤炭高效洁净燃烧技术的基础上，进一步研究与推广煤炭的加工，即洗煤、配煤、型煤、水煤浆、煤泥利用技术；煤炭的转化，即煤气化、液化等技术；煤气化与联合循环相结合的整体煤气化联合循环（IGCC）技术以及将化工与动力生产一体化的化工—动力多联产技术。

3. 节水技术

火力发电需要耗用大量的淡水资源，而我国淡水资源短缺，人均占有量仅为世界平均水平的 1/4，且分布不均，其中煤炭资源丰富的华北和西北属严重缺水地区。可采用以下措施实现节水，如在富煤地区研究开发超临界和超超临界直接空冷机组；优化城市中水处理技术，利用其作为电厂补给水；提高湿式冷却塔浓缩倍率；优化循环排污水净化技术，实现污水"零排放"等。

4. 污染控制技术

应高度重视电力与环境的协调发展，加大环保投资力度，特别是对二氧化硫的控制力度。在这方面，我国与先进国家差距很大，主要表现在资源利用效率低和污染物排放量大两方面。环境污染问题已成为制约我国电力工业发展的主要因素。开发有自主知识产权的脱硫脱硝技术，积累工程建设及运行经验。开发废水回收利用的处理技术，实现火电厂工业废水的"零排放"。进一步开发高附加值的粉煤灰综合利用技术。

5. 动态优化设计技术

在满足发电设备总体要求下，对其结构、强度、刚度、振动、稳定性等成套优化设计技术和商业软件（如大型水轮机水力设计与计算、结构稳定性、强度与刚度，超临界机组气流激振特性等）进行研究开发，使发电设备具有优良的动态特性，保证其运行稳定、安全可靠、噪声低。

6. 核电及新能源技术

尽快掌握大中型核电站设计、建设、运行、管理技术，重点研制 250～600kW 风力发电机组，积极开展潮汐能、地热能和太阳能发电技术研究，为 22 世纪发展新能源奠定基础。

第二节　火电生产对环境质量的影响

火电厂是利用动力燃料燃烧产生热能并转化为电能的生产单位。根据我国的能源状况，当前乃至今后相当长的一段时间内，我国火电厂仍以煤炭为主要燃料。燃煤电厂在生产过程中，将伴随着大量的烟气、污水和灰渣的排放以及噪声的污染问题，如何有效地控制烟尘、二氧化硫和氮氧化物的排放，开发废水回收利用的处理技术，实现废水的"零排放"，对灰渣进行综合利用，对噪声进行控制，保护和改善生活与生态环境，保障人体健康，是火电工业发展过程中必须面对和解决的问题。

一、烟气排放与大气污染

由于煤中主要可燃元素是碳和氢，故烟气的主要成分为二氧化碳、水汽、氮和氧。燃煤产生的大量二氧化碳排往大气，会造成全球气候变暖，致使气候发生异常。

煤中还含有一定量的可燃硫与氮，使烟气中会含有二氧化硫、少量的三氧化硫和氮氧化物。硫氧化物、氮氧化物等酸性气体通过大气的传输，在一定条件下形成大面积酸雨，会改变酸雨覆盖区的土壤性质，危害农作物和森林生态系统；改变湖泊水库的酸度，破坏水生生态系统；腐蚀材料，造成重大经济损失；还会导致地区气候异常。

煤中还含有一定量的灰分，一般电力用煤中所含灰分为 $20\% \sim 40\%$，故燃煤后产生的烟气中含有大量的尘粒。尘粒存在于大气中主要会影响大气的能见度，引起人类呼吸系统的疾病，尘粒粒径越小对人类健康的危害越大。另外，尘粒的表面还会吸附空气中的有害气体及其他污染物，成为它们的载体，如可以承载强致癌物质苯并 [a] 芘及细菌等。

近年来燃煤过程中汞的排放受到广泛关注。汞的挥发性强，对人体健康的危害包括肾功能衰减，损害神经系统等。进入水体的汞经甲基化后，易累积在鱼类和以食鱼动物为主的食物链中，然后进入人的消化系统。孕妇、胎儿、婴儿最易受到伤害。

另外，一次能源在燃烧的过程中，还会产生一氧化碳、重金属和多种芳烃化合物，导致对生态的破坏和对人体健康的损害。

二、电厂排水与水体污染

水是宝贵的自然资源，电厂是用水大户，一个装机容量为 $2 \times 600MW$ 的火电厂年用水量约 $2 \times 10^7 m^3$，用水指标约为每百万千瓦 $0.7m^3/s$。排水量则因电厂灰、渣的排放方式与运行条件、各种污水的治理情况与重复利用率而有所不同。

电厂排水主要有冲灰冲渣废水、化学酸碱废水、锅炉排污水和生活污水等。一般大型电厂均设置化学污水、工业污水和生活污水处理系统，各类污水经处理符合污水排放或相应用水水质标准后外排或重复利用。

火电厂主要废水——冲灰（渣）废水主要存在 pH 值、悬浮物、氟化物等超标的问题。pH 值超标的冲灰（渣）废水排入水体会使微生物的生长受到抑制，影响水体的自净能力。悬浮物超标的冲灰（渣）废水排入水体会使水的浊度增大、透光度减弱，产生的危害主要有：①影响水生生物的生长繁殖，降低水体的自净能力；②悬浮固体中的可沉固体，沉积于河底，造成底泥积累与腐化，使水体水质恶化；③悬浮物可作为载体，吸附其他污染物质，随水流迁移污染。高浓度含氟工业废水的排放会引起氟污染，使动、植物中毒，影响农业和牧业生产，对人体健康更会造成很大威胁，长期饮用含量大于 1.5mg/L 的高氟水会给人体带来不利影响，严重的会引起氟斑牙和氟骨病。

三、灰渣排放与环境污染

粉煤灰（渣）及脱硫灰渣是电厂燃煤锅炉产生的工业废物，以一个装机容量为 $2 \times$

600MW 的燃煤电厂计，年排灰渣量可达 100 万 t 左右，而一个容积 $2 \times 10^7 m^3$ 的储灰场，也不过可储灰 20 年。大量的灰渣堆放不仅会浪费土地，污染土壤，且因其具有呆滞性、不可稀释性和长期潜在的危害性，从产生、运输，到储存及处置的各个环节，都会给大气、水体、土壤环境带来很多有害影响，最终破坏生态环境，损害人体健康。具体表现在：①由于存放不当与气候的影响，会造成粉尘飞扬，污染大气环境；②存放过程中，由于含水量高或降水等的影响，高 pH 值的灰水排入周围水体后，可能导致该水域中的细菌等微生物被抑制或者消灭，水体自净能力下降；③灰渣储放过程中，灰渣中重金属和有毒元素的浸出会污染储放场及其周围地区的地下水水质；④粉煤灰中含有的微量重金属元素，在农业利用和冲灰水排放时会随之扩散、迁移、积累，渗透到地下水体中或转移到农作物中；⑤粉煤灰建材的放射性过量，会对人体健康造成严重危害。

四、发电设备与噪声污染

噪声是一种公害，属物理性污染。噪声污染将严重损害人体生理、心理健康，影响工作质量，对周围环境与仪器设备、建筑结构等造成损坏。

火电厂有些发电设备噪声很大，例如钢球磨煤机的噪声高达 $107 \sim 120dB$，且因其是一种连续噪声源，危害就更大；又如锅炉间断排汽噪声可高达 $130 \sim 140dB$。而大量的统计资料表明，噪声级在 80dB 以下，方能保证人们长期工作不致耳聋。发电设备的噪声污染给电厂工作人员身心健康及厂区周围环境带来了严重影响。

第三节　火电厂环境保护的现状与任务

环境保护是指人类有意识地保护自然资源并使其得到合理的利用，防止自然环境受到污染和破坏；对受到污染和破坏的环境做好综合治理，以创造出适合于人类生活、工作的环境。是人类为解决现实的或潜在的环境问题，协调人类与环境的关系，保障经济社会的持续发展而采取的各种行动的总称。其方法和手段有工程技术的、行政管理的，也有法律的、经济的、宣传教育的等。其中一项重要内容就是防治由生产和生活活动引起的环境污染。

火电生产的工艺决定了随之产生的烟气、污水、灰渣及噪声会对环境带来不利影响。电力环境保护工作具有政策性强、涉及面广、技术难度高等特点。

一、我国火电环保的现状与存在的问题

表 1-1 是我国近年来火力发电厂排放的污染物的状况。随着党和政府对于环境保护工作的日益重视，近年来我国电力行业在烟尘控制、二氧化硫以及氮氧化物控制、废水处理及回用、灰渣污染控制及综合利用等方面都取得了巨大成绩。目前仍存在的主要问题有：①与发达国家相比，我国能源利用率低、污染物排放量高；②由于认识、政策、技术和资金等方面的原因，二氧化硫与氮氧化物排放控制难度较大；③现有电除尘器或其他高效除尘器，因设备、管理等问题难以达到设计效率；④部分电厂灰水中悬浮物、pH 值难以达到排放标准要求，个别电厂氟化物等污染物超标，部分灰场灰水渗透对地下水产生影响；⑤灰渣的综合利用效率不高；⑥环保科研水平较低，特别是拥有自主知识产权，能用于商业化的环保新技术不多。

表 1 - 1　　　　　　　　　　全国近年火力发电厂主要污染物排放情况

年度＼项目	原煤消耗量（万 t）	二氧化硫排放量（万 t）	电力二氧化硫排放绩效（g/kWh）	烟尘排放量（万 t）	烟尘排放绩效（g/kWh）	单位发电量的废水排放量（kg/kWh）	粉煤灰的产生量（万 t）	粉煤灰的综合利用率（%）
2002	73283	820	6.1	324	2.4	1.17	18100	66
2003	85093	1000	6.3	330	2.1	1.03	21700	65
2004	99390	1200	6.6	346	1.9	1.00	26338	65
2005	112654	1300	6.4	360	1.8	0.99	30191	66
2006	130000	1350	5.7	370	1.6	0.85	35000	66

注　本表数据来源于国家电监会发布的有关数据，其中，烟尘排放量源引电力行业统计数据，统计范围为全国装机容量 6000kW 以上燃煤电厂。

二、火电环保的目标

我国在今后相当长的时期内，以煤炭为主要能源的格局不会改变。在燃煤发电的同时，有效控制燃煤造成的环境污染，既是我国实施环境保护基本国策和电力可持续发展的需要，也是维系国家能源安全、符合最广大人民群众根本利益的具体体现，今后较长时间火电环保的目标是：①进一步降低燃煤电厂平均供电煤耗；②进一步削减烟尘、二氧化硫和氮氧化物的排放量，达到现行 GB 13223—2003《火电厂大气污染物排放标准》要求；③废水排放达到现行 GB 8978—1996《污水综合排放标准》要求，提高废水回用率，实现废水的"零排放"；④进一步提高粉煤灰及脱硫副产品年综合利用量，已满灰场全部复垦和种植；⑤城市（城郊）居民区附近电厂厂界噪声达到现行 GB 12348—2008《工业企业厂界环境噪声排放标准》的要求。

三、火电环保的任务

为实现以上目标，需做以下几方面的工作：

（一）环境监测与管理

环境监测是环境保护的一项基础性工作。对于电力企业，通过环境监测可以判断污染物排放是否达标，评价环保设施的性能，为综合防治提供基础数据。对于环境保护行政主管部门，通过监测可以掌握各排放部门、单位的环保状况，为执法提供依据；同时为环境规划、环境科学研究提供依据。

环境保护管理部门应加强对火电厂环保监测装置的建设和管理，要求新建火电机组必须安装烟气排放在线监测装置，现有火电机组要因地制宜补装烟气排放在线监测装置；电网调度部门要逐步建立对网内发电企业的环保信息监控网络，确保发电企业污染物排放得到有效监控，鼓励清洁的环保电力企业优先上网发电；火电企业设环境监测站，依据《火电厂环境监测技术规范》完成规定的监测任务，监督本厂各排放口污染物排放状况，负责监督环保设施的运转状况，污染物测定结果出现异常时，应及时查找原因，并及时上报。

（二）环境监督

环境监督是火电厂技术监督的重要组成部分，应该予以足够的重视。电厂要设立环境监督机构或专职人员，负责全厂的环境监督工作。电厂的环境监督至少应包括下述几方面的具体内容：

（1）督促全厂有关部门及人员贯彻执行国家的环境保护法令、标准、规范；

（2）监督电厂环境监测工作是否符合《火电厂环境监测技术规范》的要求；

（3）监督电厂各项环境治理设施是否正常运行及是否达到设计要求；

（4）监督电厂新上环境监测及污染治理项目的实施与投运；

（5）组织全厂有关人员参加环境保护法规与专业技术的培训与考核；

（6）监督电厂烟气、污水、灰渣的排放情况，研究对策，确保各种污染物达标排放；

（7）负责电厂环境保护各项管理工作。

（三）污染防治

火电厂污染物的防治可以从管理、技术两个层面来阐述。

1. 管理及政策层面

优化电源布局，促进西电东送，控制东部地区新建燃煤电厂，限制"两控区"新建燃煤电厂，禁止在大中城市市区和近郊新建、扩建燃煤电厂（热电联产电厂除外），从而进一步削减二氧化硫排放量；严格控制氮氧化物排放，新建大型火电厂全部采用先进低氮燃烧技术，加强现有火电机组低氮燃烧技术改造，在提高锅炉燃烧效率和低负荷稳燃性能的同时，有效降低氮氧化物排放；严格执行"关小上大"政策，降低火电机组的煤耗率，减少污染物的排放等。

2. 技术层面

（1）采用配煤、洗选、型煤技术，可以有效提高煤炭的使用效率，降低燃煤过程中污染物的排放。

1）配煤是指通过对煤种的评价、按比例配合，实现不同煤种的合理搭配和资源优化，使燃煤产生的环境问题得到缓解。

2）洗选是煤清洁燃烧的一个重要环节，其实质是在煤燃烧之前就将其中的有害成分通过清洗分选而有效地加以去除，从而减少整个燃煤过程中有害物质的排放。煤炭洗选可脱除煤中 $50\%\sim80\%$ 的灰分、$30\%\sim40\%$ 的全硫（或 $60\%\sim80\%$ 的无机硫），燃用洗选煤可有效减少烟尘、SO_2 和 NO_x 的排放。

3）型煤被称为"固体清洁燃料"，是煤经破碎后，加入固硫剂和黏合剂，改变原料煤的某些特性，压制而成的具有一定强度和形状的块状煤。燃用型煤可减少烟尘、SO_2 和其他污染物的排放。烧型煤和烧散煤相比可节煤 $15\%\sim20\%$，提高热效率 $10\%\sim15\%$，减小烟尘排放量 $60\%\sim80\%$，减少强致癌物苯并［a］芘（B［a］P）排放量 50% 以上。型煤添加固硫剂后，SO_2、NO_x 的排放量减少 $50\%\sim60\%$。型煤技术不仅使低质的粉煤、泥煤、褐煤提高了其经济价值，而且在利用过程中可以给人类一个相对洁净的环境。

（2）采用煤的气化和液化技术，将煤经过化学加工转化为清洁的气体燃料或液体燃料。

1）煤的气化是指以煤炭为原料，采用空气、氧气、CO_2 和水蒸气为气化剂，在气化炉内进行煤的气化反应，生产不同组分、不同热值的煤气的技术。

2）煤炭液化可分为直接液化和间接液化两类。煤炭直接液化技术是指煤直接通过高温高压加氢获得液化燃料或其他液体产品的技术；煤炭间接液化技术是指煤先经过气化制成 CO 和 H_2 的合成气，然后在催化剂的作用下，进一步合成烃类或含氧液体燃料和化工原料的技术。

（3）改善燃煤锅炉特性，提高燃烧效率。如目前备受推崇的循环流化床锅炉（CFBC），以其对于煤种的强适应性，优良的低 SO_2、NO_x 排放量的环保性能，得到了空前的发展；再如提高锅炉参数等级，发展超超临界机组，可大幅降低火电机组的煤耗率，减少污染物的产生。

（4）采用将煤气化技术和高效的联合循环相结合的先进动力系统——整体煤气化联合循环（IGCC）发电系统。它由两大部分组成，即煤的气化与净化部分和燃气—蒸汽联合循环发电部分。IGCC的工艺过程可概括为：煤经气化成为中低热值煤气，经过净化，除去煤气中的硫化物、氮化物、粉尘等污染物，转变为清洁的气体燃料，然后送入燃气轮机的燃烧室燃烧加热气体工质以驱动燃气轮机做功，燃气轮机排气进入余热锅炉加热给水，产生过热蒸汽驱动蒸汽轮机做功。IGCC技术，集清洁燃料的使用与高燃烧发电效率于一身，极大地减少了污染物的产生与排放。在目前技术水平下，IGCC发电的净效率可达$43\%\sim45\%$，今后可望达到更高。而污染物的排放量仅为常规燃煤电站的$1/10$，脱硫效率可达99%，二氧化硫排放在$25mg/m^3$（标准状态下）左右，氮氧化物排放只有常规电站的$15\%\sim20\%$，耗水只有常规电站的$1/2\sim1/3$。

（5）采用除尘、脱硫、脱硝净化技术，对火电厂大气污染物进行治理。我国火电厂目前应用最为广泛的除尘装置为静电除尘器，但静电除尘器存在对高比电阻飞灰捕集效率低，运行过程中除尘效率下降较多两个突出问题。袋式除尘器以其高除尘效率，对飞灰比电阻的强适应性，在国内一些大机组上已有应用。国内火电厂目前主要采用湿式石灰石—石膏法进行脱硫，而氮氧化物的控制主要还是依靠燃烧过程中采用低氮燃烧方式进行，烟气脱硝技术的应用还较少。目前，火电厂大气污染物的治理技术主要存在设备运行不稳定，运行费用高，效率难以保证等问题，今后应加强技术经济合理的除尘、脱硫、脱硝一体化技术的研发。

（6）对于火电厂废水的治理，今后的主要任务有：①加快火力发电厂废水治理技术的开发；②积极治理灰水悬浮物、pH值和氟超标问题；③抓好废水的回收利用，实现再循环，减轻污染。

（7）对于火电厂产生的粉煤灰、炉渣、脱硫灰渣等固体废物，近年来，主要利用在建材、筑路和回填等方面，今后应特别重视和推广煤粉灰在资源回收、化工、环境工程和农业等领域的应用。

（8）对于火电厂的噪声主要应采取声源控制的办法，通过研究和选择低噪声设备，改进生产工艺，提高机械设备加工精度和设备的安装技术，降低噪声的声功率。

以上（1）～（4）是通过采用清洁燃料、提高燃烧与动力循环效率，实现从源头上减少污染物的产生的技术；（5）～（7）是对火电生产过程中已排放出的污染物进行治理的技术；（8）是针对噪声源控制的技术。

复 习 思 考 题

1. 依据我国的能源状况，结合可持续发展的理念，分析我国电力技术的发展方向。

2. 我国现行的火电厂污染物排放标准有哪些？大气污染物排放标准中对哪几类污染物做了限制性的规定，限制值分别为多少？

3. 火电生产对环境的影响表现在哪些方面？

4. 我国火电环保目前的状况如何，与发达国家相比有哪些差距？请用具体的数据予以说明。

5. 目前，我国火电环保主要应从哪些方面着手？在技术层面上，主要可采用哪些技术来实现节能减排降耗？

第二章　烟气的污染与防治

电力工业的迅速发展一方面促进了国民经济的发展；另一方面，燃煤电厂大量耗煤所产生的煤烟型大气污染对全国的生态环境也产生了严重的影响和损害。

火力发电厂排烟中的 SO_2 和氮氧化物（NO_x）的浓度虽然低，但总量极大。火电厂的粉尘、SO_2 排放量均居全国各行业的第一位，SO_2 排放量占全国排放量的 40%～50%。氮氧化物的排放也越来越引起密切关注。

随着我国经济持续稳定增长，对电力的需求也将相应增长，作为我国主要能源的煤的消耗量也将增长。而我国以燃煤为主的电力生产所造成的环境污染是电力工业发展的一个制约因素。因此，建设一个清洁的、高效的、安全的电力生产行业，是我国能源战略的紧迫任务。

第一节　火电厂大气污染物的排放管理

火电厂大气污染物的排放造成的环境污染，已成为电力工业乃至整个国民经济发展的制约因素。因此，加强对我国火电行业大气污染物排放的管理、技术的改造，减少大气污染物排放量是实现电力工业和整个国民经济可持续发展的必由之路。

一、我国火电企业现行的环境保护制度

目前电力行业实施的"三同时"制度、环境影响评价制度、排污收费制度、污染物总量控制制度、排污权申报与排污许可证制度（简称许可证制度）、限期治理污染制度和实行关停并转制度，可以归纳为三个层次。

第一层次，"三同时"制度、环境影响评价制度针对电力行业新增项目，限制新污染源进入，体现了"预防为主"的原则，是电力行业的前期环境管理制度。

第二层次，排污收费制度、污染物总量控制制度、许可证制度是针对电力企业生产过程的环境管理制度，是控制火电厂排放污染物的关键政策。

第三层次，限期治理污染制度和实行关停并转制度是以"限期治理"为原则，实施环境质量目标的最后控制政策，是后期环境管理制度。

我国火电企业现行的环境保护制度，经历了以下几个转变。

1. 由单纯的浓度控制到总量控制

污染物排放总量控制（简称总量控制）是将某一控制区域（例如行政区、流域、环境功能区等）作为一个完整的系统，采取措施将排入这一区域的污染物总量控制在一定数量之内，以满足该区域的环境质量要求。总量控制应该包括三个方面的内容，即污染物的排放总量、排放污染物的地域及排放污染物的时间。关于"两控区"的规划就是总量控制的一种尝试。

2. 由单纯的终端管理到全过程监督

从"三同时"、环境影响评价到排污许可证制度，最后到对限期治理的监督和实行关停

并转，火电环境保护管理实现了从立项到发电运行的全过程管理。其中排污许可证制度是以改善环境质量为目标，以污染物排放总量控制为基础，规定污染源许可排放污染物的种类、数量和去向的一项环境管理制度，它不但包括排污单位申报登记、排污指标规划分配、许可证申请颁发，还包括对执行情况的监督检查等四项内容，与其他几项制度结合形成了对电力企业环境行为的全过程管理模式。

3. 由单纯的行政管理到发挥市场的作用

排污权交易制度就是运用市场机制控制污染物排放的一项制度。

排污权交易依据"科斯定理"，即只要市场交易成本为零，无论初始产权配置状态如何，通过交易总可以达到资源的优化配置。因此在满足环境要求的条件下，建立合法的污染物排放权即排污权（这种权利通常以排污许可证的形式表现），并允许这种权利像商品一样被买入和卖出，以此来进行污染物的排放控制。其一般的做法是首先由政府部门确定出一定区域的环境质量目标，并据此评估该地区的环境容量。然后，推算出污染物的最大允许排放量，并将最大允许排放量分割成若干规定的排放量，即若干排污权。政府可以选择不同的方式分配这些权利，如公开竞价拍卖、定价出售或无偿分配等，并通过建立排污权交易市场使这种权利能合法地买卖。在排污权市场上，排污者从其利益出发，自主决定其污染程度，从而买入或卖出排污权。排污权交易的主体是污染者，而与受害者无关，客体是排放减少信用（即剩余的排放许可）。

二、建立"两控区"控制火电机组二氧化硫的排放

"两控区"是酸雨控制区和 SO_2 控制区的简称。我国两控区的面积为 109 万 km^2，占国土面积的 11.4%，其中酸雨控制区的面积为 80 万 km^2，占国土面积的 8.4%，SO_2 污染控制区的面积为 29 万 km^2，占国土面积的 3%，共涉及 27 个省、自治区、直辖市。

1995 年全国排放 SO_2 约 2370 万 t，两控区的 SO_2 排放量约 1400 万 t，占全国的 59%。国家以此为基础制定了两控区内 SO_2 排放量的长远控制目标，即 15 年内增加排放源而不增加排放量，具体要求是到 2000 年，两控区内排放 SO_2 的工业污染源达标排放，SO_2 排放量控制在 1400 万 t，直辖市、省会城市、经济特区城市、沿海开放城市及重点旅游城市环境空气 SO_2 浓度达到国家环境质量标准，酸雨污染恶化的趋势得到缓解。到 2010 年，两控区内 SO_2 排放量控制在 1400 万 t，全部城市环境空气 SO_2 浓度达到国家环境质量标准。

为了落实"两控区"的目标，降低 SO_2 的排放量，我国还制定了《两控区酸雨和二氧化硫污染防治"十五"计划》。计划中特别对火力发电厂制定了更为严格的减排方案，即除以热定电的热电厂外，禁止在大中城市城区及近郊区新建燃煤火电厂；新建、改造燃煤含硫量大于 1% 的电厂，必须建设脱硫设施；现有燃煤含硫量大于 1% 的电厂，要在 2000 年前采取减排 SO_2 的措施；在 2010 年前分期分批建成脱硫设施或采取其他具有相应效果的减排 SO_2 的措施。

火力发电行业在国家"两控区"规划的大框架下，认真采取减排措施，取得了相当的成绩。2007 年全国环境公报指出：全国装备脱硫设施的燃煤机组占全部火电机组的比例由 2005 年的 12% 提高到 48%，SO_2 的排放首次出现了"拐点"。

三、修订标准提高火电厂大气污染物排放的控制水平

2003 年底，我国颁布了 GB 13223—2003《火电厂大气污染物排放标准》（以下简称新

标准)，新标准根据我国的环境状况、经济状况、电力技术发展水平，在 1996 年颁布的标准的基础上进行了修订。新标准对不同时期的火电厂建设项目分别规定了对应的大气污染物排放控制要求。

新标准中关于火力发电锅炉烟尘最高允许排放浓度和烟气黑度限值见表 2-1。SO₂ 和氮氧化物的排放限值见表 2-2 和表 2-3，新标准分三个时段，对不同时期的火电厂建设项目分别规定了排放控制要求，这三个时段为：①1996 年 12 月 31 日前建成投产或通过建设项目环境影响报告书审批的新建、扩建、改建火电厂建设项目，执行第 1 时段排放控制要求；②1997 年 1 月 1 日起至本标准实施前通过建设项目环境影响报告书审批的新建、扩建、改建火电厂建设项目，执行第 2 时段排放控制要求；③自 2004 年 1 月 1 日起，通过建设项目环境影响报告书审批的新建、扩建、改建火电厂建设项目（含在第 2 时段中通过环境影响报告书审批的新建、扩建、改建火电厂建设项目，自批准之日起满 5 年，在本标准实施前尚未开工建设的火电厂建设项目），执行第 3 时段排放控制要求。

表 2-1 火力发电锅炉烟尘最高允许排放浓度和烟气黑度限值

时 段	烟尘最高允许排放浓度（mg/m³）					烟气黑度（林格曼黑度，级）
	第 1 时段		第 2 时段		第 3 时段	
实施时间	2005 年 1 月 1 日	2010 年 1 月 1 日	2005 年 1 月 1 日	2010 年 1 月 1 日	2004 年 1 月 1 日	2004 年 1 月 1 日
燃煤锅炉	300 * 600 **	200	200 *	50 100 *** 200 ****	50 100 *** 200 ****	1.0
燃油锅炉	200	100	100	50	50	

* 县级及县级以上城市建成及规划区内的火电厂锅炉执行该限值。

** 县级及县级以上城市建成及规划区以外的火电厂锅炉执行该限值。

*** 在本标准实施前，环境影响报告书已批复的脱硫机组，以及位于西部非两控区的燃用特低硫煤（入炉燃煤收到基硫分小于 0.5%）的坑口电厂锅炉执行该限值。

**** 以煤矸石等为主要燃料（入炉燃料收到基低位发热量小于等于 12550kJ/kg）的资源综合利用火力发电锅炉执行该限值。

表 2-2 火力发电锅炉二氧化硫最高允许排放浓度　　　　mg/m³

时 段	第 1 时段		第 2 时段		第 3 时段
实施时间	2005 年 1 月 1 日	2010 年 1 月 1 日	2005 年 1 月 1 日	2010 年 1 月 1 日	2004 年 1 月 1 日
燃煤锅炉及燃油锅炉	2100 *	1200 *	2100 1200 **	400 1200 **	400 800 *** 1200 ****

* 该限值为全厂第 1 时段火力发电锅炉平均值。

** 在本标准实施前，环境影响报告书已批复的脱硫机组，以及位于西部非两控区的燃用特低硫煤（入炉燃煤收到基硫分小于 0.5%）的坑口电厂锅炉执行该限值。

*** 以煤矸石等为主要燃料（入炉燃料收到基低位发热量小于等于 12550kJ/kg）的资源综合利用火力发电锅炉执行该限值。

**** 位于西部非两控区的燃用特低硫煤（入炉燃煤收到基硫分小于 0.5%）的坑口电厂锅炉执行该限值。

表 2-3　　　　　火力发电锅炉及燃气轮机组氮氧化物最高允许排放浓度　　　　　mg/m³

时　　段	第 1 时段	第 2 时段	第 3 时段
实施时间	2005 年 1 月 1 日	2005 年 1 月 1 日	2004 年 1 月 1 日
燃煤锅炉　$V_{daf}<10\%$	1500	1300	1100
$10\%\leqslant V_{daf}\leqslant20\%$	1100	650	650
$V_{daf}>20\%$			450
燃油锅炉	650	400	200
燃气轮机组　燃　　油			150
燃　　气			80

　　根据 GB 13223—2003《火电厂大气污染物排放标准》的要求，自 2005 年 1 月 1 日起，2004 年 1 月 1 日以前建设的火电机组达不到该标准的，在其限期治理项目未实施前，环保部门不得审批机组所属企业的新、改、扩建火电项目。另外，对需要同步配套建设的脱硫设施、高效除尘器和低氮燃烧或烟气脱除氮氧化物装置的项目进行全过程监督管理；对需要预留烟气脱硫场地或脱除氮氧化物装置空间的项目应保证预留场地、空间落实到位；对全厂 SO_2 排放速率超过新标准要求的项目应制定和实施达标排放方案，并严格按"三同时"制度进行管理。对 2005 年 1 月 1 日以后仍达不到新标准要求的火电厂，应依据《大气污染防治法》的有关规定进行处罚，并根据超标情况，采取限期安装脱硫设施、更新除尘器或改装低氮燃烧装置等治理措施。限期治理后仍不能达标的，应限产限排或关停。此外，2008 年 1 月 1 日以前，所有火电机组均应安装符合 HJ/T75—2007《固定污染源烟气排放连续监测技术规范》要求的烟气排放连续监控仪器，并实现与环保部门联网。

　　管理措施的不断完善和严格，也推动了我国火电行业在控制大气污染物排放的技术方面的进步。

第二节　火电厂的烟气排放监测

　　火电厂产生的污染物，如二氧化硫、氮氧化物、粉尘等是随烟气排放到大气中去的。烟气是火电厂的主要污染源，因而对烟气的监测是电厂环境监测的重要组成部分。本节对烟气中主要污染物的监测加以介绍。

　　一、烟气监测项目

　　烟气的监测项目有：烟尘、二氧化硫、氮氧化物的排放浓度和排放量；烟气含氧量及温度、湿度、压力、流速、烟气量（标准干烟气量）等辅助参数。

　　二、直接采样监测方法

　　（一）监测周期

　　DL/T 414—2004《火电厂环境监测技术规范》规定烟尘、二氧化硫、氮氧化物排放浓度和排放量每年测定 1 次；除尘器大修前后应测定除尘器的除尘效率，同时测量各项烟气辅助参数。

　　（二）监测条件

　　为了取得有代表性的样品，测定时应满足以下条件：①燃烧煤种和锅炉运行工况稳定，锅炉负荷大于 75% 额定值；②测试期间锅炉不进行吹灰、打渣，不投油助燃，系统不启停，不调整送引风机挡板；③测试前做好原始资料收集、试验大纲编写、仪器校验和安全措施等各项准备工作。

（三）采样部位与采样点

1. 采样部位

采样部位、采样孔和采样点的设置按 GB/T 16157—1996 的规定执行。当条件不能满足时，按以下方式进行。

烟尘采样部位选择应符合 HJ/T 48—1999 的规定，选在较长直段烟道上，与弯头或变截面处的距离不得小于烟道当量直径的 1.5 倍。对矩形烟道，其当量直径 $D=2AB/(A+B)$，式中 A、B 为边长。测量光束一般需通过烟道中心线。水平管道截面应考虑烟尘重力沉降因素。

不满足上述要求时，其监测孔前直管段长度必须大于监测孔后的直管段长度，在烟道弯头和变截面处加装导流板，并适当增加采样点数。

二氧化硫、氮氧化物的采样部位应符合 HJ/T 47—1999 的规定，选在脱硫、脱硝装置或系统进入烟囱的烟道上，或烟囱的合适位置。与烟尘采样部位的距离不小于 0.5m。

在新机组的设计和安装施工中，应按上述技术要求设置采样孔。

2. 烟尘采样点

（1）圆形断面烟道上的采样点。圆形断面烟道上的采样点如下：①按照 GB/T 16157—1996 规定的圆形烟道等面积圆环采样位置设置，由表 2-4 确定圆环数 m 和测点数，测点距烟道内管壁的距离系数见表 2-5，测点距烟道内管壁的距离等于烟道直径乘以表 2-5 中的距离系数。②采样孔设在与圆形断面互相垂直的两条直径线上，开四个或相邻的两个孔。采样孔尽可能选在烟道两侧。③烟道直径大于 4000mm 时，可按表 2-4 外推。采样点距烟道中心的距离按式（2-1）计算，即

$$r_n = R \sqrt{\frac{2n-1}{2m}} \qquad (2-1)$$

式中　r_n——采样点距烟道中心的距离，m；

　　　R——烟道半径，m；

　　　n——由烟道中心算起的测点序号；

　　　m——确定的环数，由表 2-4 查得。

表 2-4　　　　　　　　　　　等面积环数和测点数

烟道直径 D（mm）	等面积圆环数（m）	测量直径条数	测点总数
$D \leqslant 600$			1
$600 < D \leqslant 1000$	2	2	4～8
$1000 < D \leqslant 2000$	3	2	6～12
$2000 < D \leqslant 3000$	4	2	8～16
$3000 < D \leqslant 4000$	5	2	10～20
$D > 4000$	6	2	12～24

表 2-5 测点距烟道内管壁的距离系数

测点数	环 数					
	1	2	3	4	5	6
1	0.146	0.067	0.044	0.033	0.026	0.021
2	0.854	0.250	0.146	0.105	0.082	0.067
3		0.750	0.296	0.194	0.146	0.105
4		0.933	0.704	0.323	0.226	0.183
5			0.854	0.677	0.342	0.255
6			0.956	0.806	0.658	0.359
7				0.895	0.774	0.641
8				0.967	0.854	0.745
9					0.918	0.817
10					0.974	0.875
11						0.933
12						0.979

（2）矩形断面烟道上的采样点。矩形断面烟道上的采样点如下：①将矩形断面烟道用经纬线分成若干面积相等的小矩形，各小矩形对角线的交点为采样点；②沿烟道断面边长均匀分布的采样点数由表 2-6 确定；③烟道断面边长大于 4m 时，采样点可按表 2-6 外推。其他形状烟道上的采样点可参照上述原则布置。

表 2-6 矩形断面沿边长均匀分布的测点数

矩形烟道断面边长（mm）	<500	501~1000	1001~2000	2001~3000	3001~4000
测点排数	2	3	4	5	6

3. 二氧化硫、氮氧化物采样点

采集二氧化硫、氮氧化物样品时，采样管伸入烟道的深度至少达 1/3 烟道直径。烟道有漏风时，采样点与漏风的距离至少为烟道当量直径的 1.5 倍，达不到此要求应消除漏风。

表 2-7 烟尘排放浓度的测定方法

被测物	测量方法		应用标准
烟　尘	重量法		GB/T 16157—1996
	光学法	浊度法*	HJ/T 75—2007
		散射法*	

* 采用便携式烟尘浓度测试仪，如激光浊度仪、红外光散射测尘仪等。

（四）烟尘排放浓度及除尘器除尘效率的测定

1. 烟尘排放浓度的测定方法

烟尘排放浓度的测定方法见表 2-7。

2. 除尘器除尘效率的测定方法

除尘器除尘效率的测定采用同步测量除尘器前后的烟尘浓度的方法，计算得到除尘器除尘效率。烟尘排放浓度的测定方法见表 2-7，电除尘器效率的测定方法执行 GB/T 13931—2002 的规定。

（五）烟气中二氧化硫、氮氧化物浓度的测定

1. 分析方法

气态污染物的分析方法见表 2-8。

表 2 - 8　　　　　　　　　　　气态污染物测量分析方法

被测物		分析方法	应用标准	适用范围
二氧化硫		碘量法	HJ/T 56—2000	直接采样方法
		甲醛—盐酸副玫瑰苯胺分光光度法	GB/T 15262—1994	
		定电位电解法	HJ/T 46—1999	
		紫外荧光法	HJ/T 75—2007	仪器监测法
		非分散红外法		
氮氧化物	NO 或 NO$_2$	盐酸萘乙二胺比色法	HJ/T 43—1999	直接采样方法
		紫外分光光度法	HJ/T 45—1999	
		非分散红外法	HJ/T 75—2007	仪器监测法
		化学发光法		

2. 氮氧化物浓度的表示方法

在烟气中测定氮氧化物浓度，无论测定的是 NO 或是 NO$_2$，都应统一折算到 NO$_2$ 来表示，标准状态下，干烟气 NO 折算到 NO$_2$ 的系数是 1.53，即 NO$_2$＝1.53NO。

三、烟气辅助参数的监测

烟气辅助参数的监测方法执行 HJ/T75—2007 的规定。

四、烟气排放的连续监测

烟气排放的连续监测方法执行 HJ/T75—2007 的规定。

第三节　燃煤电厂除尘器

一、除尘器的组成及分类

将粉尘颗粒从气体介质中分离出来并加以捕集的装置统称为除尘器。各类除尘器基本上都由四部分组成，即将含尘气体引入的除尘器进气口、实现气尘分离的除尘空间（或称除尘室）、排放捕集粉尘的排尘口和除尘后排放相对洁净气体的出气口。其组成如图 2-1 所示。

按除尘机理的不同，常用除尘器可分为机械除尘器、湿式除尘器、电除尘器和过滤式除尘器四大类。

目前，燃煤电厂中应用的除尘装置是电除尘器与袋式除尘器，机械除尘器常作为初级除尘装置使用，小机组锅炉常配套湿式除尘器。在湿法烟气脱硫系统中，对于烟气除尘来讲，类似加了一级湿式除尘器。

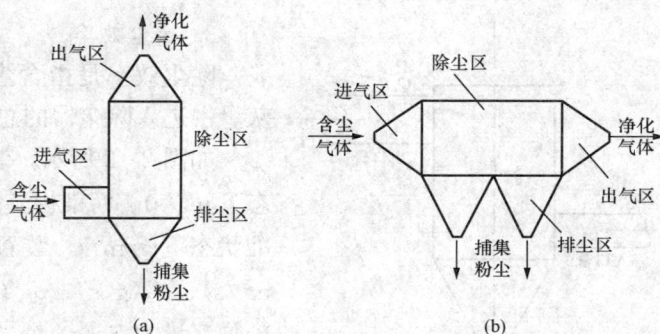

图 2-1　除尘器组成示意
(a) 立式除尘器；(b) 卧式除尘器

二、除尘器性能指标

除尘器的性能指标，包括技术指标和经济指标两方面。技术指标主要有处理气体的流量、除尘效率和压力损失等，经济指标主要有设备费、运行费和占地面积等。此外还应考虑装置的安装、操作、检修的难易等因素。下面主要介绍除尘器的几个技术性能指标。

1. 处理气体流量

处理气体流量是代表装置处理气体能力大小的指标，一般以体积流量表示。实际运行的净化装置，由于本体漏气等原因，往往装置进口和出口的气体流量不同，因此，用两者的平均值作为处理气体流量的代表。

$$Q = \frac{1}{2}(Q_1 + Q_2) \quad （标准状态下 m^3/s） \tag{2-2}$$

式中　Q_1——装置进口气体流量，标准状态下 m^3/s；

　　　　Q_2——装置出口气体流量，标准状态下 m^3/s。

净化装置漏风率 δ 可按式（2-3）表示：

$$\delta = \frac{Q_1 - Q_2}{Q_1} \times 100 \quad （\%） \tag{2-3}$$

2. 压力损失

压力损失是代表装置能耗大小的技术经济指标，系指装置的进口和出口气流全压之差，净化装置压力损失的大小，不仅取决于装置的种类和结构形式，还与处理气体流量大小有关。通常压力损失与装置进口气流的动压成正比，即

$$\Delta p = \zeta \frac{\rho v_1^2}{2} \quad （Pa） \tag{2-4}$$

式中　ζ——净化装置的压损系数；

　　　　v_1——装置进口气流速度，m/s；

　　　　ρ——气体的密度，kg/m³。

净化装置的压力损失，实质上是气流通过装置时所消耗的机械能，它与通风机所耗功率成正比，所以总是希望尽可能小些。多数除尘装置的压力损失为 1～2kPa，原因是一般通风机具有 2kPa 左右的压力。压力再高，不但通风机造价高，难以选到，而且通风机的噪声变大，又增加了消声问题。

3. 除尘效率

除尘效率是指含尘烟气通过除尘器时所捕集下来的灰量占进入除尘器的总灰量的百分率。

如图 2-2 所示，装置进口的气体流量为 Q_1（标准状态下 m^3/s）、污染物流量为 S_1（g/s）、污染物浓度为 ρ_1（标准状态下 g/m³），装置的出口相应量为 Q_2（标准状态下 m³/s）、S_2（g/s）、ρ_2（标准状态下 g/m³）；装置捕集的污染物流量为 S_3（g/s），则有

$$S_1 = S_2 + S_3$$

$$S_1 = \rho_1 Q_1 \quad S_2 = \rho_2 Q_2$$

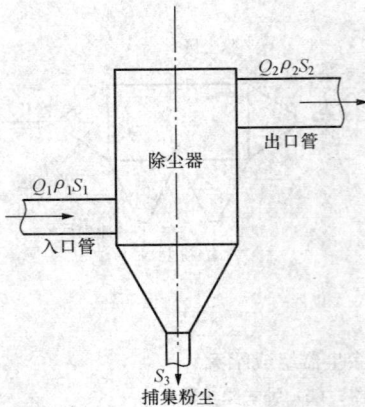

图 2-2　除尘效率表达式中符号示意

除尘效率 η 可表示为

$$\eta = \frac{S_3}{S_1} = 1 - \frac{S_2}{S_1} \qquad\qquad (2-5)$$

或

$$\eta = 1 - \frac{\rho_2 Q_2}{\rho_1 Q_1} \qquad\qquad (2-6)$$

若净化装置本身不漏气，即 $Q_1 = Q_2$，则式（2-6）简化为

$$\eta = 1 - \frac{\rho_2}{\rho_1} \qquad\qquad (2-7)$$

除尘效率是衡量与评价除尘器性能的最重要技术指标。根据除尘效率，除尘器可分为低效（除尘效率为 $50\% \sim 80\%$）、中效（除尘效率为 $80\% \sim 95\%$）及高效（除尘效率 $>95\%$）除尘器。

除尘效率除与除尘器的类型及其结构有关外，还取决于烟气、尘粒的性质及运行条件等因素。

三、电除尘器

（一）电除尘器的工作原理

电除尘器是利用电晕放电，使气体中的尘粒带电而通过静电作用实现分离的装置。

根据集尘电极形式的不同，电除尘器可分为板式及管式两类，如图 2-3 所示。火电厂中板式电除尘器的应用广泛，通常其阴极为放电极，阳极为集尘极。

图 2-4 为板式电除尘器的工作原理图，中间实心圆点表示高压放电极，在此电极上施加数万伏的高电压，放电极与集尘极之间达到火花放电前引起电晕放电，空气绝缘被破坏；电晕放电后产生的正离子在放电极失去电荷，负离子则粘附于气体分子或尘粒上，由于静电场的作用被捕集在集尘极上；当静电集尘电极板上的尘粒达到相当厚度时，利用振打装置振打使粉尘落入下部灰斗。

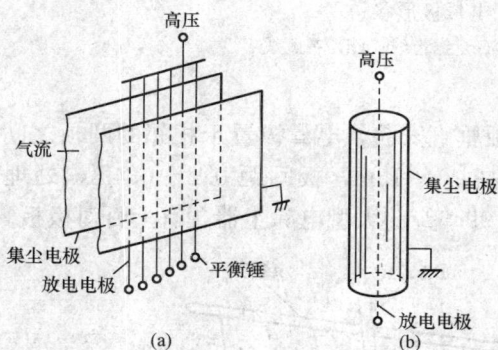

图 2-3 电除尘器的电极形式
（a）板式；（b）管式

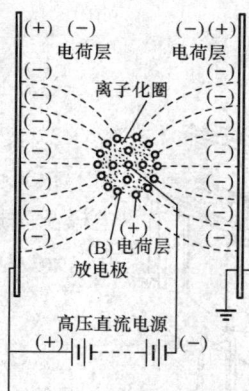

图 2-4 平板式集尘极的电场

由此可知，电除尘器的除尘主要是利用电晕电场中尘粒荷电后移向异性电极而从气流中分离出来的原理实现的。为此，必须提供高电压电场，在其作用下，首先使气体电离，使尘粒荷电，然后使荷电尘粒移向集尘电极，实现除尘。

根据气流流动方式的不同，电除尘器还可分为立式及卧式，电厂中使用较多的是卧式电

除尘器。在卧式电除尘器内，气流水平地通过。在长度方向根据结构及供电要求，通常每隔一定长度（如 3m）划分成一个单独的电场。对 300MW 机组来说，常用的是 3～4 个电场；对 600MW 的机组，当除尘效率要求更高时，可增加至 5 个电场。

（二）电除尘器的结构

电除尘器由除尘器本体和供电装置两部分组成。电除尘器的本体主要包括：电晕极、集尘极、振打装置、气流分布板等部件。

1. 电晕极

电晕极是电除尘器的主要部件，对除尘效率有着直接的影响。对电晕线的一般要求是：起晕电压低、电晕电流大、机械强度高、能维持准确的极距以及易清灰等。

电晕极的种类很多，目前常用的有直径 3mm 左右的圆形线、星形线及锯齿线、芒刺线等，其形状如图 2-5 所示。电晕线固定方式有两种：一种为重锤悬吊式（见图 2-6），重锤质量为 10kg；另一种为管框绷线式（见图 2-7）。

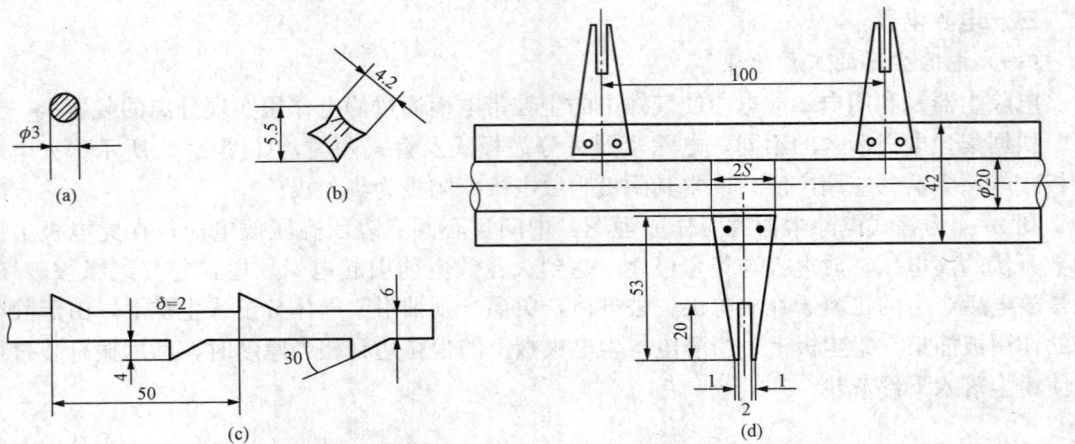

图 2-5　常用电晕极形状
（a）圆形线；（b）星形线；（c）锯齿线；（d）芒刺线

2. 集尘极

板式电除尘器的集尘板垂直安装，电晕极置于相邻的两板之间。集尘极长一般为 10～20m，高 10～15m，板间距 0.2～0.4m，处理气量 1000m³/s 以上，效率高达 99.5% 的大型电除尘器含有上百对极板。

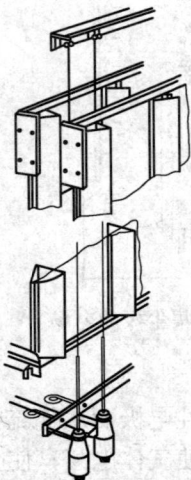

图 2-6　重锤悬吊式
电晕极示意

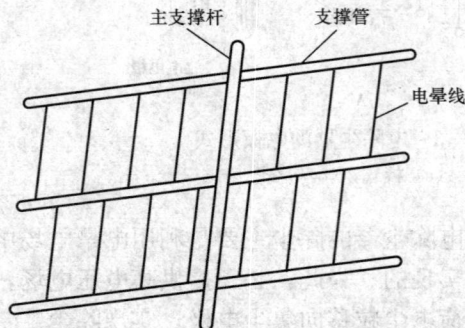

图 2-7　管框绷线式电晕极示意

集尘极结构对粉尘的二次扬起及除尘器金属消耗量（约占总耗量的 40%～50%）有很大影响。性能良好的集尘极应满足下述基本要求：

（1）振打时粉尘的二次扬起少；

（2）单位集尘面积消耗金属量低；

（3）极板高度较大时，应有一定的刚性，不易变形；

（4）振打时易于清灰，造价低。

近年来宽间距（板间距＞0.4m）的板式电除尘器得到了应用，可使制作、安装、维修等变得方便，而且设备小，能耗也小。

3. 振打装置

在集尘极上沉积的烟尘达到一定厚度时，电气条件恶化而影响除尘效率，故需通过振打装置将集尘极上沉积的烟尘振落到灰斗中，这一过程称为清灰。

最常用的振打方式是利用摇臂锤振打。每一排集尘极上设置一个摇臂锤，各排之间互相错开一定的角度安装到回转轴上。当电机带动回转轴转动时，集尘极依次受到振打，可以通过改变锤重和回转速度来调整振打强度及振打周期。除摇臂锤振打方式外，还有振动器振打、电磁振打等多种振打方式。

4. 气流分布板

电除尘器内气流分布的均匀程度对除尘效率有较大影响，为了减少涡流，保证气流分布均匀，在进口处应设变径管道，进口变径管内应设气流分布板。最常见的气流分布板有百叶窗式、多孔板分布格子、槽形钢式和栏杆型分布板等，其中以多孔板使用最为广泛。通常采用厚度为 3～3.5mm 的钢板，孔径为 φ30～50，分布板层数 2～3 层。开孔率需要通过试验确定。

5. 高压供电装置

电除尘器的除尘效率及其工作的稳定性在很大程度上取决于供电装置。它主要包括升压变压器、整流器和控制装置三部分；此外还有经整流的高压直流电压电缆，将直流电输入到电除尘器中。

升压变压器的作用是将电网的 380V 或 220V 交流电变为电除尘所要求的高压电，其电压达 60～70kV，甚至高达 80～200kV 以上。

整流器的作用是将高压交流电转变为高压直流电。

在电除尘器中，当施加于电极的电场强度达到最高值时，除尘效率也最高。如果在理想的条件下，除尘器电极系统各个点上的击穿电压应相同，从而有可能使工作电压稳定地接近于击穿电压运行。但实际上，击穿电压在一个相当大的范围内波动。因此，电除尘器的运行工作电压也应随之调节，以使其尽可能接近于击穿电压，而又不至于被击穿。

在电除尘器中，电压调节已实现自动化。自动调压有不同方式，如按给定的电流电压、按除尘器中的电弧击穿、按电晕放电功率最高值、按给定的火花放电频率、按平均最高电压等调节。有时在一个控制系统中，可同时采用数种不同的方式。

（三）粉尘的比电阻对除尘效率的影响

影响电除尘器效率的因素很多，粉尘的比电阻、粉尘粒径、烟气含尘浓度、电场风速、气流分布均匀性、清灰方式、高压供电质量和低压控制特性等都在不同程度上影响电除尘器的除尘效果。其中粉尘比电阻对除尘效率的影响较大。

1. 粉尘的比电阻

粉尘的比电阻是评价粉尘导电性能的一个重要指标。其定义为：面积为 1cm²，厚度为

1cm 的粉尘层的电阻，用公式表达为

$$R = \rho \frac{L_R}{A_R} \qquad (2-8)$$

式中　ρ——材料的比电阻或称电阻率，$\Omega \cdot cm$；

　　　R——材料在某一温度下的电阻，Ω；

　　　A_R——材料的截面积，cm^2；

　　　L_R——材料的长度，cm。

根据粉尘的比电阻对电除尘器性能的影响，大致可将其分为三类：

(1) $\rho < 10^4 \Omega \cdot cm$ 者属低比电阻粉尘，收尘后，易重新被烟气带起；

(2) $\rho > 5 \times 10^{10} \Omega \cdot cm$ 者为高比电阻粉尘，难以收尘；

(3) $10^4 \Omega \cdot cm < \rho < 5 \times 10^{10} \Omega \cdot cm$ 范围内的粉尘，适用于采取电除尘器集尘，它带电稳定，集尘效率高。

2. 粉尘的比电阻与除尘效率

粉尘的比电阻在一定范围内，除尘效率随比电阻的增大而降低，参见图 2-8。

在导电性粉尘中显示高值放电电流，表示在粉尘中电晕电流稳定，集尘效率高；比电阻在 $10^{11} \Omega \cdot cm$ 左右时，电晕电流就急剧变化和减少；集尘效率在比电阻 $\rho > 5 \times 10^{10} \Omega \cdot cm$ 时，则几乎呈直线下降。

由于粉尘比电阻受其化学组成、外界条件的变化影响，要获得准确的测值是不容易的。国内电力系统中有少数研究单位可以实测粉尘的比电阻值。

粉尘是煤的燃烧产物。煤质含硫量的高低对粉尘的比电阻有较大的影响。煤燃烧后生成 SO_2 和少量 SO_3。如温度过低，SO_3 吸附在尘粒上就大大降低粉尘的比电阻值。此外，粉尘的粒径分布、真密度、堆积密度、粘附性等对电除尘器的运行性能均有一定程度的影响。在设计电除尘器时，还要考虑烟气的温度、湿度等因素。温度、湿度对比电阻的影响见图 2-9。

一般来说，调节烟气的温度、湿度及添加三氧化硫可降低粉尘的比电阻值，从而提高高比电阻值粉尘的除尘效率。另外，还可通过保持电极表面尽可能清洁，采用较好的供电系统以及发展新型电除尘器等方法克服粉尘高比电阻的不利影响。

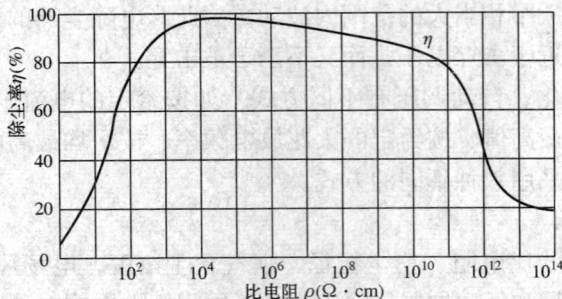

图 2-8　飞灰的比电阻对除尘效率的影响

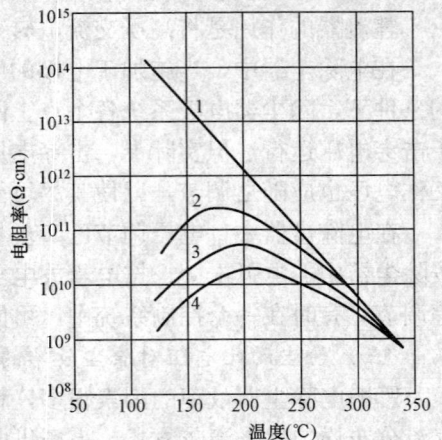

图 2-9　温度、湿度对比电阻的影响

1—干燥烟气；2—含水 6.6% 的烟气；3—含水 13.5% 的烟气；4—含水 20% 的烟气

（四）电除尘器的特点

1. 电除尘器的优点

（1）除尘效率高，可达到 99％以上，对细粉尘有很高的捕集效率。除尘器所期望的除尘效率是根据国家有关排放标准及工艺要求来确定的。通常对 600MW 机组来说，除尘效率最好能达到 99.9％以上。

（2）阻力小、能耗低。由于电除尘器除尘，是电场力直接施加于粉尘颗粒，而不是施加在全部烟气上，故它属于低阻除尘器，通常压力损失仅为 200～300Pa，故能耗少，运行费用低。虽然电除尘器高压放电要消耗部分电能，但风机耗电少，故总的电能消耗要低于其他类型的除尘器。

（3）处理烟气量大，可达 10^5～$10^6 m^3/h$。随着电力工业的发展，大型工艺设备应用于生产日益增多，所要求处理的烟气量大大增加，例如一台 600MW 的机组，其烟气量在 $200×10^4 m^3/h$ 以上，采用电除尘器，选用断面 $240 m^2$ 的 4 台就可完全满足要求。

（4）所收集的粉尘尘粒范围大。即使对于＜$0.1\mu m$ 的微尘仍有较高的集尘效率。如果粉尘浓度很高时，可设置重力沉降室或旋风除尘器等进行预除尘。

（5）适合处理高温烟气。一般可在 350～400℃下工作，如果采取某些措施，其耐温性还能提高。

（6）自动控制程度高，运行维修量少。

2. 电除尘器的主要缺点

（1）一次性投资高，钢材用量大。

（2）电除尘器最适宜于收集比电阻为 10^4～$5×10^{12}\Omega \cdot cm$ 的尘粒，在此范围外，就需采取一定措施方可达到较高的除尘效率。

（3）对电除尘器的制造、安装、运行要求严格。

（4）电除尘器占地面积大。

与各类除尘器相比，电除尘器具有较多的优点，特别是它具有高效、低阻、适用于处理大烟气量的特点，因而在电厂大型锅炉上广泛被采用。

由于大气污染的日益严重，国家制定了更为严格的火电厂大气污染物排放标准。为了满足环保的要求，进一步提高除尘效果，近年来又有多种新型结构的电除尘器出现，如超高压宽间距电除尘器、横向极板电除尘器等；同时开发研究"静电—布袋"联合除尘技术。

四、袋式除尘器

采用纤维织物作滤料的过滤式除尘器称为袋式除尘器。

（一）除尘原理

袋式除尘器是将含尘气体通过纤维织物过滤材料而使粉尘分离的一种过滤型集尘装置。它是将织物制成滤袋，当含尘气体穿过滤料孔隙时粉尘被拦截下来，沉积在滤袋上的粉尘通过机械振动，从滤料表面脱落下来，降至灰斗中。新滤袋除尘效率较低，使用一段时间后（一般仅为数秒至数分钟），少量尘粒被筛滤拦截，在网孔之间产生"搭桥"现象并在滤袋表面形成粉尘层后，除尘效率逐渐提高，阻力也相应增大。

滤袋具有多种除尘机理，主要有：

（1）截留分离。尘粒到滤布纤维的距离小于尘粒的半径时，尘粒在流动过程中被纤维所捕获。

(2) 惯性沉降。当含尘气流通过滤布纤维时，由于尘粒的惯性作用，尘粒将不随从流线弯曲而射向纤维并沉降到纤维表面。

(3) 扩散沉降。当含尘气流通过纤维时，由于尘粒的布朗运动，尘粒从气流中可以扩散到纤维上并沉降到纤维表面。

(4) 重力沉降。由于重力影响，尘粒有一定的沉降速度，使尘粒的轨迹偏离气体流线，从而接触到纤维表面而沉降。

(5) 静电沉降。过滤器中的纤维和流经过滤器的尘粒都可能带有电荷，由于电荷间库仑力的作用，也同样可以发生尘粒在纤维上的沉降。

尘粒在纤维上的沉降是几个捕获机理共同作用的结果，其中有一两个机理占优势。

(二) 滤料

滤袋是袋式除尘器的核心，滤料是制作袋式除尘器滤袋的重要材料。袋式除尘器的性能在很大程度上取决于滤料的性能，如过滤效率、设备阻力和使用寿命等，这些都与滤料材质、结构和后处理有关。根据袋式除尘器的除尘原理和粉尘特性，对滤料的要求有：

(1) 清灰后能保留一定的永久性容尘，以保持较高的过滤效率；

(2) 在均匀容尘状态下透气好，压力损失小；

(3) 抗皱折、耐磨、机械强度高；

(4) 耐温、耐腐蚀性好；

(5) 吸湿性小，易清灰；

(6) 使用寿命长，成本低等。

滤料的种类繁多，按材质可分为天然纤维、无机纤维及合成纤维。目前在燃煤锅炉烟气净化领域中应用较多的是 PPS（聚苯硫醚）或 PPS＋P84（聚酰亚胺）复合滤料。

(三) 袋式除尘器的结构

袋式除尘器一般由过滤袋、清灰装置、清灰控制装置等组成。

清灰及其控制装置是保证袋式除尘器按设定周期进行清灰的重要部件，其性能直接影响袋式除尘器的正常工作。不同类型的袋式除尘器，清灰方式及清灰控制装置类型也不同。常用清灰方式有：①机械清灰。这是一种最简单的方式，它包括人工振打、机械振打、高频振荡等。②逆气流清灰。它是采用室外或循环空气以与含尘气流相反的方向通过滤袋，使滤袋上的尘块脱落，掉入灰斗中。逆气流清灰有反吹风清灰和反吸风清灰两种工作方式。③脉冲喷吹清灰。它以压缩空气通过文氏管诱导周围的空气在极短的时间内喷入滤袋，使滤袋产生脉冲膨胀振动，同时在逆气流的作用下，滤袋上的粉尘被剥落掉入灰斗。④声波清灰。它是采用声波发生器使滤料产生附加的振动而进行清灰的。

下面介绍几种常用袋式除尘器设备结构。

1. 机械振打清灰袋式除尘器

机械振打袋式除尘器从简单的人工振打清灰到机械振打与逆气流联合清灰，具有多种结构形式，但其基本部件都是由滤袋、外壳、灰斗和振打机构所组成的。

采用振动器清灰的袋式除尘器如图 2 - 10 所示。振动器设于振动架上，滤袋悬挂于其上，振动架通过橡胶垫圈进行减振以减轻对除尘器外壳体的振动。清灰时，由于振动器的振动,使滤袋产生高频微振,粉尘沿袋面滑至灰斗。

2. 逆气流清灰袋式除尘器

(1) 反吹风袋式除尘器。图 2-11 所示为反吹风袋式除尘器。在正常过滤时,含尘气流由管道进入袋式除尘器下部,通过滤袋净化后由排气管排出。反吹时采用停风清灰,打开反吹阀门,反吹气流进入滤袋,滤袋在逆气流的作用下得到清灰。

反吹风袋式除尘器反吹持续时间通常为 0.5~1.0min,间隔时间为 3~8min,根据含尘浓度及过滤风速而定。清灰越强,阻力越低,但除尘效率会降低,通常每次以清除积灰量的 20%~30% 为宜。

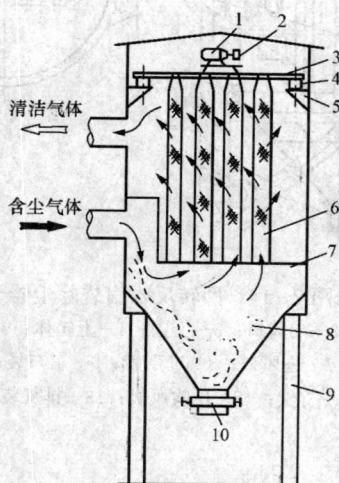

图 2-10 机械振动清灰袋式除尘器

1—电动机;2—偏心块;3—振动器;4—橡胶垫;5—支座;
6—滤袋;7—花板;8—灰斗;9—支柱;10—密封插板

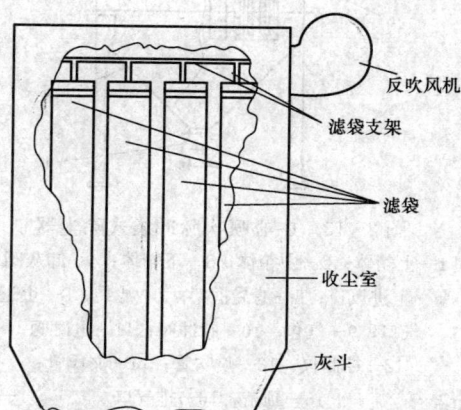

图 2-11 反吹风袋式除尘器

(2) 反吸风袋式除尘器。图 2-12 为利用循环烟气反吸风清灰的袋式除尘器。滤袋反吸时烟气从邻室吸入被清灰的滤袋,通过灰仓吸入风机后,再送入其他滤袋小室进行过滤。当风机前负压大于滤袋阻力(即大于 2000Pa)时,系统可不设反吸风机,利用系统主风机进行循环反吸;当系统主风机前负压小于滤袋阻力时,则应在反吸风管道上增设反吸风机。

3. 脉冲喷吹袋式除尘器

中心喷吹脉冲袋式除尘器如图 2-13 所示。上箱体包括支撑花板、排风管、上盖和喷吹装置,中箱体中主要设置有若干排滤袋和上进风时的进风口,下箱体包括灰斗和卸灰阀。含尘气体由上进气口进入中部箱体,由袋外进入袋内,粉尘被阻留到滤袋外表面,净化后的气体经设在滤袋上部的文氏管进入上箱体,最后由排气口排出。当脉冲阀开启时,高压空气从喷孔中以极高的速度喷出,使滤袋剧烈膨胀,引起冲击振动,使沉积在滤袋外部的尘粒吹扫下来,落入下箱体,最后经卸灰阀排出。

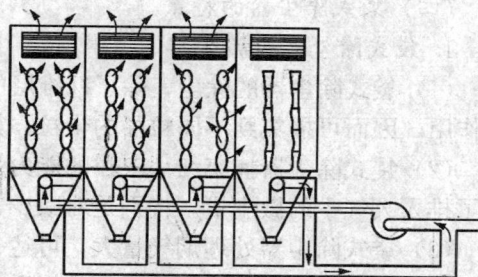

图 2-12 正压循环烟气反吸风袋式除尘器

4. 扁袋除尘器

近年来，扁袋除尘器发展较快，形式多样，回转反吹扁袋除尘器示意见图2-14。

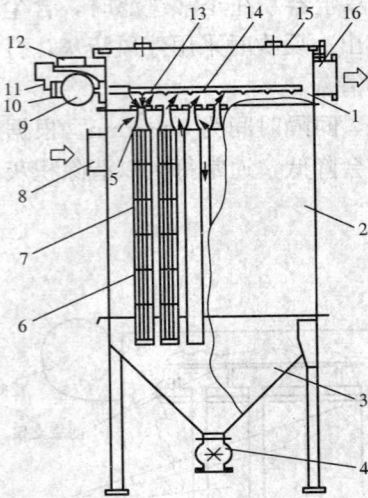

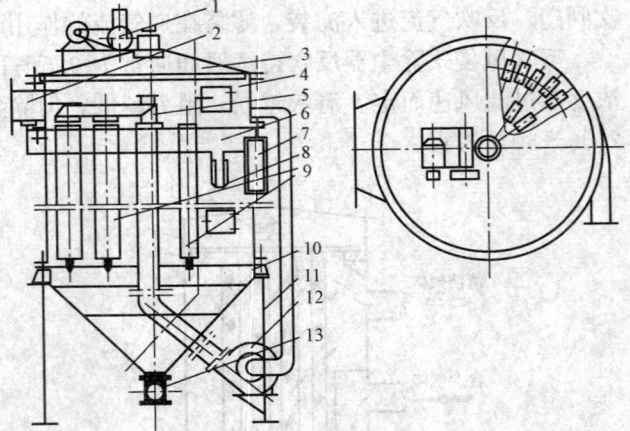

图2-13　中心喷吹脉冲袋式除尘器　　　　图2-14　回转反吹扁袋除尘器

1—上箱体；2—中箱体；3—下箱体；4—卸灰阀；　　1—减速机构；2—出风口；3—上盖；4—上箱体；5—反吹回转臂；
5—上进风口；6—滤袋框架；7—滤袋；8—上进　　6—中箱体；7—进风口；8—U形管；9—扁布袋；10—灰斗；
气口；9—气包；10—脉冲阀；11—电磁阀；　　11—支架；12—反吹风机；13—排灰装置
12—控制仪；13—喷吹管；14—文氏管；
15—顶盖；16—排气口

这种除尘器为圆筒体，扁袋呈辐射形布置在圆筒内，根据所需的过滤面积、滤袋的数目分为1圈、2圈、3圈甚至4圈布置。滤袋的断面成梯形或矩形。

含尘气体由上部切线入口进入除尘器内，部分粗颗粒在离心力作用下被分离，气流由滤袋外部进入扁袋内，粉尘被阻留在袋外表面，净化后的气体由上部排出。

当滤袋阻力增加到一定值时，反吹风机将高压风自中心管送到顶部旋臂内，气流由旋臂垂直向下喷吹，旋臂每旋转一圈，内外各圈上的每一个滤袋均被喷吹一次，这样旋转一圈的时间即为喷吹周期，而在每个滤袋上停留的时间即为喷吹时间。显然，由于内外各圈的周长不同，设在不同圈上的滤袋的喷吹时间不同，外圈喷吹时间短，内圈喷吹时间长。根据入口含尘浓度及过滤风速不同调整旋臂的旋转速度，即可调节喷吹时间和周期。每条滤袋的喷吹时间以0.5s左右为宜，反吹风速取过滤风速的5倍。

（四）袋式除尘器的特点

1. 袋式除尘器的优点

（1）袋式除尘器的除尘，除了纤维层的过滤作用外，还有惯性、扩散、静电、重力沉降等作用，因而可捕集到不同粒径的尘粒，其除尘效率可达99.9%。

（2）袋式除尘器捕集细小灰粒的能力强，粒径仅为$0.0025\mu m$的微尘也能加以捕集，减少了排入大气中的微尘量。特别是对减少大气中重金属污染更有效。

（3）袋式除尘器处理烟气量大，可达每小时数百万标准立方米，可与大型锅炉配套。

（4）袋式除尘器的除尘效率不受煤质变化的影响，效率稳定。当飞灰的比电阻发生变化时，电除尘器的出口飞灰浓度增大，但袋式除尘器的除尘效率变化不大。因此对高比电阻的粉尘来说，使用袋式除尘器尤为有利。

（5）袋式除尘器对入口粉尘浓度的适应范围较大，当除尘器阻力＜1000Pa 时，入口含尘浓度即使有较大变化，对其阻力及除尘效率的影响也不明显。

（6）实行分室过滤，可在运行中检修与换袋，发生故障一般不必停炉。

如果配合喷雾或喷干粉烟气脱硫（FGD）系统，分别具有 20% 及 70%～80% 的脱硫效率。

2. 袋式除尘器的缺点

（1）滤袋使用寿命较短，运行费用高。如更换玻璃纤维滤袋的费用，约占除尘器运行费的 1/5～1/4。

（2）由于过滤速度较低，一般体积庞大，耗钢量大。使得投资大、安装工作量大。

（3）袋式除尘器的阻力较电除尘器高，故能耗大，约比三电场电除尘器高 20%～30%。

随着环保要求的提高，电厂更多地燃用低硫煤，粉尘比电阻高，采用电除尘的费用增大；另一方面，袋式除尘器滤袋的质量、设计以及运行技术水平的提高，使滤袋使用寿命大为延长。因而袋式除尘器在我国火电厂中将会有良好的应用前景。

第四节　硫氧化物控制技术概述

目前，三个备受关注的全球性大气环境问题——温室效应、酸雨和臭氧层破坏均与燃烧矿物燃料有关，其中酸雨问题最为严重。SO_2 是形成酸雨的重要物质。因此，作为燃烧矿物燃料的主要工业部门之一的火力发电企业，控制其生产过程中 SO_2 的排放，是十分紧迫的任务。

为了控制硫氧化物的排放，可以在燃烧前、燃烧中、燃烧后进行脱硫。燃烧前脱硫，主要是采用物理法对煤进行洗选；燃烧中脱硫，主要是采用流化床方式燃烧；燃烧后脱硫，即烟气脱硫（Flue Gas Desulfurization，FGD），是目前火电厂应用广泛而有效的脱硫方式。

一、燃烧前脱硫

燃烧前脱硫技术包括物理的、化学的、生物的方法，其中物理法是较为成熟的方法。物理法主要包括重力分选、浮选、电磁分选等。其中重力分选又包含跳汰分选、重介质分选、空气重介质流化床干法分选、风力分选、斜槽和摇床分选等。

常规的重力选煤是十分成熟的工艺，也是减少 SO_2 排放的较经济实用的途径。其基本原理是：煤中黄铁矿（工业上称硫铁矿，化学式 FeS_2）的相对密度为 4.7～5.2，而煤的相对密度仅为 1.25，因此可以利用两者的相对密度不同，将煤破碎后用洗选的方法去除煤中的硫化铁硫和部分其他矿物质。

工业上采用物理方法能脱除的主要是硫铁矿硫。其中硫铁矿中硫颗粒的嵌布形态直接影响脱硫方法的选择及脱硫效果。重力分选法可以经济地去除煤中大块硫铁矿，但不能脱除煤中有机硫，对硫铁矿硫的脱除率也不高，一般在 50% 左右。因此，为了获得更洁净的燃料，应进一步研究利用煤和硫铁矿性质的差异，使它们能采用有效的分离方法，以降低煤中的全硫含量。表 2-9 为几种常用选煤方法的比较。

表 2 - 9 　　　　　　　　　　几种常用选煤方法的比较

方 法	原 理	特 点	适 用 性
重介质选煤	基于阿基米德原理,严格按照密度分选的方法,分选介质密度在煤与矸石之间。颗粒在分选介质中运动时,受到重力、浮力和介质阻力的作用,最初相对悬浮液做加速运动的颗粒,最终以一恒定的速度相对于悬浮液运动	分选效率高、分选密度调节范围宽、适应性强、分选粒度范围宽、生产过程易于实现自动化,但是增加了重介质的净化回收工序,设备磨损比较严重	分选排矸,分选难选煤和极难选煤,低密度分选用于脱除黄铁矿,选出矸煤以提高精煤的质量
跳汰选煤	各种密度、粒度及形状的物料在不断变化的流体作用下使物料床层与水之间发生相对脉动,从而实现轻重物料的分层和分离	跳汰法可以省掉许多工序和大量设备,因此建设投资少,成本低,工作可靠,经济效益显著	用于块煤排矸
干法选煤	主要为风力摇床技术	产品不用进行脱水、煤泥回收等工序,可以节省设备和系统投资。但是风选的入料粒度范围非常窄,此外,风选系统中还要求设置降尘、集尘设施,分选效率低,成本高	用于煤在燃烧前需要磨碎的条件,磨后的煤用烟道气干燥,干选法还适用于分选氧化煤,因为氧化煤含有膨胀的黏土,用湿法特别难处理
浮选	利用矿物的表面润湿性差别对煤进行分选	浮选原煤的性质和工艺因素对浮选的结果会产生重要的影响,需加入浮选剂改变物质的可浮性	主要用于回收大量细粒冶炼精煤,合理利用煤炭资源,现在一些动力选煤厂也开始使用此工艺

二、燃烧中脱硫

煤燃烧过程中加入石灰石($CaCO_3$)或白云石($CaCO_3 \cdot MgCO_3$)粉作脱硫剂,$CaCO_3$、$MgCO_3$受热分解生成 CaO、MgO,与烟气中 SO_2 反应生成硫酸盐,随灰分排出,从而达到脱硫的目的。在我国,燃烧中脱硫的方法主要有型煤固硫、循环流化床燃烧脱硫等。循环流化床燃烧脱硫是重要的燃烧中脱硫技术,对其做重点介绍。对型煤固硫技术仅做简要介绍。

(一) 型煤固硫

型煤固硫是用沥青、石灰、电石渣、无硫纸浆黑液等作为黏结剂,将粉煤机械加工成一定形状和体积的煤,即型煤来实现固硫的技术。燃烧过程中,温度和反应时间是型煤固硫的主要影响因素。为保证气固反应,应使 SO_2 与 CaO 有尽可能长的接触时间,但由于生成的 SO_2 很快逸入燃烧室空间,与 CaO 接触时间过短,因此固硫率较低。型煤燃烧脱硫可减少 $40\%\sim60\%$ 的 SO_2 排放量,可提高燃烧热效率 $20\%\sim30\%$,节煤率达 15%。

(二) 循环流化床锅炉燃烧脱硫

1. 流化床燃烧技术概述

煤的流化床燃烧是继层燃烧和悬浮燃烧之后,发展起来的一种较新的燃烧方式。

当气流速度达到使升力和煤粒的重力相当的临界速度时,煤粒将开始浮动流化。维持料层内煤粒间的气流实际速度大于临界值而小于输送速度是建立流化状态的必要条件。流化床为固体燃料的燃烧创造了良好的条件。首先，流化床内物料颗粒在气流中进行强烈的湍动和混合，强化了气固两相的热量和质量交换；其次，燃料颗粒在料层内上下翻滚，延长了它在炉内的停留时间；同时，由于流化床内的料层主要由炙热的灰渣粒子组成，占 95% 以上，新煤不超过 5%，料层内有很大的蓄热量，一旦新煤加入，即被高温灼热的灰渣颗粒包围加热、干燥以致着火燃烧。燃烧过程中，处于沸腾状的煤粒和灰渣粒子相互碰撞，使煤粒不断更新表面，再加上能与空气充分混合并在床内停留较长时间，促使了它的燃尽过程。流化床燃烧的这些特点，使其对煤种有广泛的适用性，可燃用其他锅炉无法燃用的劣质燃料，如高灰煤、高硫煤、高水合煤、石煤、油页岩和炉渣等。

流化燃烧的床层温度一般控制在 850～950℃ 之间。床层温度过低时，煤中析出的某些挥发分和燃烧中产生的 CO 来不及燃尽就从床层逸出，从而降低燃烧效率。由于料层中绝大部分是灰粒，为防止运行中结渣，床层温度一般不宜超过 1000℃。

循环流化床锅炉是指将旋风除尘器分离的物料又返回炉膛内循环利用的流化燃烧方式，循环流化床锅炉的结构示意见图 2-15。

2. 流化床燃烧脱硫的化学过程

在流化床锅炉中，固硫剂可与煤粒混合在一起加入锅炉，也可单独加入锅炉。流化床燃烧方式为炉内脱硫提供了理想的环境。其原因是床内流化使脱硫剂和 SO_2 能充分混合接触；燃烧温度适宜，不宜使脱硫剂烧结而损失化学反应表面；脱硫剂在炉内的停留时间长，利用率高。

广泛采用的脱硫剂主要有石灰石（$CaCO_3$）和白云石（$CaCO_3 \cdot MgCO_3$），它们大量存在于自然界中，而且易于采掘。

当石灰石或白云石脱硫剂进入锅炉的灼热环境时，其有效成分 $CaCO_3$ 遇热发生煅烧分解，煅烧时 CO_2 的析出会产生并扩大石灰石中的孔隙，从而形成多孔状、富孔隙的 CaO；

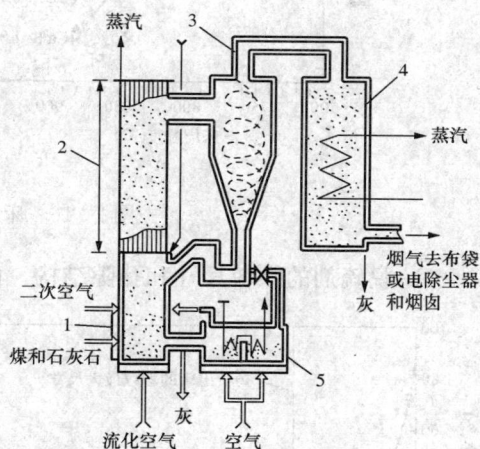

图 2-15　循环流化床锅炉结构示意
1—密相床层；2—水冷壁；3—旋风除尘器；
4—对流式锅炉；5—外部换热器

$$CaCO_3 = CaO + CO_2$$

随后，CaO 通过以下方式与 SO_2 作用形成 $CaSO_4$，从而达到脱硫的目的。

$$CaO + SO_2 + O_2 = CaSO_4$$

3. 流化床燃烧脱硫的主要影响因素

（1）钙硫比。钙硫比（脱硫剂所含钙与煤中硫的摩尔比）是表示脱硫剂用量的一个指标。从脱除 SO_2 的角度考虑，所有性能参数中，Ca/S 的影响最大。在一定条件下，它是调节二氧化硫脱除效率的唯一因素。无论何种类型的流化床锅炉，Ca/S（R）对脱硫效率（η）的影响都可用一个经验式近似表达：

$$\eta = 1 - \exp(-mR) \tag{2-9}$$

式中　m——综合影响参数，它是主要性能参数：床高、流化速度（气体停留时间）、脱硫剂颗粒尺寸、脱硫剂种类、床温和运行压力等的函数。不同类型的流化床锅炉有不同的 m 值。因此，在不同炉型和燃烧工况下，要达到相同的脱硫率，所需的 Ca/S 是不同的。

（2）煅烧温度。图 2-16 为常压流化床燃烧时，煅烧温度对脱硫率影响的试验结果。图中有一最佳的脱硫温度范围，约在 800～850℃。出现这种现象的原因与脱硫剂的孔隙结构变化有关。温度较低时，脱硫剂煅烧产生的孔隙量少、孔径小，反应几乎完全被限制在颗粒外表面。随着温度增加，煅烧反应速率增大，伴随着 CO_2 气体的大量释放，孔隙迅速扩展膨胀。相应地，与 SO_2 反应的脱硫剂表面也增大，从而有利于脱硫反应的进行。但是，当床温超过 $CaCO_3$ 煅烧的平衡温度约为 50℃ 以上时，烧结作用变得越来越严重，其结果是使煅烧获得的大量孔隙消失，从而造成脱硫活性降低。

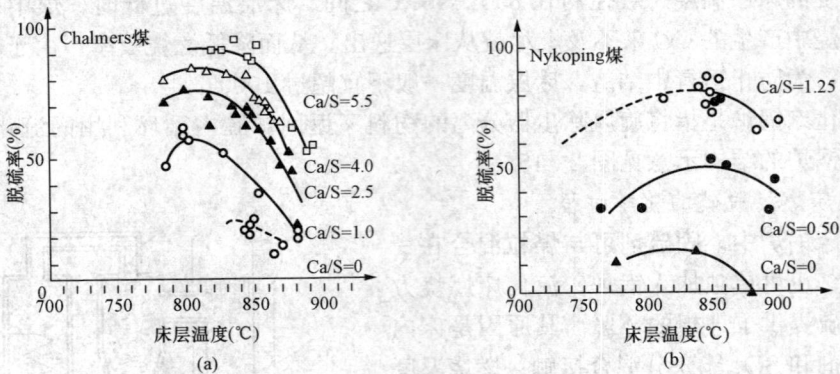

图 2-16 床层温度对脱硫率的影响

（3）脱硫剂的颗粒尺寸和孔隙结构。由于脱硫剂颗粒形状、孔径分布不一，又存在床内颗粒磨损、爆裂和扬析等影响，脱硫率与颗粒尺寸的关系十分复杂。图 2-17 为一组试验测试结果，由图可见，从较大粒径开始，随颗粒尺寸减小，脱硫率变化并不明显。当颗粒尺寸小于发生扬析的临界粒径时，脱硫剂发生扬析，此时颗粒停留时间减少，但由于小颗粒的比表面积较大，因而其脱硫率仍是增加的。综合脱硫和流化床的正常运行要求，脱硫剂颗粒尺寸并非越小越好。

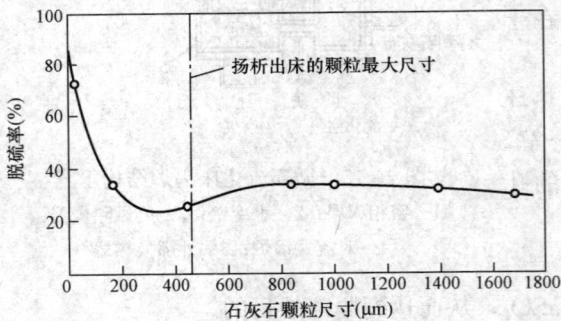

图 2-17 石灰石颗粒尺寸对脱硫率的影响

脱硫剂颗粒孔隙直径分布对其固硫作用也有影响。含有小孔径的颗粒有更大的比表面积，但其内孔入口容易堵塞。大孔可提供通向脱硫剂颗粒内部的便利通道，却又不能提供大的反应比表面积。脱硫剂颗粒的孔隙结构应有适当的孔径大小，既要保证有一定的孔隙容积，又要保证孔道随反应进行不易堵塞。

4. 循环流化床锅炉燃烧脱硫的特点

循环流化床锅炉具有以下几方面的特点：①不仅可以燃烧各种类型的煤，而且可以燃烧木材和固体废弃物，还可以实现与液体燃料的混合燃烧；②由于流化速度较高，使燃料在系统内不断循环，实现均匀稳定的燃烧；③由于采用循环燃烧的方式，燃料在炉内停留时间较长，使燃烧效率高达 99% 以上；④燃烧温度较低，NO_x 生成量少；⑤由于石灰石在流化床内反应时间长，使用少量的石灰石（钙硫比小于 1.5）即可使脱硫效率达 90%；⑥燃料制备和给煤系统简单，操作灵活。由于循环流化床锅炉比传统煤粉炉和常规流化床锅炉有较大的优越性，因此受到了足够的重视，目前已成为重要的洁净煤燃烧技术。

三、燃烧后脱硫

燃烧后脱硫即烟气脱硫技术（FGD）。烟气脱硫技术的分类方法很多，按照操作特点分为湿法、干法和半干法；按照生成物的处置方式分为回收法和抛弃法；按照脱硫剂是否循环使用分为再生法和非再生法。根据净化原理分为两大类：①吸收吸附法，用液体或固体物料优先吸收或吸附废气中的 SO_2；②氧化还原法，将废气中的 SO_2 氧化成 SO_3，再转化为硫酸或还原为硫，再将硫冷凝分离。前者应用较多，后者还存在一定的技术问题，应用较少。

FGD 工艺湿法脱硫有石灰石/石灰—石膏法、海水法、双碱法、氨法、氧化镁法、磷铵法、氧化锌法、氧化锰法、钠碱法和碱式硫酸铝法等；半干法脱硫有喷雾干燥、增湿灰循环、烟气循环流化床等方法；干法脱硫有炉内喷钙、炉内喷钙尾部烟气增湿活化、管道喷射烟气、荷电干式吸收剂喷射、电子束照射、脉冲电晕烟气脱硫等方法。

火电厂烟气具有以下特点：①排放量大，污染物浓度低，例如，在 15% 过剩空气条件下，燃用含硫量 1%～4% 的煤，烟气中 SO_2 占 0.11%～0.35%；②成分复杂，如燃煤烟气中含有 SO_2、NO_x、CO、CO_2、O_2 和粉尘等；③温度高、压力低等。

火电厂的烟气脱硫技术要求：①必须有较高的脱除率和脱除速度；②在不利的条件下，要保证脱硫系统的正常运行；③由于处理量极大，脱硫工艺产生的数量庞大的副产品必须考虑利用或妥善处理，否则将造成严重的二次污染。

目前在火电厂中常用的烟气脱硫工艺有石灰石—石膏法、喷雾干燥法、炉内喷钙尾部增湿活化法、电子束法、氨法、镁法等，其工艺比较见表 2 - 10。

表 2 - 10　　　　　　　　　　　　　脱硫工艺方案比较

FGD方法 比较项目	石灰石/石灰—石膏法	喷雾干燥法	炉内喷钙尾部增湿活化法	电子束法	氨　法	镁　法
技术成熟程度	成熟	成熟	成熟	工业试验	工业试验	成熟
适用煤种	不限	中低硫煤	中低硫煤	中低硫煤	不限	中低硫煤
单机应用的经济性规模	200MW 及以上	100MW 及以下	200MW 及以下	200MW 及以下	200MW 及以下	200MW 及以下
脱硫率	95% 以上	75%～80%	75%～80%	75%～80%	90% 以上	90% 以上
吸收剂	石灰石/石灰	石灰	石灰石	液氨	液氨	氧化镁
吸收剂利用率	90% 以上	50%～60%	30%～40%	90% 以上	90% 以上	90% 以上
副产物	石膏	亚硫酸钙	亚硫酸钙	硫铵/硝铵	亚硫酸铵	硫酸镁
副产物处置	利用系统简单	抛弃系统简单	抛弃系统简单	利用系统复杂	利用系统复杂	抛弃
废水	有	无	无	无	无	有

湿式石灰石—石膏法烟气脱硫目前在火电厂中应用最多，市场占有率为 90% 以上。本书重点介绍湿式石灰石—石膏法烟气脱硫，对其他烟气脱硫技术作一般介绍。

第五节　湿式石灰石—石膏法烟气脱硫

一、工艺特点

1. 优点

（1）脱硫效率高。湿式石灰石—石膏法脱硫工艺脱硫率高达 95％以上，脱硫后的烟气不但 SO_2 浓度很低，而且烟气含尘量也进一步减少。

（2）适用于大容量机组，且可多台机组配备一套脱硫装置。

（3）技术成熟，运行可靠性好。湿式石灰石—石膏法脱硫装置投入率一般可达 95％以上，由于其发展历史长、技术成熟、运行经验多，因此不会因脱硫设备而影响锅炉的正常运行。

（4）对煤种变化的适应性强。无论是含硫量大于 3％的高硫煤，还是含硫量低于 1％的低硫煤，湿式石灰石—石膏法脱硫工艺都能适应。当锅炉煤种变化时，可以通过调节钙硫比、液气比等因子，以保证设计脱硫率的实现。

（5）吸收剂资源丰富，价格便宜。作为湿式石灰石—石膏法脱硫工艺吸收剂的石灰石，在我国分布很广，资源丰富，石灰石品位也很好，碳酸钙含量在 90％以上，优者可达 95％以上。在脱硫工艺的各种吸收剂中，石灰石价格最便宜，破碎磨细也较简单，加之钙利用率高，有利于降低运行费用和推广应用。

（6）脱硫副产物便于综合利用。湿式石灰石—石膏法脱硫工艺的脱硫副产物为二水石膏。可用来生产建筑制品和水泥缓凝剂等。脱硫副产物综合利用的开展，不但可以增加电厂效益、降低运行费用，而且可以减少脱硫副产物处置费用，延长灰场使用年限。

2. 缺点

（1）石灰浆制备要求高，流程复杂。

（2）设备易结垢、堵塞。

（3）脱硫剂的利用率偏低，增加了脱硫剂和脱硫产物的处理费用。

二、脱硫原理

湿式石灰石—石膏法的化学过程如下：

在有水存在的情况下，气相 SO_2（g）溶解在水中形成 SO_2（aq）并离解成 H^+、HSO_3^- 和 SO_3^{2-}

$$SO_2(g) \longrightarrow SO_2(aq)$$
$$SO_2(aq) + H_2O \longrightarrow H^+ + HSO_3^-$$
$$HSO_3^- \longrightarrow H^+ + SO_3^{2-}$$

产生的 H^+ 促进了 $CaCO_3$ 的溶解，生成一定浓度的 Ca^{2+}

$$H^+ + CaCO_3 \longrightarrow Ca^{2+} + HCO_3^-$$

Ca^{2+} 与 SO_3^{2-} 或 HSO_3^- 结合，生成 $CaSO_3$ 和 $Ca(HSO_3)_2$

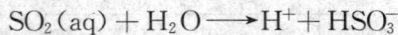

$$Ca^{2+} + SO_3^{2-} \longrightarrow CaSO_3$$

反应过程中，一部分 SO_3^{2-} 和 HSO_3^- 被氧化成 SO_4^{2-} 和 HSO_4^-

$$SO_3^{2-} + 1/2O_2 \longrightarrow SO_4^{2-}$$
$$HSO_3^- + 1/2\,O_2 \longrightarrow HSO_4^-$$

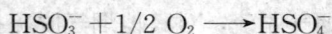

最后吸收液中存在的大量 SO_3^{2-} 和 HSO_3^-，可以通过鼓入空气进行强制氧化转化为 SO_4^{2-}，最后生成石膏结晶。

$$Ca^{2+} + SO_4^{2-} + 2H_2O \longrightarrow CaSO_4 \cdot 2H_2O$$

脱硫反应的关键是 Ca^{2+} 的生成，Ca^{2+} 的产生与溶液中 H^+ 的浓度和 $CaCO_3$ 的存在有关，这点与用石灰作脱硫剂不同，石灰脱硫系统中 Ca^{2+} 的产生仅与氧化钙的存在有关。因此，控制合适的 pH 值是保证脱硫效率的关键。石灰石系统在运行时其 pH 值较石灰系统低，美国国家环保局的实验表明，石灰石系统的最佳操作 pH 为 5.8～6.2，石灰系统约为 8。

综上所述，脱硫过程主要分为下列步骤：①SO_2 在气流中扩散；②SO_2 扩散通过气膜；③SO_2 被吸收，由气态转入溶液生成水合物；④SO_2 的水合物和离子在液膜中扩散；⑤石灰石颗粒表面溶解，由固相转入液相；⑥H^+ 与 HCO_3^- 中和；⑦SO_3^{2-} 和 HSO_3^- 被氧化；⑧石膏结晶分离。

烟气中除含 SO_2 外，还含其他有害气体如 HCl、HF 等。$CaCO_3$ 与这些有害气体发生反应，总的化学反应式分别为

$$SO_2 + 1/2O_2 + 2H_2O + CaCO_3 \longrightarrow CaSO_4 \cdot 2H_2O + CO_2 \uparrow$$

$$2HCl + CaCO_3 \longrightarrow CaCl_2 + H_2O + CO_2 \uparrow$$

$$2HF + CaCO_3 \longrightarrow CaF_2 + H_2O + CO_2 \uparrow$$

其中，$CaCl_2$ 溶于水，可随废水排放。

三、脱硫系统

石灰石—石膏法烟气脱硫的常见工艺流程如图 2-18。从除尘器出来的烟气一般要经过一个热交换器，然后进入吸收塔，在吸收塔里 SO_2 和磨细的石灰石悬浮液接触并被吸收去

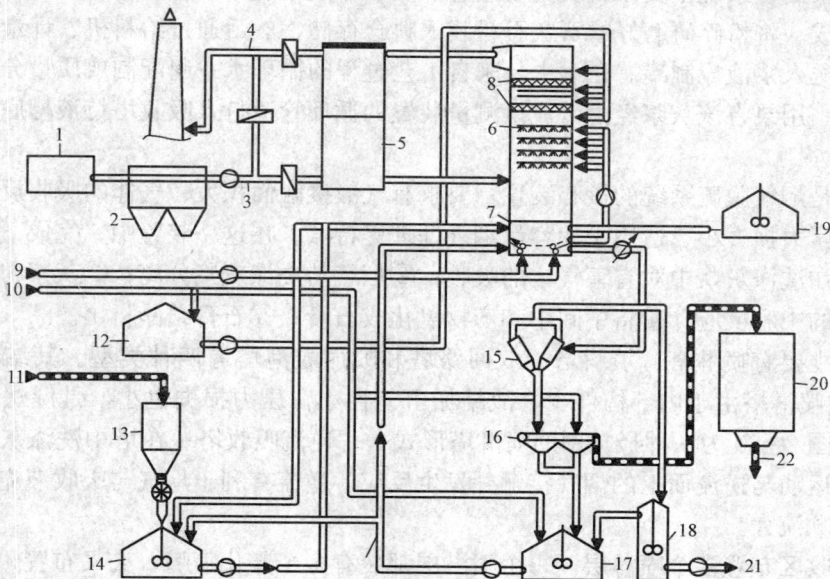

图 2-18　石灰石—石膏湿法烟气脱硫装置流程简图

1—锅炉；2—电除尘器；3—待净化烟气；4—净化烟气；5—气-气换热器；6—吸收塔；7—持液槽；8—除雾器；9—氧化用空气；10—工艺过程用水；11—粉状石灰石；12—工艺过程用水贮箱；13—粉状石灰石贮仓；14—石灰石浆液贮箱；15—水力旋流分离器；16—皮带过滤机；17—中间贮箱；18—溢流贮箱；19—维修用塔槽贮箱；20—石膏贮仓；21—溢流废水；22—石膏

除，被洗涤后的烟气通过热交换器升温，然后通过烟囱被排放到大气中。由石灰石粉与再循环的洗涤水混合而成的一定浓度的石灰石浆用泵不断地打入吸收塔底部的持液槽，与槽中现存的石灰石浆一起经不同高度上的喷嘴喷射到吸收塔中。石灰石浆与烟气中的 SO_2 反应生成亚硫酸钙和石膏。为了实现将反应产物完全转化为石膏，需将氧化用的空气通入到持液槽中。氧化过程完成后，将粗石膏晶体从洗涤液中分离出来，然后用脱水机械将石膏脱水到水分含量低于 10%，即可运走加工或进一步进行处理。

石灰石—石膏湿法烟气脱硫系统主要组成部分是：石灰石浆制备系统；吸收塔；烟气再热系统；脱硫风机；石膏脱水系统；石膏储存系统；废水处理系统。

1. 石灰石浆制备系统

石灰石是目前湿法脱硫中最常用的吸收剂，它在许多国家都有丰富的储藏量，因此要比其他吸收剂更便宜。虽然在烟气脱硫实施的早期，由于石灰有比石灰石更好地与 SO_2 的反应活性，曾广泛被用作吸收剂，但是石灰要通过石灰石煅烧获得，过程耗能较大，导致费用偏高，因此，现在多用石灰石替代石灰。目前，使用石灰石的湿式烟气脱硫技术几乎也能达到与石灰一样的脱硫效率。

我国的石灰石储量大，矿石品位较高，$CaCO_3$ 含量一般大于 93%。石灰石无毒无害，在处置和使用过程中很安全，是 FGD 理想的吸收剂。但是，在选择石灰石作为吸收剂时，必须考虑石灰石的纯度和活性，其脱硫反应活性主要取决于石灰石粉的粒度和颗粒的比表面积。一般要求石灰石粉 90% 通过 325 目筛（44μm）或 250 目筛（63μm），并且 $CaCO_3$ 含量大于 90%。此外，各脱硫装置，按其工艺的不同，会对其活性、可磨性等提出一定的要求。

石灰石浆制备系统主要由石灰石粉储仓、石灰石粉计量和输送装置、带搅拌的浆液罐、浆液泵等组成。将粉碎研磨好的石灰石粉装入料仓存储，然后通过给料机、计量器和输粉机将石灰石粉送入浆液配制罐。在罐中与来自工艺过程的循环水一起配制成质量分数为 10%～15% 的浆液。用泵将该灰浆经由带流量测量装置的循环管道打入吸收塔持液槽底部。

2. 吸收塔

吸收塔是烟气脱硫系统的核心装置，要求有气液接触面积大、气体的吸收反应良好、内部构件少、压力损失小、适用于大容量烟气处理等特点。在这一装置中，完成下列主要的工艺步骤：①在洗涤灰浆中对有害气体的吸收；②烟气与洗涤灰浆分离；③灰浆与烟气中的酸性气体进行的中和反应；④将中间中和产物氧化成石膏；⑤石膏结晶析出。

吸收塔主要有喷淋塔、填料塔、双回路塔和喷射鼓泡塔等四种类型。其结构示意见图 2-19。其中喷淋塔由于内部构件少，故结垢可能性小，压力损失也小，是湿法脱硫工艺的主流塔型。图 2-20 为一种最常用的喷淋塔形式——逆流吸收塔。在塔中洗涤灰浆从喷嘴喷出自上而下运动与逆流而上的烟气接触并发生反应。逆流有利于烟气与吸收液充分接触，但压力损失比顺流大。

塔内吸收区布置多个喷淋层，每个喷淋层都装有多个雾化喷嘴，交叉布置，使浆液尽可能播散开来，增大与烟气的接触面积和时间。

吸收塔底部是氧化区，氧化区的功能是接受和储存脱硫剂，溶解石灰石，鼓入空气氧化 $CaSO_3$，使其结晶生成石膏。

为了对烟气所夹带的液滴进行分离，以防止雾滴进入烟道，造成烟道腐蚀与堵塞，吸收塔的上部布置了除雾器。除雾器有多种形式（如折流板型），为保持除雾器清洁，通常用高速喷嘴每小时数次喷清水进行冲洗。

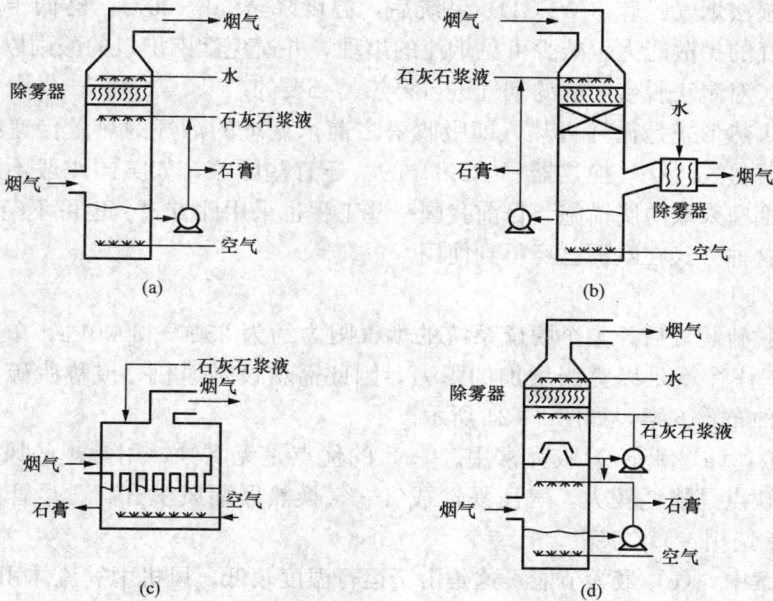

图 2-19 吸收塔类型

(a) 喷淋塔；(b) 填料塔；(c) 喷射鼓泡塔；(d) 双回路塔

CaSO₃ 或 CaSO₄ 从溶液中结晶析出，是导致吸收塔发生结垢的主要原因。采用循环泵将含有硫酸钙晶体的脱硫液打回吸收区，硫酸钙晶体起到了晶种的作用，在后续的处理过程中，可防止固体直接沉积在吸收塔设备表面。

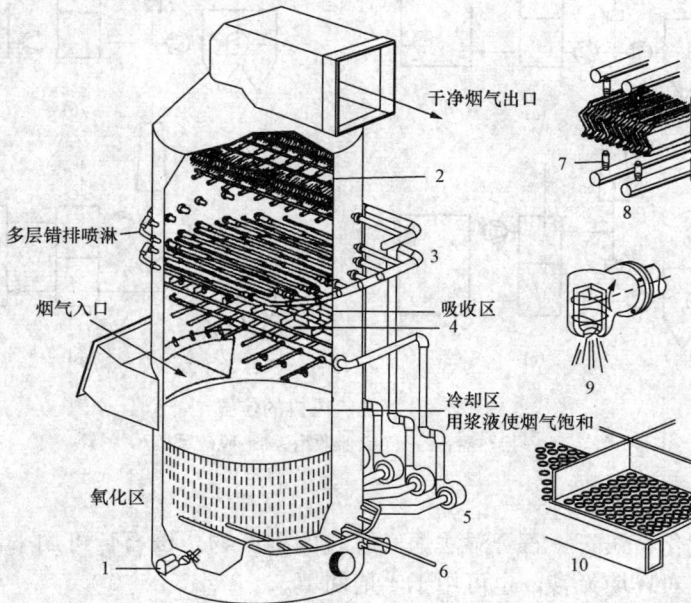

图 2-20 逆流吸收塔简图

1—搅拌器；2—除雾器；3—错排喷淋管；4—托盘；5—循环泵；6—氧化空气集管；
7—水清洗喷嘴；8—除雾器；9—碳化硅浆液喷嘴；10—合金多孔托盘

3. 烟气再热系统

烟气经过湿法烟气脱硫（WFGD）系统后，温度降至 $50\sim60℃$，已低于露点，为了增加烟囱排出烟气的扩散能力，减少可见烟流的出现，并避免烟囱出口的酸雨以及消除烟道下游设备的腐蚀，对湿法脱硫之后的烟气进行再热是必要的。

最常用的再热形式是循环再热，即吸收塔之前未处理的烟气的热量传递给处理过的烟气。也有采用蓄热式气—气换热器（GGH）的。还有些国家，如美国一般不采用烟气再加热系统，而对烟囱采取防腐措施，目前我国一些工程也采用此方式。也可不经过再热从冷却塔排放烟气，这种方式在欧洲已经得到使用。

4. 脱硫风机

安装烟气脱硫装置后，整个脱硫系统的烟气阻力约为 $2500\sim3000Pa$，单靠原有的锅炉引风机（IDF）往往不足以克服增加的阻力，因此需增设推风机，或称脱硫风机（BUF），脱硫风机有 4 种布置方案，如图 2-21 所示。

4 种方案中，（a）和（c）较为常用。（a）的优点是无腐蚀，用常规的风机就可以，风机的造价低。缺点是能耗较大，气压易造成气—气换热器漏风率升高。尽管如此，在 WFGD 中还是常常选用（a）方案。

在 4 种方案中，（c）最为节能，这是由于运行温度较低，风机中气流体积减少所致。此外，该方案还会降低气—气热交换器的漏风率。但风机容易发生腐蚀问题。

目前，有些系统不单独设置脱硫风机，脱硫系统阻力由锅炉引风机增大风压克服。

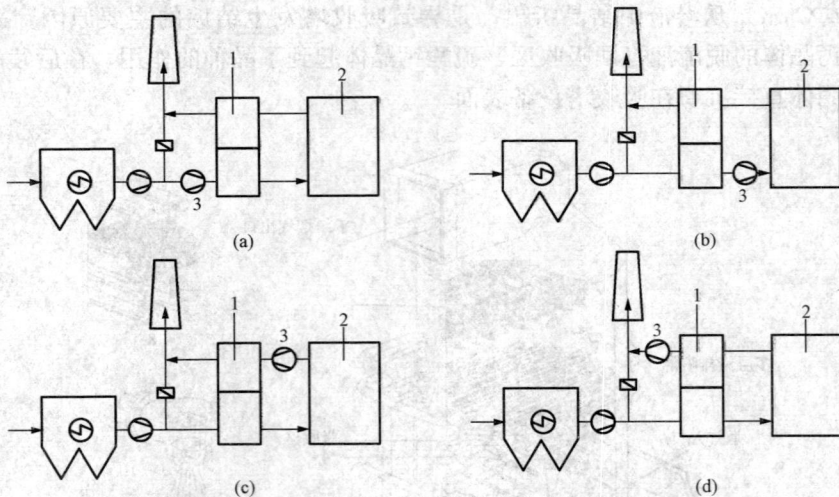

图 2-21　脱硫风机的位置
1—换热器；2—FGD 吸收塔；3—脱硫风机

5. 石膏脱水系统

石膏是强制氧化石灰石—石膏湿法烟气脱硫的副产物。该石膏可用来制造墙板或水泥。由于其稳定性好，对环境无害，也可用于土地回填。

WFGD 中，石膏脱水系统的主要设备是水力旋流分离器和真空皮带过滤机。来自吸收塔持液槽的石膏浆先在一台水力旋流分离器中稠化到固体含量约 $40\%\sim60\%$，同时按其粒度分级。然后将稠化的石膏用真空皮带过滤机进一步脱水到所需要的残留湿度 10%（用离心机脱水可使石膏含水量降到 5%，但运行费用比较高）。为了使氯含量减少到不影响石膏使用质量的程度，需要同时在过滤皮带上对其进行洗涤。

6. 石膏储存系统

湿石膏的存储方法取决于发电厂烟气脱硫系统石膏的产量、用户的需求量、运输手段以及石膏中间储仓的大小。对于容量为 $300\sim700m^3$ 的中间储仓，石膏在其中的存放时间不应超过 1 个月。因此，推荐采用带有底部卸料系统的一次型储仓。石膏仓应采取防腐和防堵措施，在寒冷地区，还应采取防冻措施。

7. 废水处理系统

产生废水是石灰石湿法脱硫的缺点。对脱硫废水的处理详见本书第三章第五节中的有关内容。

四、脱硫效率的影响因素

影响脱硫率的因素很多，如吸收温度、进气 SO_2 浓度、脱硫剂品质和用量（钙硫比）、浆液 pH 值、液气比和粉尘浓度等。

1. 浆液 pH 值

浆液 pH 值可作为提高脱硫率的细调节手段。低 pH 值有利于石灰石的溶解、HSO_3^- 的氧化和石膏的结晶，但是高 pH 值有利于 SO_2 的吸收。pH 对 WFGD 的影响是非常复杂和重要的。工业 WFGD 运行结果表明较低的 pH 值可降低堵塞和结垢的风险。因此，在石灰石—石膏湿法烟气脱硫中，pH 值控制在 $5.0\sim6.0$ 之间较适宜。

2. 钙硫比

钙硫比指进入吸收塔的吸收剂所含钙的物质的量与烟气中所含硫的物质的量之比。它的大小表示加入到吸收塔中的吸收剂量的多少。从脱除 SO_2 的角度考虑，在所有影响因素中，钙硫比对脱硫率的影响是最大的。

根据湿式石灰石—石膏法脱硫的运行经验，Ca/S 的值必须大于 1.0，当 Ca/S 在 $1.02\sim1.05$ 范围时，脱硫效率最高，吸收剂具有最佳的利用率；当 Ca/S 低于 1.02 或高于 1.05 时，吸收剂的利用率均明显下降；而且当钙硫比大于 1.05 以后，脱硫率开始趋于稳定。如果 Ca/S 增加得过多，还会影响到浆液的 pH 值，使浆液的 pH 值偏大，不利于石灰石的溶解，进而会影响脱硫反应的进行，使脱硫效率降低。

3. 吸收剂

石灰石浆液的实际供给量取决于 $CaCO_3$ 的理论供给量和石灰石的品质。其中影响石灰石品质的主要因素是石灰石的纯度。石灰石是天然矿石，石灰石矿中 $CaCO_3$ 的含量从 50% 至 90% 不等。送入等量的石灰石浆液，纯度低的石灰石浆液难以维持吸收塔罐中的 pH 值，使脱硫效率降低；若为了维持 pH 值送入较多的石灰石浆液，则会增加罐中的杂质含量，容易造成石膏晶体的沉积结垢，影响到系统的安全性。因此脱硫系统一般要求石灰石中 $CaCO_3$ 的含量要高于 90%。另外石灰石的化学成分、粒径、表面积、活性等性能也会影响系统的脱硫效率。如石灰石中 $MgCO_3$ 的含量越高石灰石的活性越低，影响系统的脱硫性能及石膏的品质。石灰石粒径及比表面积同样是影响脱硫性能的重要因素。粒度大的颗粒难溶解，比表面积小，接触反应不彻底，脱硫率低。一般要求 90% 的石灰石粒度均小于 $44\mu m$。

湿法脱硫中还使用了多种化学添加剂，主要分为有机缓冲剂和氧化抑制剂。有机缓冲剂用来提高脱硫性能和运行灵活性；氧化抑制剂用来抑制自然氧化，使得石膏不结垢。添加适当数量的有机酸如二元酸（DBA）、甲酸和己二酸，能提高系统的脱硫率和运行灵活性。此外，添加有机缓冲剂的 WFGD 系统可以比没有添加缓冲剂的系统在更低的 pH 值下运行，从而降低结垢的可能性。这是由于 pH 值较低，主要的反应产物不是亚硫酸钙而是亚硫酸氢钙，亚硫酸钙较难溶于水，而亚硫酸氢钙的溶解度高得多。

4. 液气比

液气比（L/G）是一个重要的 WFGD 操作参数。它是指洗涤每立方米烟气所用的洗涤液量，单位是 L/m^3。

实验结果表明脱硫率随 L/G 的增加而增加，特别是在 L/G 较低的时候，其影响更显著。增大 L/G，气相和液相的传质系数提高，从而有利于 SO_2 的吸收，但另一方面随着液气比的提高也会产生以下不利影响：①停留时间会减小，从而削减了传质速率提高对 SO_2 吸收有利的强度；②出口烟气的雾沫夹带增加，给后续设备和烟道带来玷污和腐蚀；③循环液量的增大带来了系统设计功率及运行电耗的增加，使得运行成本提高较快。所以，在保证一定的脱硫率的前提下，应尽量采用较小的液气比，通常 L/G 操作范围为 15～25。在实际应用中，对于反应活性较弱的石灰石，可适当提高 L/G。

5. 进塔烟温

根据吸收过程的气液平衡可知，进塔烟温越低越有利于 SO_2 的吸收，降低烟温，SO_2 平衡分压随之降低，促进气液传质，有助于提高吸附剂的脱硫率。但进塔烟温过低会使 H_2SO_3 与 $CaCO_3$ 或 $Ca(OH)_2$ 的反应速率降低，使设备庞大。

6. 粉尘浓度

经过吸收塔洗涤后，烟气中大部分粉尘都会留在浆液中，其中一部分通过废水排出，另一部分仍留在吸收塔中。如果因除尘、除灰设备故障，引起浆液中的粉尘、重金属杂质过多，则会影响石灰石的溶解，导致浆液 pH 值降低，脱硫率将下降。大多数脱硫装置在实际运行中发现，由于烟气粉尘浓度过高，脱硫率可从 95% 以上降至 70%～80%。若出现这种情况，应停用脱硫系统，开启真空皮带机或增大排放废水流量，连续排除浆液中的杂质，脱硫率即可恢复正常。

7. 烟气流速

提高吸收塔内烟气流速可以增强气液两相的湍动，减小烟气与液滴间的隔膜厚度，提高传质效果，同时使喷淋液滴的下降速度相对减小，增大传质面积。但是气流增速会减小气液接触时间，又会导致脱硫率下降。一般流速控制在 3.5～4.5m/s 比较合适。

五、影响石膏质量的主要因素

1. 石灰石品质

石灰石作为 SO_2 的吸收剂，其品质好坏将直接影响到脱硫效率和石膏浆液中硫酸盐和亚硫酸盐的含量。石灰石品质主要指石灰石的化学成分、粒径、比表面积、活性等。这些参数对脱硫效率的影响，前面已进行了阐述，它们在影响脱硫效率的同时也会影响石膏质量，此处不再赘述。

2. 溶液中的杂质

石膏中的杂质主要有两个来源：一是烟气中的飞灰，来自煤燃烧后的残余物；另一是石灰石中的杂质，这些杂质不参与吸收反应，通过废水排放到系统之外。石膏中这些杂质的含量增加时，石膏的脱水性能将下降。除此之外，氯离子含量的多少对石膏脱水效果也有重要影响。当氯离子含量过高时，使石膏脱水性能急剧下降。

还有一些物质，如棕泥，它是指一些细小的未来得及反应的石灰石颗粒以及金属氧化物等，因其外观呈棕色，通称为棕泥，是石膏的一种杂质，直接影响石膏外观。当烟气中的其他杂质如焦炭等混入脱硫剂溶液中，使得溶液杂质增多，也会影响石膏的外观。

3. 浆液的 pH 值

浆液的 pH 值对石膏结晶的影响是间接的，但也是决定性的因素之一。因为通过 pH 值的变化来改变亚硫酸盐的氧化速率有可能直接影响石膏的相对过饱和度，实验显示在 pH 为 4.5 时，亚硫酸盐的氧化作用最强。因此，保持浆液的 pH 值在 4.5 左右应该是比较理想的。但是，实际运行时 pH 值多在 5.4～5.6 之间。为了保持高的脱硫率要进行空气强制氧化，以便获得高质量的石膏，但它的前提是必须保持稳定的化学条件，尤其是浆液的 pH 值应尽可能恒定，这样对保持石膏的相对过饱和度是有利的，也就有利于优质石膏的生成。

4. 温度

运行中发现，在温度比较低的构件上，例如浆液槽的壁上，经常观察到沉淀物。对这些沉淀物的分析结果表明，其中除含有石膏外，还含有相当数量的二水亚硫酸钙。实验表明，温度<40℃时，随着温度的降低，二水亚硫酸钙的溶解度逐渐下降。同时还发现，在热的组件上也有石膏沉淀物。经研究，当温度>66℃时，二水石膏将脱水成为无水石膏 $CaSO_4$，这就是在热的组件上有石膏沉淀物的原因。

为了使 $CaSO_4$ 以石膏（$CaSO_4 \cdot 2H_2O$）的形式从溶液中析出，工艺控制上要求将石膏的结晶温度控制在 40～60℃之间。这样，既可以保证生成合格的石膏颗粒，也避免了系统的结垢。但是，如果有其他盐类的存在，此温度范围值可能会发生变化。

5. 氧化空气量

用空气对生成的亚硫酸钙进行强制氧化是一道重要工序。此工序要求鼓入的空气量适当，使浆液内的亚硫酸盐氧化成硫酸盐，从而生成石膏析出。气量少，则亚硫酸盐不能充分氧化；气量太多，则会增加动力消耗，提高运行成本。同时，加大空气鼓入量，还会增大对浆液的搅拌强度，影响石膏的颗粒度。

在实际操作中，通常根据浆液中亚硫酸盐的含量，先计算所需的理论空气量，然后乘以一个大于 1 的系数来确定所需氧化空气量。根据经验，此系数一般在 1.8～2.5 之间。

6. 溶液的过饱和度

研究表明，保持溶液适当的过饱和度，结晶过程只形成极少的新晶体，新形成的石膏只在现有晶体上长大，才能保证生成大颗粒石膏晶体。若溶液的过饱和度过大，则会生成许多新的晶体，使得单个结晶颗粒比较小，此时就可能生成细颗粒的石膏；另外，在相对过饱和度较高的情况下晶体的增大主要集中在尖端，使其结晶趋向于生成针状或层状结构，不利于脱水。因此，在工艺上必须保证有一个合适的过饱和度。实际运行经验表明，浆液中石膏的相对过饱和度一般维持在 0.25～0.30（即饱和度为 1.25～1.30）之间。

7. 脱水工序

当浆液中石膏达到一定的过饱和度时，抽出一部分浆液送入石膏脱水系统。石膏脱水通常分两步进行，第一步先经过旋流器脱水，使石膏的含水率降到约 40%，然后再利用真空皮带脱水机，使其含水率<10%。石膏的纯度是通过第一步控制的。进入脱水系统的浆液中除含有大量的石膏外，还含有一部分未反应的吸收剂和氯、氟、铁等杂质。水力旋流分离器

使吸收剂与石膏分开，然后通过水洗，除去石膏中的杂质，从而得到纯净的石膏产品。

8. 机械力

在脱硫工艺中，为了使循环槽内的浆液始终保持均匀而不沉淀，槽内都设有搅拌装置。但是，搅拌产生的机械力会对石膏的结晶产生影响。

实践中发现，机械力对结晶体的大小和形状均有影响。在机械力的作用下，一方面会使结晶体尖角部位的晶束从晶体中分离出来，发生二次结晶而形成小颗粒，给脱水造成困难；另一方面，由于机械力的作用，使得晶体的形状向非针状方向发展，有利于脱水。可见，机械力对石膏结晶的影响是双向的，因此，应控制搅拌的强度。

六、常见问题及解决方法

1. 脱硫装置的腐蚀与防护

烟气中含有 SO_2、NO_x、氯离子、氟离子等多种化学成分是引起脱硫装置腐蚀的主要原因。通常脱硫装置防腐的主要方法有：

(1) 合理选材。合理选择耐腐材料可以有效降低被腐蚀的程度。脱硫装置的防腐技术一般分静态和动态设备两部分。

静态设备是指吸收塔、再热器、除雾器、烟道、箱罐、浆池的壳体及内支撑。对该部分的防腐蚀设计主要从两方面考虑：一是碳钢或混凝土内衬有机材料防腐层（简称内衬防腐）；二是利用耐腐蚀的金属材料制造。经国际防腐界多年实践及试验考核，从科学性、适用性、经济性综合比较，玻璃鳞片树脂内衬技术（简称鳞片衬里）和橡胶衬里是烟气脱硫装置可行且有效的内衬防腐蚀技术。其中鳞片衬里因其良好的物理、化学特性以及施工和价格方面的优势是内衬防腐蚀的首选技术。浆液输送管道一般采用碳钢加橡胶内衬结构。也有采用玻璃钢、不锈钢和有机塑料管道的。耐蚀金属材料在烟气脱硫装置中主要有耐蚀金属本体制造和耐蚀金属与碳钢复合材料本体制造两种应用方式。由于其制造成本高，因而本方法在美国等一些发达国家中有所使用。主要材料为一些超低碳不锈钢如 316L、317L 及镍基合金等。

动态设备主要是泵、搅拌器、风机。考虑到介质的腐蚀和固体物料的磨损，吸收塔再循环泵、吸收塔排出泵、滤液泵、抛浆泵等泵壳及叶轮等采用铸铁加橡胶衬里结构。而石灰石浆液泵、水系统泵多采用铸铁泵。衬胶泵在使用中会出现橡胶衬里失效，其原因是衬里质量差，浆液中的异物引起机械损伤，空载引起气蚀，带有大颗粒的浆液造成异常磨损、泵的过载等。搅拌器大部分采用碳钢加橡胶衬里结构。氧化风机只鼓入空气，无腐蚀介质，碳钢制造即可。增压风机布置在高温区，虽然烟气有一定的腐蚀性，但由于其结构大，防腐措施难以实施，故用碳钢或 COR-TEN 钢制造。

(2) 控制脱硫系统的运行参数。可通过控制以下运行参数来实现防腐：①控制 pH 值。在 WFGD 工艺中，由于洗涤液的 pH 值偏低，会对吸收塔产生壁腐蚀，所以，在实际运行过程中必须严格控制洗涤液的 pH 值范围；②控制排烟温度。当经过 FGD 装置净化后的烟气温度偏低时，FGD 装置的尾部设施易产生露点腐蚀。采用回转式烟气再热装置，以控制出口烟气温度，将回转式烟气装置出口的烟气温度控制在露点以上，以减少露点腐蚀的产生。

2. 脱硫装置的结垢和堵塞

一般脱硫装置结垢和堵塞的主要部位有：烟气挡板底部、转轴轴承、GGH、吸收塔干/湿界面、吸收塔内横梁和喷淋母管底部、喷嘴和反应罐壁面以及罐底、氧化布气管、除雾器、浆液管道、烟道等。

烟气挡板底部、转轴积灰一般是设计不当引起；GGH 积灰和沉积物主要是由于烟尘含量高；吸收塔干/湿界面形成沉积物的原因是：吸收塔入口烟道是高低流速（3～10m/s）的过渡段，易形成涡流，喷淋下落浆液会被带入吸收塔入口烟道，吸收塔入口烟道温度梯度大（80～150℃至 45℃），粘附在热烟道壁面上的浆体液滴被烤干形成沉积物，而烟气中的飞灰被湿化后会粘附在烟道上形成沉积物；常见的管道结垢原因是：管道流速低，浆液具备结垢条件。长距离输送浆管或从室内至室外浆管，温度下降使原本为石膏饱和溶液转变成过饱和溶液，石膏结晶在管壁上会析出形成垢。如果管道设计不合理，特别是自流浆管，如果坡度太小或出现 U 形布置则会产生堵塞现象。

一些常见防止结垢和堵塞的方法有：①在工艺操作上，控制吸收液中水分蒸发速度和蒸发量；②控制石膏浆液的质量浓度；③控制溶液的 pH 值；④向吸收液中加入添加剂如镁离子、乙二酸；⑤控制溶液中易于结晶的物质，使其不要过饱和；⑥保持溶液有一定的晶种；⑦严格除尘，控制烟气进入吸收系统所带入的烟尘量；⑧设备结构要作特殊设计，或选用不易结垢和堵塞的吸收设备，例如流动床洗涤塔比固定填充洗涤塔不易结垢和堵塞；⑨选择表面光滑、不易腐蚀的材料制作吸收设备。

3. 石灰石堵塞

石灰石堵塞指石灰石在吸收塔浆液中活性降低，随着浆液中 $CaCO_3$ 浓度的增加，脱硫率却严重下降的现象。石灰石堵塞有两种类型：一种是亚硫酸盐堵塞，另一种是由于氟化铝络合物生成而造成的堵塞。

（1）亚硫酸盐堵塞。亚硫酸盐堵塞一般是由于进入吸收塔的氧化空气量太小或 SO_2 量太大而导致亚硫酸盐（SO_3^{2-}）或酸式亚硫酸盐（HSO_3^-）氧化不足所造成的。在这种情况下，SO_3^{2-}、HSO_3^- 没有完全氧化成 SO_4^{2-}，因此导致亚硫化物增加。测量数据表明，在石灰石颗粒表面和包裹着石灰石颗粒的一层薄层里，pH 值大多是 8。过高的 pH 会导致钙亚硫酸盐（$CaSO_3 \cdot 1/2H_2O$）沉淀，在石灰石颗粒表面形成一层不起反应的物质，抑制了石灰石的溶解。

在这种情况下，吸收塔会表现出以下特点：①吸收塔液体中 SO_3^{2-} 浓度超过 100mg/L，甚至增加到 2000mg/L 是石灰石堵塞的一个显著的特征；②吸收塔脱硫率将下降到 40%～50%、吸收塔出口处 SO_2 浓度增加；③控制系统将增加注入吸收塔的石灰石浆液量，吸收塔浆液中的 $CaCO_3$ 浓度随之增加。若不采取措施，吸收塔中将生成含 $CaSO_3 \cdot 1/2H_2O$ 高达 40% 的固体，该产物粒径太小，不能在皮带机中脱水，长期在"亚硫酸盐堵塞模式"下运行会导致吸收塔内部形成堵塞。

可采取以下措施使吸收塔重新进入正常的运行模式：①解决氧化不足的问题或减少进入吸收塔的 SO_2 流量；②停止石灰石浆液供给，pH 值将随之下降至 4～5，在此范围内，固体亚硫酸钙将会溶解，SO_3^{2-} 将被氧化。为了确定 SO_3^{2-} 的增加量及 $CaCO_3$ 浓度是否处于正常的运行范围，需要进行化学分析。如果分析结果表明正常，就可以增加 pH 值，吸收塔将返回正常运行状态。

（2）氟化铝络合物生成而造成的堵塞。烟气中 HF 浓度偏高（>25mg/m³ 标准状态下），吸收塔入口处粉尘浓度偏高（>275mg/m³ 标准状态下），有可能生成氟化铝络合物。这种络合物会在石灰石颗粒表面上沉淀，抑制石灰石的溶解，使脱硫率和 pH 值都下降，

pH 值的降低又加速氟化铝络合物的生成。

在这种情况下，吸收塔会表现出以下特点：①吸收塔液体中 F⁻ 浓度超过 50mg/L，甚至增加到 900mg/L 是氟化铝络合物堵塞的一个显著特征；②吸收塔脱硫率将下降到 40%～50%，吸收塔出口处 SO₂ 浓度增加；③控制系统将增加注入吸收塔的石灰石浆液量，吸收塔浆液中的 CaCO₃ 浓度随之增加；④若不采取措施，pH 值将继续下降，同时脱硫率也继续下降，长期在"氟化铝络合物堵塞模式"下运行会导致吸收塔材质出现问题。

可采取以下措施使吸收塔重新进入正常的运行模式：①解决进入吸收塔的飞灰或 HF 含量过高的问题；②停运 FGD 装置；③增加 Ca(OH)₂ 或 NaOH 的投入量，以提高 pH 值直至 pH>8，氟化铝络合物将在吸收塔内溶解并沉淀；④将高含量的飞灰及惰性物质在水力旋流器上方除掉。为了证实 F⁻ 减少的程度及 CaCO₃ 浓度是否处于正常的运行范围，需要进行化学分析。如果分析结果表明正常，就可以重新启动 FGD 装置并提高 pH 值。

第六节　其他烟气脱硫技术

一、湿法烟气脱硫技术

(一) 海水烟气脱硫技术

海水烟气脱硫是利用海水的天然碱度来脱除烟气中 SO₂ 的一种湿式烟气脱硫方法。该方法不产生废弃物，具有技术成熟、工艺简单、系统运行可靠、脱硫率高和投资运行费用低等特点，在一些沿海国家和地区得到日益广泛的应用。

1. 工艺原理

由于雨水将陆上岩层的碱性物质带到海中，天然海水含有大量的可溶性盐，其中主要成分是氯化钠和硫酸盐，还有一定量的可溶性碳酸盐。海水通常呈碱性，一般海水的 pH 值为 7.5～8.3，天然碱度约为 1.2～2.5mmol/L，这使得海水具有天然的酸碱缓冲能力及吸收 SO₂ 的能力。利用海水这种特性洗涤烟气中的 SO₂，达到烟气净化的目的。

海水脱硫工艺按是否向海水中添加其他吸收剂分为两类：①不添加任何其他化学物质，用纯海水作为吸收液的工艺，以挪威 ABB 公司开发的 Flakt-Hydro 工艺为代表，这种工艺已得到广泛的工业应用；②向海水中添加一定量石灰以调节海水碱度，以美国 Bechtel 公司开发的 Bechtel 工艺为代表，这种工艺在美国建立了示范工程，但未推广应用。

2. Flakt-Hydro 海水烟气脱硫工艺

纯海水脱硫工艺的基本流程如图 2-22 所示。

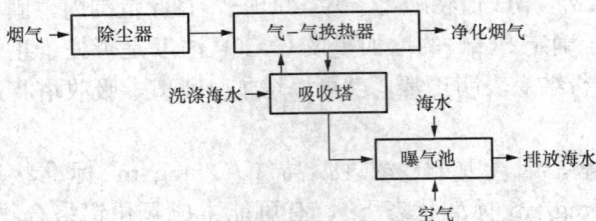

图 2-22　纯海水脱硫工艺基本流程

海水脱硫工艺主要由烟气系统、供排海水系统、海水恢复系统、电气控制系统等组成。其主要流程是：锅炉排出的烟气经除尘器后，由 FGD 系统增压风机送入气—气换热器的热侧降温，然后进入吸收塔，在吸收塔中被来自循环冷却系统的部分海水洗涤，

烟气中的 SO_2 在海水中发生以下化学反应：

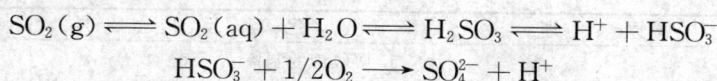

$$SO_2(g) \rightleftharpoons SO_2(aq) + H_2O \rightleftharpoons H_2SO_3 \rightleftharpoons H^+ + HSO_3^-$$

$$HSO_3^- + 1/2O_2 \longrightarrow SO_4^{2-} + H^+$$

以上反应中产生的 H^+ 与海水中的碳酸盐发生如下反应：

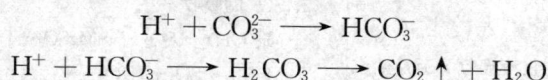

$$H^+ + CO_3^{2-} \longrightarrow HCO_3^-$$

$$H^+ + HCO_3^- \longrightarrow H_2CO_3 \longrightarrow CO_2\uparrow + H_2O$$

吸收塔内洗涤烟气后的海水呈酸性，并含有较多的 SO_3^{2-}，不能直接排放到海水中去。吸收塔排出的废水流入海水处理厂，与来自冷却循环系统的海水混合，并用鼓风机鼓入大量空气，使 SO_3^{2-} 氧化为 SO_4^{2-}，并驱赶出海水中的 CO_2。混合并处理后海水的 pH 值、COD 等达到排放标准后排入海域。净化后的烟气通过 GGH 升温后经烟囱排入大气。

（二）其他湿法烟气脱硫技术

除前述两种湿法脱硫技术外，其他常见的湿法烟气脱硫技术列于表 2-11。

表 2-11　　　　　　　　其他常见的湿式脱硫工艺

湿式脱硫方法	原　　理	化　学　反　应	工艺特点
磷铵肥法（PAFP）烟气脱硫技术	利用天然磷矿石和氨为原料，在烟气脱硫过程中直接生产磷铵复合肥料的回收法脱硫技术。主要包括四个过程：①活性炭一级脱硫并制得（30±3）%稀硫酸；②稀硫酸萃取磷矿制得浓度10%以上的磷酸溶液；③磷酸和氨的中和液 [(NH₄)₂HPO₄] 二级脱硫；④料浆浓缩干燥制硫磷铵复合肥	1. 吸附： $2SO_2+O_2+H_2O \longrightarrow H_2SO_4$ 2. 萃取磷矿石制磷酸： $Ca_{10}(PO_4)_6F_2 + 10H_2SO_4 + 20H_2O$ $\longrightarrow 6H_3PO_4 + 2HF + 10CaSO_4 \cdot 2H_2O$ 3. 氨中和磷酸制磷酸氢二铵及二级脱硫 $H_3PO_4 + NH_3 \longrightarrow NH_4H_2PO_4$ $NH_4H_2PO_4 + NH_3 \longrightarrow (NH_4)_2HPO_4$ $(NH_4)_2HPO_4 + SO_2 + H_2O \longrightarrow$ $NH_4H_2PO_4 + NH_4HSO_3$ $2(NH_4)_2HPO_4 + SO_2 + H_2O \longrightarrow$ $2NH_4H_2PO_4 + (NH_4)_2SO_3$ 4. 脱硫肥料浆氧化及浓缩干燥： $2NH_4H_2PO_4 + (NH_4)_2SO_3 + 1/2O_2$ $\longrightarrow 2NH_4H_2PO_4 + (NH_4)_2SO_4$	1. 脱硫效率高； 2. 对烟气的变化适应性强； 3. 副产物可以当作肥料； 4. 能耗低，具有高安全性、运行性和可靠性
双碱法烟气脱硫技术	用 NaOH、Na₂CO₃、Na₂HCO₃、Na₂SO₃ 等的水溶液吸收 SO₂，然后在另一石灰反应器中用石灰或石灰石将吸收 SO₂ 后的溶液再生，再生后的吸收液循环使用，而 SO₂ 则以石膏的形式析出	1. 吸收： $2NaOH + SO_2 \longrightarrow Na_2SO_3 + H_2O$ $Na_2SO_3 + SO_2 + H_2O \longrightarrow 2NaHSO_3$ $Na_2CO_3 + SO_2 \longrightarrow Na_2SO_3 + CO_2$ 2. 再生： $Ca(OH)_2 + Na_2SO_3 \longrightarrow 2NaOH +$ $CaSO_3$ $Ca(OH)_2 + 2NaHSO_3 \longrightarrow Na_2SO_3 +$ $CaSO_3 \cdot 1/2H_2O\downarrow + 3/2H_2O$ $CaCO_3 + 2NaHSO_3 \longrightarrow Na_2SO_3 +$ $CaSO_3 \cdot 1/2H_2O\downarrow + 1/2H_2O +$ $CO_2\uparrow$	1. 循环水基本上是 NaOH 的水溶液，在循环过程中对水泵、管道、设备均无腐蚀与堵塞现象，便于设备运行与保养； 2. 减少了塔内结垢的可能； 3. 脱硫效率高，一般在 90% 以上，但是 Na₂SO₃ 氧化副反应产物 Na₂SO₄ 较难再生，同时降低了石膏品质

湿式脱硫方法	原　理	化　学　反　应	工艺特点
镁法烟气脱硫技术	用 MgO 的浆液吸收 SO₂，生成含水亚硫酸镁和少量硫酸镁，然后送流化床加热，当温度在 1235K 以上时释放出 MgO，SO₂ 可回收利用	1. 吸收液的制备： $MgO+H_2O \longrightarrow Mg(OH)_2$ 2. SO₂ 的吸收： $Mg(OH)_2+SO_2 \longrightarrow MgSO_3+H_2O$ $MgSO_3+SO_2+H_2O \longrightarrow$ $Mg(HSO_3)_2$ $Mg(HSO_3)_2+Mg(OH)_2+10H_2O$ $\longrightarrow 2MgSO_3 \cdot 6H_2O$ 3. 氧化： $MgSO_3+1/2O_2 \longrightarrow MgSO_4$ 4. 再生： $MgSO_3 \overset{\triangle}{\longrightarrow} MgO+SO_2$	1. 装置小型化，建设费用低； 2. 脱硫效率高，运行费用低； 3. 安全性能好，可靠性高； 4. 我国氧化镁（菱苦土）资源丰富，该法在我国有发展前途

二、半干法烟气脱硫技术

半干法烟气脱硫市场占有率仅次于湿法，列第二位。该方法采用湿态吸收剂，在吸收装置中吸收剂被烟气的热量所干燥，并在干燥过程中与 SO₂ 反应生成干粉状脱硫产物。半干法工艺较简单，干态产物易于处理，无废水产生，投资一般低于传统湿法，但脱硫效率和脱硫剂的利用率低，一般适用于低、中硫煤烟气脱硫。

（一）循环流化床烟气脱硫（CFB-FGD）技术

循环流化床烟气脱硫（CFB-FGD）技术是 20 世纪 80 年代后期由德国 Lurgi 公司研究开发的。该公司是世界上第一台循环流化床锅炉的开发者，随后它将循环流化床技术引入烟气脱硫领域，开发了 CFB-FGD 技术。

1. 脱硫原理

循环流化床脱硫塔内进行的化学反应是非常复杂的，多年来人们从不同的角度进行了大量细致的研究。一般认为当石灰、工艺水和燃煤烟气同时加入流化床中，会有以下主要反应发生：

生石灰与液滴结合产生水合反应：

$$CaO+H_2O \longrightarrow Ca(OH)_2$$

SO₂ 被液滴吸收：

$$SO_2+H_2O \longrightarrow H_2SO_3$$

$Ca(OH)_2$ 与 H_2SO_3 反应：

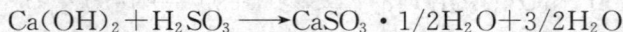

$$Ca(OH)_2+H_2SO_3 \longrightarrow CaSO_3 \cdot 1/2H_2O+3/2H_2O$$

部分 $CaSO_3 \cdot 1/2H_2O$ 被烟气中的 O₂ 氧化：

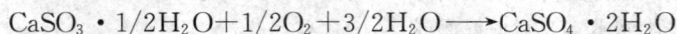

$$CaSO_3 \cdot 1/2H_2O+1/2O_2+3/2H_2O \longrightarrow CaSO_4 \cdot 2H_2O$$

烟气中的 HCl 和 HF 等酸性气体同时也被 $Ca(OH)_2$ 脱除，总的反应式如下：

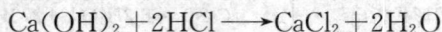

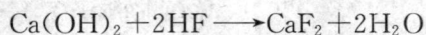

$$Ca(OH)_2+2HCl \longrightarrow CaCl_2+2H_2O$$

$$Ca(OH)_2+2HF \longrightarrow CaF_2+2H_2O$$

由上述反应可看出，CFB 反应器中进行的是气液固三相反应，其反应速率由下述步骤所决定：①气相主体中的 SO₂ 靠湍流扩散到气膜表面；②SO₂ 靠分子扩散通过气膜到达两相界面；③在界面上 SO_2 从气相溶入液相；④液相 SO_2 靠分子扩散从两相界面通过液膜；⑤液相 SO_2 靠湍流扩散从液膜边界到液相主体；⑥ $Ca(OH)_2$ 固体扩散到液相主体中；⑦ $Ca(OH)_2$ 颗粒的溶解；⑧液相主体中的 SO_2 和 $Ca(OH)_2$ 进行反应。

2. 工艺流程

循环流化床烟气脱硫系统由石灰浆制备系统、脱硫反应系统和除尘引风三个系统组成，包括石灰储仓、灰槽、灰浆泵、水泵、反应器、旋风分离器、除尘器和引风机等设备。主要控制参数有床料循环倍率、流化床床料浓度、烟气在反应器及旋风分离器中停留时间、钙硫比、反应器内操作温度、脱硫效率等，其工艺流程见图 2-23。

该脱硫工艺的主要特点有：①没有喷浆系统及浆液喷嘴，只喷入水和蒸汽；②新鲜石灰与循环床料混合进入反应器，依靠烟气悬浮，喷水降温反应；③床料有 98% 参与循环，新鲜石灰在反应器内停留时间累计可达到 30min 以上，使石灰利用率可达 99%；④反应器内烟气流速为 1.83~6.1m/s，烟气在反应器内停留时间约 3s，对锅炉负荷变化有很强的适应性，可以满足锅炉负荷从 30%~100% 范围内的变化；⑤脱硫率较高，对含硫量为 6% 的煤，脱硫率可达 92%；⑥基建投资相对较低，不需专职人员进行操作和维护；⑦存在的问题是生成的亚硫酸钙比硫酸钙多，亚硫酸钙需经处理才可成为硫酸钙。

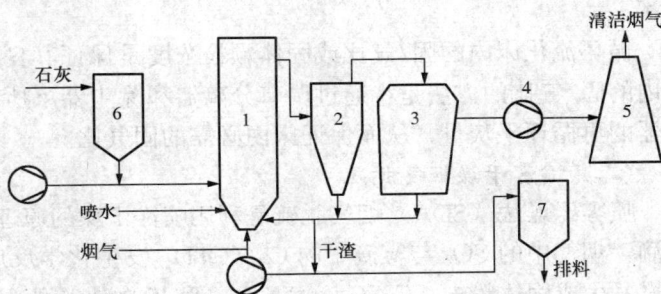

图 2-23 循环流化床烟气脱硫工艺流程
1—CFB 反应器；2—旋风分离器；3—静电除尘器；4—引风机；
5—烟囱；6—石灰贮仓；7—灰仓

3. 脱硫率的主要影响因素

影响 CFB-FGD 脱硫率的主要因素有床层温度、颗粒物浓度、钙硫摩尔比（Ca/S）、烟气停留时间、脱硫剂的粒度和反应性等。

(1) 固体颗粒物浓度对脱硫率的影响。循环流化床具有较高的脱硫率，其中一个很重要的原因就是在反应器中存在飞灰、粉尘和石灰的高浓度接触反应区，其浓度通常可达 0.5~2.0kg/m³，相当于一般反应器的 50~100 倍。有研究显示：随着床内固体颗粒物浓度的逐渐升高，脱硫率也随着升高。这是由于床内强烈的湍流状态以及高的颗粒循环速率提供了气液固三相连续接触面，颗粒之间的碰撞使得吸收剂表面的反应产物不断地磨损剥落，从而避免了孔堵塞造成的吸收剂活性下降和反应气体通过产物层扩散的影响。新的石灰表面连续暴露在气体中，强化了床内的传质和传热。

(2) 钙硫摩尔比对脱硫率的影响。SO_2 脱除率是钙硫摩尔比（Ca/S）的函数，SO_2 脱除率随 Ca/S 的增加而增加。钙硫比从 2 增大到 4，脱硫率提高幅度很大，而超过 4 则曲线平缓，脱硫率略有增加。因此，从提高脱硫效果和减少渣处理量考虑，钙硫比太大不必要、也是不经济的。

(3) 烟气停留时间对脱硫率的影响。有研究表明在循环流化床反应器内，SO_2 脱除反应大部分都发生在 1~3s 的浆滴蒸发期内，当液相蒸发完毕时，反应基本停止。再延长烟气在 CFB 反应器中的停留时间，脱硫效率有所增加，但增加的幅度较小。

（4）床层温度对脱硫率的影响。在循环流化床烟气脱硫工艺中，可用 CFB 出口烟气温度与相同状态下的绝热饱和温度（露点温度）之差 Δt 来表示床层温度的影响。Δt 越小则系统的脱硫效率越高。在其他条件一定的前提下，喷水量越大，Δt 越小。但 Δt 过小，会引起系统的堵塞和吸收剂结块而影响流化质量。因此要根据烟气温度调节喷水量，以保证 Δt 的最佳值。在典型的工况下，可将 Δt 控制在 14℃左右。

综上所述，循环流化床烟气脱硫工艺，可根据反应器进口烟气流量及烟气中初始 SO_2 浓度控制消石灰粉的给料量，以保证按要求的脱硫效率所必需的钙硫比。循环流化床脱硫反应器的最大优点是：可以通过喷水将床温控制在最佳反应温度下，达到最好的气固间紊流混合并不断暴露出未反应消石灰的新表面，而通过固体物料的多次循环使脱硫剂具有很长的停留时间，因此大大提高了脱硫剂的钙利用率和反应器的脱硫率。因此，循环流化床烟气脱硫系统能够处理燃高硫煤的烟气，并在钙硫比为 1.1～1.5 时达到 90%～97% 以上的脱硫率。

循环流化床内的固/气比或固体颗粒浓度是保证其良好运行的重要参数。在运行中调节床内的固/气比的方法是：通过调节分离器和除尘器下所收集的飞灰排灰量，以控制送回反应器的再循环干灰量，从而保证床内必需的固气比。

（二）喷雾干燥烟气脱硫

喷雾干燥法（SDA）烟气脱硫是利用喷雾干燥的原理，向热烟气中喷入石灰浆液并形成雾滴，烟气中的 SO_2 与雾滴中的 $Ca(OH)_2$ 发生化学反应，雾滴在吸收 SO_2 的同时被烟气干燥，生成固体粉末（$CaSO_3$、$CaSO_4$）和灰的混合物，其部分在塔内分离，由锥体出口排出，另一部分随脱硫后烟气进入电除尘器收集。净化后的烟气因温度降低不多，可不经过再热而排入大气。其工艺流程如图 2-24 所示。

喷雾干燥烟气脱硫工艺流程包括：①吸收剂制备；②吸收剂浆液雾化；③雾粒与烟气的接触混合；④液滴蒸发与 SO_2 吸收；⑤灰渣排出；⑥灰渣再循环。其中②～④在喷雾干燥吸收塔内进行。

1. 工艺原理

喷雾干燥法是将石灰浆液以雾状喷入反应塔内，与热烟气接触，经雾化的微小液滴同时发生三个传热和传质过程：①酸性气体从气相进入液滴表面的传质过程；②被吸收的酸性气体与溶解的 $Ca(OH)_2$ 发生化学反应；③液滴内水的蒸发。

整个过程所发生的主要化学反应如下：

生石灰制浆：

$$CaO + H_2O \longrightarrow Ca(OH)_2 \quad (1)$$

SO_2 被液滴吸收：

$$SO_2 + H_2O \longrightarrow H_2SO_3 \quad (1)$$

吸收剂与 SO_2 的反应：

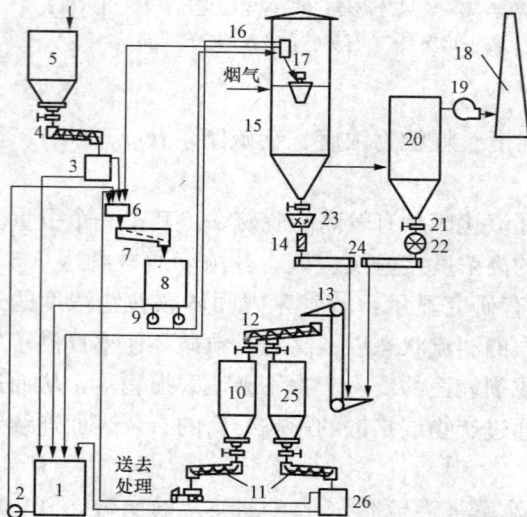

图 2-24　喷雾干燥烟气脱硫工艺流程

1—贮存槽；2—泵；3—消化槽；4、11、12、24—螺旋输送机；5—石灰仓；6—延时箱；7—筛；8—吸收剂贮罐；9—供给泵；10—终产物仓Ⅱ；13—斗式提升机；14—双片阀；15—吸收塔；16—高位槽；17—雾化器；18—烟囱；19—风机；20—除尘器；21—阀；22—调节阀；23—产物调节器；25—终产物仓Ⅰ；26—再循环浆池

$$Ca(OH)_2(l) + H_2SO_3(l) \longrightarrow CaSO_3(l) + 2H_2O$$

液滴中 $CaSO_3$ 过饱和沉淀析出：

$$CaSO_3(aq) \longrightarrow CaSO_3(s)$$

部分 $CaSO_3(aq)$ 被溶于液滴中的氧气所氧化生成 $CaSO_4$：

$$CaSO_3(aq) + 1/2\ O_2 \longrightarrow CaSO_4(aq)$$

$CaSO_4$ 难溶于水，迅速沉淀析出固态 $CaSO_4$：

$$CaSO_4(aq) \longrightarrow CaSO_4(s)$$

在喷雾干燥脱硫工艺中，烟气中的其他酸性气体如 SO_3、HCl 等，也会同时与 $Ca(OH)_2$ 反应，而且 SO_3 和 HCl 的脱除率高达 95%，远大于湿法脱硫工艺中 SO_3 和 HCl 的脱除率。

2. 工艺系统的组成

喷雾干燥法脱硫系统主要由以下子系统组成：

(1) 浆液制备和供给系统。生石灰计量后进入生石灰消化槽，在消化槽完成消化并成为具有良好脱硫活性的熟石灰 $Ca(OH)_2$ 浆液后，经过滤除渣后进入吸收剂贮罐，由供浆泵打入脱硫反应塔的高位料箱，然后送入旋转喷雾器。

生石灰的消化采取间歇制浆法。运行中，控制加水量、消化温度、时间、速率等参数，并根据需要投入一定比例的飞灰和脱硫灰渣。在系统中采用振动筛或其他高效除渣装置滤除浆液中较粗的颗粒以减少对高速雾化系统的磨损。当石灰杂质含量高时，应特别注意这一点。

(2) 烟气脱硫系统。烟气从锅炉引风机引出后，从吸引塔顶部（有时分成顶部和中部）切向进入，和吸收剂浆液接触反应后，从脱硫反应塔下部引出，最后经电除尘器除尘后由风机引入烟囱。

吸收塔是工艺的核心部分，它由高速旋转喷雾器、烟气分配器和塔体组成。烟气分配器在很大程度上决定了塔内烟气流场，从而影响系统脱硫效率。根据径高比不同，吸收塔有粗短型和细长型，后者占地面积小，但对设计参数的选择和烟气分配器要求较高，且易发生塔壁积灰等问题。

旋转喷雾器是半干法脱硫工艺的关键设备。通过高速旋转，产生巨大的离心力，使进入雾化轮的吸收剂浆液从喷嘴甩出，且破碎成细小雾粒（$50\sim100\mu m$）。形成均匀的细小液滴是保证该工艺脱硫效率的关键。雾化轮转速通常为 $7000\sim10000r/min$。在实际运行中存在一个最佳转速，它能提供一个最佳的浆液雾滴直径，此时脱硫效果最好。

(3) 灰渣处理和再循环系统。由除尘器收集的脱硫灰以及反应塔底部排出的灰渣经收集后，一部分运送出去处理，一部分送入吸收剂贮罐进行循环利用。

(4) 监测和控制系统。烟气脱硫系统采用集散控制方式。使用计算机 DCS 系统控制全系统的启停、运行工况调整和异常工况报警，DCS 系统具有自动调节运行参数、自动采集数据的功能。

虽然喷雾干燥法的原理和装置都较简单，但它的系统设计和设备制造要求高。在操作上对自动控制的要求比较严格，不仅吸收剂的用量要根据入口 SO_2 浓度变化迅速加以调整，同时还要根据烟气温度的高低调节液体用量，以保证足够的脱硫效率和合理的吸收剂利用率。

三、干法烟气脱硫技术

（一）LIFAC 脱硫

LIFAC 脱硫是由芬兰 Tampella 公司和 IVO 公司联合研究开发的干法烟气脱硫工艺。LIFAC 工艺的全称为炉内喷钙尾部烟气增湿活化（Limestone Injection into the Furnace and Activation of Calcium oxide）。该工艺系统简单、投资低、脱硫费用小、占地面积少，但脱硫效率仅为 80% 左右。应用于燃用低硫煤电厂的烟气脱硫。

1. 工艺原理

LIFAC 工艺是将石灰石粉喷射到锅炉炉膛内合适的温度区，进行脱硫反应，未反应的吸收剂再与烟气一起进入位于锅炉尾部的增湿活化器，通过喷水使吸收剂活化，达到进一步对烟气脱硫的目的。

LIFAC 工艺包括两个阶段，即炉内喷钙和炉后增湿活化。

第一阶段，即炉内喷钙阶段，粒度为 325 目左右的石灰右粉用气力喷射到锅炉炉膛上部温度为 900~1150℃ 的区域。$CaCO_3$ 受热分解成 CaO 和 CO_2，即炉内发生如下反应：

$$CaCO_3 \longrightarrow CaO + CO_2 \uparrow$$

锅炉烟气中 SO_3 和部分 SO_2 与 CaO 反应生成硫酸钙

$$CaO + SO_2 + 1/2O_2 \longrightarrow CaSO_4$$

$$CaO + SO_3 \longrightarrow CaSO_4$$

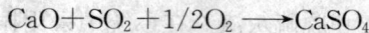

未反应的 CaO 与飞灰随烟气一起流向锅炉的下游。

第二阶段，即炉后增湿活化阶段，在一个专门的活化器中喷入雾化水（雾滴粒径 50~100μm）对烟气进行增湿。烟气中未反应的 CaO 与水反应生成在低温下具有较高反应活性的 $Ca(OH)_2$，$Ca(OH)_2$ 与烟气中未反应的 SO_2 反应生成亚硫酸钙，同时有一小部分亚硫酸钙被氧化成硫酸钙，即增湿活化器中发生如下反应：

$$CaO + H_2O \longrightarrow Ca(OH)_2$$

$$Ca(OH)_2 + SO_2 \longrightarrow CaSO_3 + H_2O$$

$$CaSO_3 + 1/2O_2 \longrightarrow CaSO_4$$

最终形成稳定的脱硫产物。

2. 工艺系统组成

LIFAC 工艺系统主要由吸收剂制备系统、炉内喷钙系统、活化增湿系统、烟气加热系统、脱硫飞灰再循环系统、仪表控制系统和电气系统组成，其工艺流程如图 2-25 所示。

3. 脱硫率的影响因素

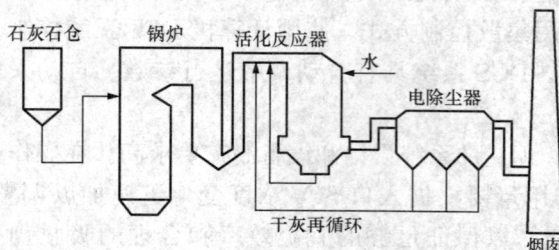

图 2-25　LIFAC 工艺流程

影响系统脱硫性能的主要因素包括：炉膛喷射石灰石的位置与粒度、钙硫比、活化器进出口烟温、活化器内喷水量及水滴大小、灰循环比等。

（1）喷射石灰石的位置与粒度。通常，在锅炉炉膛上方温度为 950~1150℃ 的区域内喷入石灰石粉，对石灰石粉的要求是：CaCO₃ 含量应超过 90%，80% 以上的颗粒粒度小于 44μm，此时炉内脱硫反应所能达到的脱硫率为 20%～30%。喷入炉膛内的石灰石的颗粒尺寸对脱硫率的影响如图 2-26 所示，石灰石的粒径越小，其单位质量的表面积越大，越有利于炉内脱硫反应的进行，脱硫效果越好。

（2）钙硫比。LIFAC 系统的脱硫率随钙硫比的提高而升高，图 2-26 也显示了钙硫比与脱硫率的关系。由图可见，采用 80% 以上、粒径小于 44μm 的石灰石作为吸收剂，当 Ca/S 比为 1.5 时，脱硫率约为 15%，Ca/S 为 2.0 时，脱硫率约为 20%，随着 Ca/S 的提高，脱硫率会进一步提高。

（3）活化反应器进口烟气温度。活化进口烟气温度，即锅炉排烟温度与脱硫率的关系如图 2-27 所示。在其他条件不变的情况下，活化反应器进口烟温提高，能使增湿水量提高，活化塔脱硫率提高。试验表明，吸收剂活化的主要原因是吸收剂与水滴的碰撞。增湿水量增加，提高了吸收剂的活化程度，使其与 SO₂ 反应机会增加，脱硫率提高。钱清电厂的试验表明，在烟温 100℃ 以上时，活化反应器进口烟温提高 10℃，脱硫率约提高 5%～10%。

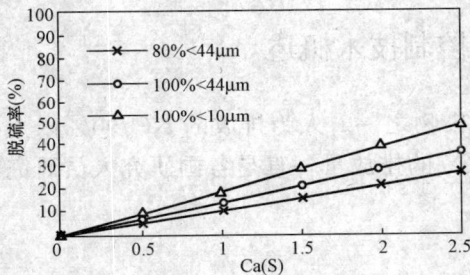

图 2-26 吸收剂的粒径对脱硫率的影响

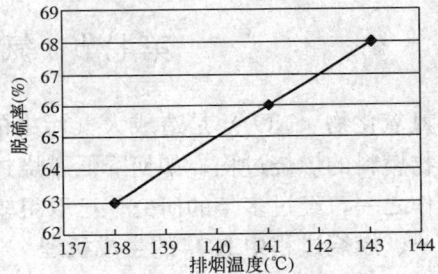

图 2-27 排烟温度与脱硫关系示意

（4）活化反应器出口烟气温度。活化反应器出口烟气温度，也即活化反应器运行温度是决定活化反应器脱硫率的重要因素，活化反应器出口烟气温度越接近绝热饱和温度，活化反应器脱硫率越高，但不应引起活化反应器器壁、除尘器和引风机结露。因此，通常要求控制烟气温度高于绝热饱和温度 10～25K。

（5）活化反应器内的喷水量及水滴大小。活化反应器的喷水量与煤的含硫量、Ca/S、烟气的进口温度及当时烟气的绝热饱和温度等参数有关。活化反应器内的喷水量决定了反应温度和湿度。此外，水滴大小影响着脱硫率的高低，在活化反应器内布置喷嘴应保证水滴与烟气能良好均匀的混合。

（6）干灰再循环比。将电除尘器所收集的飞灰，包括在活化反应器中未反应的 CaO 和 Ca(OH)₂ 再循环送回活化反应器，称为干灰在活化反应器内的再循环。干灰再循环提高了钙的利用率。一般情况下，与干灰不循环相比，脱硫率大约可以提高 10%。

（二）荷电干式吸收剂喷射烟气脱硫技术（CDSI）

CDSI 脱硫技术是上世纪 90 年代由美国阿兰柯环境资源公司研制成功的。该技术针对传统干式吸收剂喷射技术存在的脱硫反应速度慢、吸收剂在烟道内滞留时间长及难以在烟道中保持悬浮状态与 SO₂ 反应的技术难题，通过吸收剂荷电的方法给予解决。

1. 工作原理

吸收剂 Ca(OH)₂ 高速流过高压电源产生的静电充电区而带电（通常是负电），然后用喷枪将带电吸收剂喷入烟道吸收烟气中的 SO_2 生成 $CaSO_3$ 及 $CaSO_4$ 颗粒物质后,被后部的除尘设备除去。

2. 吸收剂荷电对脱硫效果的作用

吸收剂荷电后,颗粒带有同种电荷,彼此相互排斥并迅速在烟道中扩散,形成均匀分布的悬浮状态,每个吸收剂颗粒表面都能充分与烟气接触,大大增加了与 SO_2 反应的机会,提高了脱硫率;同时,吸收剂颗粒表面的电晕大大提高了吸收剂的活性,提高了反应速度,缩短了与 SO_2 完全反应所需的滞留时间,有效提高了 SO_2 的脱除率。工业应用结果表明,当 Ca/S 比约为 1.5 时,系统脱硫效率可达 60%~70%。

3. 荷电干式烟气脱硫技术的特点

荷电干式烟气脱硫技术的优点:投资小、工艺简单、可靠性强、设备占地面积小、不造成二次污染。

缺点:对脱硫剂的要求太高,一般的石灰难以满足要求,可用的石灰售价过高,且脱硫率较低,吸收剂利用率不足,限制了该技术的推广。

第七节　氮氧化物控制技术概述

氮氧化物(NO_x)是造成大气污染的主要污染物之一。人为排放的 NO_x 90% 以上来源于矿物燃料的燃烧过程,如何降低燃烧过程中 NO_x 的排放量一直是各国研究人员研究的重点工作之一,经过多年的研究,已取得较大进展。

一、燃烧过程中 NO_x 的生成机理

燃烧过程中,生成的氮氧化物可分为三类:①热力型 NO_x (thermal NO_x),它是空气中的氮气在高温下氧化而生成的 NO_x ;②燃料型 NO_x (fuel NO_x),它是燃料中含有的氮化合物在燃烧过程中热分解,接着氧化而生成的 NO_x ;③快速型 NO_x (prompt NO_x),它是燃烧时空气中的氮和燃料中的碳氢原子团如 CH 等反应生成的 NO_x 。即先通过燃料产生的 CH 原子团撞击 N_2 分子,生成 CN 类化合物,再进一步被氧化生成 NO。

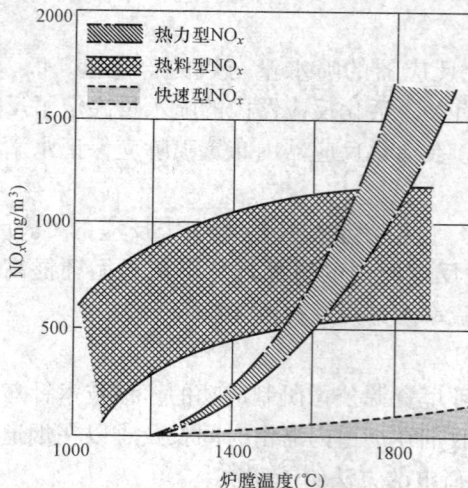

图 2-28 是煤粉炉中三种类型的 NO_x 的生成量的范围和炉膛温度的关系。由图可见,煤粉燃烧所生成的 NO_x 中,燃料型 NO_x 是最主要的,它占 NO_x 总生成量的 60%~80% 以上;热力型 NO_x 的生成和燃烧温度的关系很大,在温度足够高时,热力型 NO_x 的生成量可占到 NO_x 总量的 20%;快速型 NO_x 在煤燃烧过程中的生成量很小。

1. 热力型 NO_x

热力型 NO_x 是燃烧时空气中的氮(N_2)和氧(O_2)在高温下生成的 NO 和 NO_2 的总和,其生成机理可用泽利多维奇(Zeldovich)的下列不分支链锁反应式来表达,其中原子氧主要来源于高温下 O_2 的离解。

图 2-28　煤粉燃烧中各种类型 NO_x 的生成量和炉膛温度的关系

$$O + N_2 \Longrightarrow NO + N \qquad (2-10)$$
$$N + O_2 \Longrightarrow NO + O \qquad (2-11)$$

因此，在高温下生成 NO 和 NO_2 的总反应式为

$$N_2 + O_2 \Longrightarrow 2NO \qquad (2-12)$$
$$NO + 1/2O_2 \Longrightarrow NO_2 \qquad (2-13)$$

反应式（2-12）的平衡常数 K_p 值随温度升高而增大，当温度低于 1000K 时，K_p 值非常小，也就是 NO 的分压力（浓度）很小，平衡情况下 NO 浓度的理论值随烟气温度升高而迅速增加，在 1000K 以上，将会形成可观的 NO。

随温度的升高，热力型 NO_x 的生成速度按指数规律迅速增加。除了反应温度对热力型 NO_x 的生成浓度具有决定性的影响外，NO_x 的生成浓度还和 N_2 的浓度和 O_2 浓度以及停留时间有关。也就是说，燃烧设备的过量空气系数和烟气的停留时间对 NO_x 的生成浓度也有很大的影响。如过量空气系数为 1.1，当烟气在炉膛内高温区的停留时间为 0.1s 时，NO 浓度的计算值约为 500ppm，但若停留时间为 1s，则 NO 浓度的计算值达到 1300ppm。若过量空气系数为 1.4，则停留时间为 1s 时的 NO 浓度计算值仅为 500ppm。因此，要控制热力型 NO_x 的生成，就需要降低燃烧温度；避免产生局部高温区；缩短烟气在炉内高温区的停留时间；降低烟气中氧的浓度和使燃烧在偏离理论空气量（$a=1$）的条件下进行。

2. 燃料型 NO_x

煤炭中的氮含量一般在 0.5%～2.5% 之间，它们以氮原子的状态与各种碳氢化合物结合成氮的环状化合物或链状化合物。煤中氮有机化合物的 C-N 结合键能比空气中的氮分子键能小得多，在燃烧时很容易分解出来。因此，从氮氧化物生成的角度看，氧更容易首先破坏 C-N 键而与氮原子生成 NO。这种燃料中的氮化合物经热分解和氧化反应生成的 NO，称为燃料型 NO_x。事实上，当燃料中氮的含量超过 0.1% 时，所生成的 NO 在烟气中的浓度将会超过 130ppm。煤燃烧时生成的 NO_x 中约 75%～90% 是燃料型 NO_x。形成燃料型 NO_x 的反应过程是：大部分燃料氮首先在火焰中转化为 HCN，然后转化为 NH 或 NH_2；NH_2 和 NH 能够与氧反应生成 $NO+H_2O$，或者它们与 NO 反应生成 N_2 和 H_2O。因此，在火焰中燃料氮转化为 NO 的比例依赖于火焰区内 NO/O_2 之比。一些试验结果表明，燃料中 20%～80% 的氮转化为 NO_x。

所有试验数据都表明：燃料中的氮化物氧化成 NO 是快速的，反应所需时间与燃烧器中能量释放反应的时间差不多。燃烧区附近的 NO 实际浓度显著超过计算的量，其原因在于使 NO 量减少到平衡浓度的下列反应都较缓慢：

$$O + NO \longrightarrow N + O_2$$
$$NO + NO \longrightarrow N_2O + O$$

在燃烧后区，贫燃料混合气中 NO 浓度减少得十分缓慢，NO 生成量较高；而富燃料混合气中 NO 浓度减少得比较快，NO 生成量相对也低。NO 的生成量与温度反略有关系，因此，它是一个低活化能步骤。

为了减少烃和一氧化碳的排出，应该使用较贫的燃料物，但使用含氮燃料可能会提高 NO 生成量。在某些状态下，NO 可以通过 CH 基和 NH 基来还原，这些基在富燃料系统中浓度比较大。

含氮燃料形成 NO 的反应动力学至今仍不十分清楚，已提出的理论包括①运用 CN 基作为中间物；②当键破坏时释放出原子态氮；③部分平衡机理。

3. 快速型 NO_x

快速型 NO_x 是燃料燃烧时产生的烃（CH_i）等撞击燃烧空气中的 N_2 分子而生成 CN、HCN，然后 HCN 等再被氧化生成的 NO_x。

快速型 NO_x 的生成过程共有四组反应构成：

（1）在碳氢化合物燃烧时，特别是富燃料燃烧时，会分解出大量的 CH、CH_2、CH_3 和 C_2 等离子团，它们会破坏燃烧空气中 N_2 分子的键而反应生成 HCN、CN 等。

$$CH + N_2 \longrightarrow HCN + N$$
$$CH_2 + N_2 \longrightarrow HCN + NH$$
$$CH_3 + N_2 \longrightarrow HCN + NH_2$$
$$C_2 + N_2 \longrightarrow 2CN$$

上面的这些反应的活化能很小，故其反应速度非常快。

（2）上述反应所生成的 HCN 和 CN，与火焰中所产生的大量 O、OH 等原子团反应生成 NCO：

$$HCN + O \longrightarrow NCO + H$$
$$HCN + OH \longrightarrow NCO + H_2$$
$$CN + O_2 \longrightarrow NCO + O$$

（3）NCO 被进一步氧化生成 NO：

$$NCO + O \longrightarrow NO + CO$$
$$NCO + OH \longrightarrow NO + CO + H$$

（4）此外，研究还发现，在火焰中 HCN 浓度达到最高点转入下降阶段时，存在大量的氨化物（NH_i），这些氨化物会和氧原子等快速反应而被氧化成 NO：

$$NH + O \longrightarrow N + OH$$
$$NH + O \longrightarrow NO + H$$
$$N + OH \longrightarrow NO + H$$
$$N + O_2 \longrightarrow NO + O$$

由上面的反应可以看出：

（1）快速型 NO_x 是由燃烧空气中的 N_2 经氧化生成的 NO。从 NO_x 氮来源看，它类似于热力型 NO_x。但其反应机理却与燃料型 NO_x 的生成机理非常相似。实际上当 N_2 和 CH_i 反应生成 HCN 后，快速型 NO_x 和燃料型 NO_x 有着完全相同的反应途径。

（2）快速型 NO_x 产生于燃烧时 CH_i 类原子团较多、氧气浓度相对较低的富燃料燃烧情况下，对煤燃烧设备，快速型 NO_x 与热力型和燃料型 NO_x 相比，其生成量要少得多，一般占总 NO_x 生成量的 5% 以下。

（3）研究表明，快速型 NO_x 对温度的依赖性很弱。一般情况下，对不含氮的碳氢燃料在较低温度燃烧时，才重点考虑快速型 NO_x。因为当燃烧温度超过 1500℃时，热力型 NO_x 将起主导作用。

综合考虑燃烧过程中三种 NO_x 的形成机理，有人给出了如图 2-29 所示的简化的 NO_x 形成路径。实际上，燃烧过程中 NO_x 的形成包含了许多其他反应，许多因素影响 NO_x 的生成量，三种机理对形成 NO_x 的贡献率随燃烧条件而异。

二、NO_x 的控制

控制氮氧化物排放的技术措施大体上可以分为两大类：一是所谓的源头控制，称为一级污染预防措施。其特征是通过各种技术手段，控制燃烧过程 NO_x 的生成反应；另一类是所谓的尾部控制，称为二级污染预防措施。其特征是把已经生成的 NO_x 通过某种手段还原为 N_2，从而降低 NO_x 的排放量。

1. 一级污染预防措施

一级污染预防措施主要是通过改进燃烧方式减少 NO_x 的生成量。基于 NO_x 的生成主要受燃烧温度、烟气在高温区的停留时间、烟气中各种组分的浓度以及混合程度的影响，为降低燃烧过程中 NO_x 的生成，可控制以下因素：①空气—燃料比；②燃烧区的温度及其分布；③后燃烧区的冷却程度；④燃烧器的形状设计等。

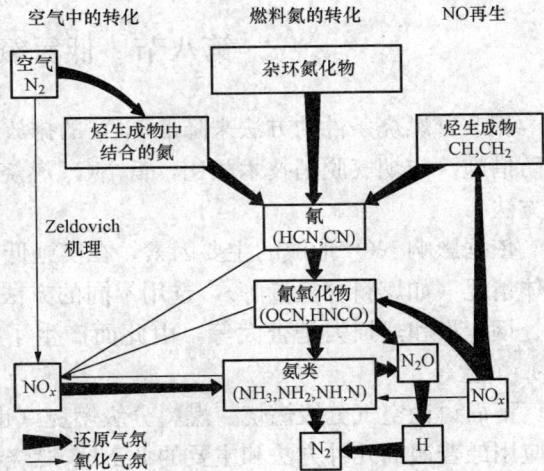

图 2-29 NO_x 形成和破坏机理

燃烧方式的改进通常是一种相对简便易行的减少 NO_x 排放的措施，目前应用广泛。但这种措施会带来燃烧效率的降低，不完全燃烧损失的增加，而且 NO_x 的脱除率也不够高，因此随着环保要求的不断提高，燃烧的后处理会越来越成为必然。

2. 二级污染预防措施

二级污染预防措施是指在 NO_x 生成后的控制措施，即对燃烧后产生的含 NO_x 的烟气（尾气）进行脱氮处理，又称为烟气脱硝或废气脱硝，或简称为 $deNO_x$。

图 2-30 综合概括了当前世界上为控制 NO_x 排放所涉及的各方面的技术措施。

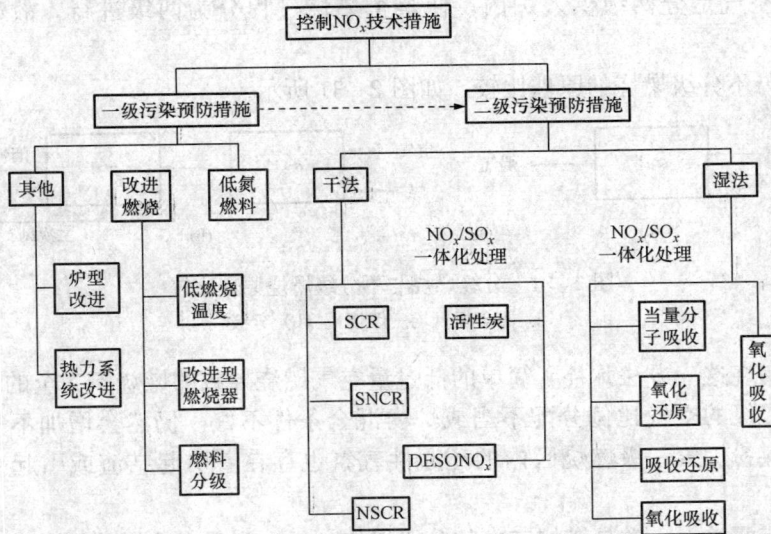

图 2-30 控制 NO_x 排放的技术措施

第八节　低氮氧化物燃烧技术

　　用改善燃烧条件的方法来降低 NO_x 的排放，统称为低 NO_x 燃烧技术，是一种一级污染预防措施。与烟气脱硝技术相比，低 NO_x 燃烧技术是应用广泛、相对简单、经济并且有效的方法。

　　依据影响 NO_x 形成的主要因素，在实施低 NO_x 燃烧时，要针对主要影响因素和不同的具体情况（如燃料含氮量等），选用不同的方法。同时，还要兼顾其他方面，如燃烧是否完全、烟尘量和热损失是否大等，由此而产生了很多低 NO_x 燃烧方法、低 NO_x 燃烧器和低 NO_x 炉膛等。

　　下面讨论空气分级燃烧、燃料分级燃烧（也称为再燃烧）、浓淡燃烧、烟气再循环燃烧等应用最普遍的几种方法和主要的低 NO_x 燃烧器。

一、空气分级燃烧

　　空气分级燃烧是目前使用最为普遍的低 NO_x 燃烧技术之一，最先是美国 20 世纪 50 年代发展起来的。空气分级燃烧法是将燃烧用的空气分两级送入，在第一级燃烧区，从主燃烧器供入炉膛总燃烧空气量的 70%～75%（相当于理论空气量的 80% 左右），使燃料先在缺氧的富燃料燃烧条件下燃烧。在第一级燃烧区内过量空气系数 $\alpha<1$，从而降低了第一级燃烧区的燃烧速度和温度水平。由于是缺氧的富燃料燃烧，不但延迟了燃烧过程，而且使燃料在还原气氛中燃烧，燃烧生成 CO，燃料中的氮将分解生成 HN、HCH、CN、NH_3 和 NH_2 等，它们相互复合将已有 NO_x 还原分解，因而抑制了燃料 NO_x 的生成。同时由于降低了火焰的峰值温度，从而也降低了热力型 NO_x 的生成量。为了完成全部燃烧过程，完全燃烧所需的其余空气则在第二级燃烧区送入，使燃料进入空气过剩区域燃尽。虽然这时空气量多，但由于火焰温度较低，所以在第二级燃烧区内也不利于 NO_x 的生成。由于整个燃烧过程所需空气是分两级供入炉内，使整个燃烧过程分为两级进行，故称之为空气分级燃烧法。

　　分级燃烧与不分级燃烧的原理比较，如图 2-31 所示。

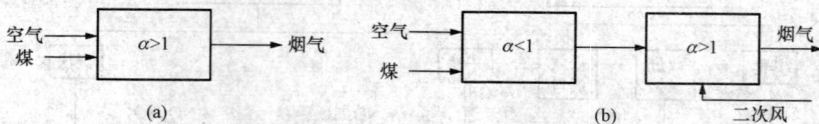

图 2-31　分级燃烧与不分级燃烧原理比较
(a) 不分级（均一燃烧）；(b) 分级

　　空气分级燃烧这一方法弥补了简单的低过量空气燃烧导致的燃烧不完全的缺点，但是如果第一级和第二级的空气比例分配不当或炉内混合条件不好，仍然会增加不完全燃烧的损失。同时，在煤粉炉第一级燃烧区内的还原性气氛也存在着引起结渣或引起受热面腐蚀的问题。

　　分级燃烧有两类：一类是燃烧室中的分级燃烧；另一类是单个燃烧器的分级燃烧。

　　燃烧室中的分级燃烧通常是在主燃烧器上部装设空气喷口。在燃烧器内供入大约 80% 的燃烧空气量，使燃烧器区处于富燃料状态，剩余的空气（称火上风或燃尽风）通过一个专用的风箱，利用燃尽风喷口和/或安装在燃烧器上方的喷嘴喷入主燃烧段上方，与第一级燃烧区在"贫氧燃烧"条件下所产生的烟气混合，使可燃物燃尽。因而在燃烧室内沿高度分成两个区域，即燃烧器附近的富燃料区和空气喷口附近的燃尽区。目前已开发出先进的分段送风系统，例如分离式燃尽风（SOFA）和强耦合式燃尽风（CCOFA），这两项技术的使用可以达到减少 NO_x 排放，并且提高锅炉性能的目的。英国的 ABB 阿尔斯通电力燃烧服务公司一直是这些技术的主要提供者之一。

采用燃烧室空气分级燃烧时，由于在第一级燃烧区内过量空气系数 $\alpha < 1$，燃烧是在缺氧富燃料的情况下进行的，有利于抑制 NO_x 的生成，但也因此会产生大量不完全燃烧产物，因而导致燃烧效率降低及引起结渣和腐蚀的可能性也加大。因此，为了既能保证减少 NO_x 的排放，又保证锅炉燃烧的经济性和可靠性，必须优化选择适当的 α 值和正确地组织空气分级燃烧过程。

单个燃烧器的分级燃烧有两种形式。一种是内分级混合的方式，这种方式的一、二次风均从燃烧器喷口送入，但二次风被分隔成两股送入，由内通道送入的称内二次风；而由外通道送入的称外二次风（为区别起见，也有称为三次风）。另一种是外分级混合方式，在这种方式中，部分二次风是从主火嘴周围的一些空气喷口送入。在上述两种方式下，二次风都是逐渐送入，因而在燃烧器出口附近首先形成富燃料区，然后由于二次风的全部混入，使燃料燃尽，形成了燃尽区。

燃烧器分级燃烧时，在火焰根部形成富燃料区，抑制了燃料 NO_x 的生成；由于二次风延迟与燃料混合，燃烧速度降低，使火焰温度降低，故也抑制了热力 NO_x 的生成。

有实验表明，燃烧器分级时，NO_x 降低约 40%，并随着火焰根部过剩空气系数 α 的降低而降低，但 α 降到某一数值再进一步降低时 NO_x 反而增加。综合采用燃烧器分级与燃烧室分级时，NO_x 可降低 60% 以上。

二、浓淡煤粉燃烧

浓淡煤粉燃烧是在燃烧器喷口前，将通常均匀的一次风煤粉气流刻意分离成两股煤粉浓度不同的气流（水平方向分离或垂直方向分离），使部分燃料在空气不足下燃烧，即燃料过浓燃烧；另一部分燃料在空气过剩下燃烧，即燃料过淡燃烧，因此，称为浓淡煤粉燃烧技术。无论是过浓燃烧还是过淡燃烧，燃烧时 α 都不等于 1，前者 $\alpha < 1$，而后者 $\alpha > 1$，故称非化学当量比燃烧或偏差燃烧。

浓淡燃烧时，燃料过浓部分，因氧气不足，燃烧温度不高，所以燃料 NO_x 和热力 NO_x 均会减少。燃料过淡部分，因空气量很大，燃烧温度也降低，使热力 NO_x 降低。因此，浓淡燃烧的 NO_x 生成量低于常规燃烧方式。

燃料浓淡偏差燃烧也是一种分级燃烧，一般都在大型燃烧设备中采用。因为大型燃烧设备有多个燃烧器，可以使部分燃烧器在燃料过浓的工况下燃烧，另一部分燃烧器在燃料过淡下燃烧，只需调节给粉机转速便能实现，而不必增添更多的设备。图 2-32 所示为装有上、下两排燃烧器的偏差燃烧

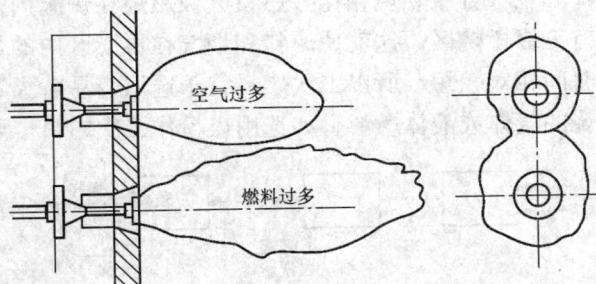

图 2-32 浓淡偏差燃烧

示意图。下面一排供给燃料量的 $65\%\sim80\%$，实现燃料过浓燃烧；上面一排供给燃料量的 $20\%\sim35\%$，实现燃料过淡燃烧。只要调整得当，可使 NO_x 降低。但必须使这部分燃气在离开炉子前完全混合，并基本燃尽，防止出现不完全燃烧产物和其他有害污染物。

燃料浓淡偏差燃烧方法只需要在总风量不变时，调整燃烧器不同喷口的燃料与空气的比例，然后保证浓淡两部分燃气充分混合并燃尽，方法较简单，NO_x 可显著减少。

三、燃料分级燃烧（再燃烧）

由 NO_x 的破坏机理可知，已生成的 NO_x 在遇到烃根 CH_i 和未完全燃烧产物 CO、H_2、C 和 C_nH_m 时，会发生 NO 的还原反应。这些反应的总反应式为

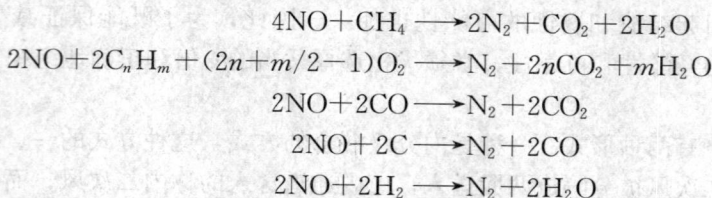

$$4NO+CH_4 \longrightarrow 2N_2+CO_2+2H_2O$$
$$2NO+2C_nH_m+(2n+m/2-1)O_2 \longrightarrow N_2+2nCO_2+mH_2O$$
$$2NO+2CO \longrightarrow N_2+2CO_2$$
$$2NO+2C \longrightarrow N_2+2CO$$
$$2NO+2H_2 \longrightarrow N_2+2H_2O$$

再燃烧法是将 $80\%\sim85\%$ 的燃料送入第一级燃烧区，送入一级燃烧区的燃料称为一次燃料，在 $\alpha>1$ 的条件下燃烧，显然，这一区域的燃烧条件将导致较多的 NO_x 生成。其余 $15\%\sim20\%$ 的燃料则在主燃烧器的上部送入二级燃烧区，在 $\alpha<1$ 的条件下形成很强的还原性气氛，使得在一级燃烧区中生成的 NO_x 在二级燃烧区内被还原成氮分子（N_2）。二级燃烧区又称再燃区，送入二级燃烧区的燃料又称二次燃料，或称再燃燃料。

在再燃区中不仅使得已生成的 NO_x 得到还原，同时还抑制了新的 NO_x 的生成，可使 NO_x 的排放浓度进一步降低。一般情况下，采用燃料分级的方法可以使 NO_x 的排放浓度降低 50% 以上。在再燃区的上面还需布置"火上风"喷口以形成第三级燃烧区（燃尽区），以保证在再燃区中生成的未完全燃烧物质燃尽。

再燃烧法的特点是将燃烧分成三个区域：一次燃烧区是氧化性气氛，二次燃烧区是还原性气氛，在二次燃烧区还原一次燃烧区内生成的 NO_x，最终生成 N_2，最后再送入二次风，使燃料燃烧完全。图 2-33、图 2-34 是再燃烧法的原理示意图。

燃料分级燃烧，除了可以有效地还原已经生成的 NO_x 以外，还扩大了炉膛内的燃烧区域，降低了火焰的峰值温度，使 NO_x 的原始生成量相应地减少。

和空气分级燃烧相比，燃料分级燃烧在炉膛内需要有三级燃烧区，这就使燃料和烟气在再燃区内的停留时间相对较短，所以二次燃料宜于选用容易着火和燃烧的气体或液体燃料，如选用煤粉作二次燃料，要

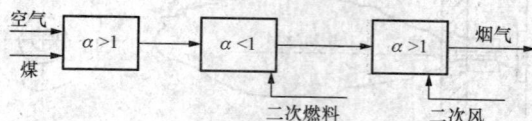

图 2-33　再燃烧法流程

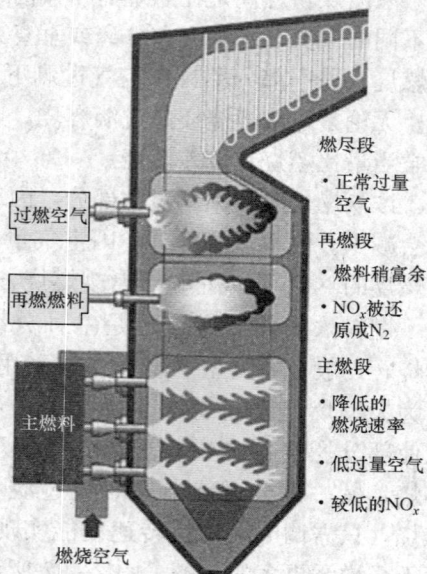

图 2-34　再燃烧过程示意

采用高挥发分易燃的煤种，而且煤粉要磨得更细。

在采用燃料分级燃烧时，为了有效地降低 NO_x 的排放，再燃区是关键。因此，需要研究在再燃区中影响 NO_x 浓度值的因素。

四、烟气再循环

上面所讨论的方法，都是基于将空气和燃料分级以造成浓度偏差来降低 NO_x 的生成量，目前除了这些方法之外，使用较多的还有烟气再循环法。它是在锅炉的空气预热器前抽取一部分低温烟气送入炉内。将烟气送入炉内再循环的方法很多，如通过专门的喷口送入炉内，或用这部分烟气输送二次燃料。但效果更好的方法是采用空气烟气混合器，把烟气掺混到燃烧空气中去与一次风或二次风混合后送入炉内，这样不但可降低燃烧温度，而且也降低了氧气浓度，因而可以降低 NO_x 的排放浓度。烟气循环的运行和改装相对来说比较容易，但改装的费用却很高。图 2-35 为锅炉烟气再循环系统的示意图。

烟气再循环法的效果不仅与燃料种类有关，而且与再循环烟气量有关。当烟气再循环倍率增加时，NO_x 排放减少，但进一步增大循环量，NO_x 的排放变化不大，趋于一个定值。循环倍率过大，炉温降低太多，会导致燃烧不稳定。因此烟气再循环率一般不超过 30%，一般大型锅炉限制在 $10\% \sim 20\%$，此时 NO_x 可降低 $25\% \sim 35\%$。

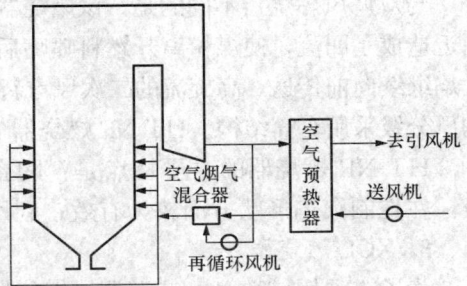

图 2-35　锅炉烟气再循环系统

五、低 NO_x 燃烧器

对燃烧设备来说，燃烧器是燃烧系统中的关键装置，不但燃料需通过燃烧器送入燃烧室，而且燃料燃烧所需要的空气也是通过燃烧器进入燃烧室的。燃料的着火过程、燃烧室中的空气动力和燃烧工况，都主要是通过燃烧器的结构及其在燃烧室上的布置来组织的。因此，从燃烧的角度看，燃烧器的性能对燃烧设备的可靠性和经济性起着主要作用；另一方面，从 NO_x 的生成机理看，燃料型 NO_x 的绝大部分是在燃料的着火阶段生成的。因此，通过特殊设计的燃烧器结构，以及通过改变燃烧器的燃料和空气的比例，可以将前述的空气分级、燃料分级和烟气再循环降低 NO_x 燃烧的原理用于燃烧器，通过尽可能地降低着火区氧的浓度，适当降低着火区的温度，达到最大限度地抑制 NO_x 生成的目的。低 NO_x 燃烧器不仅要能保证燃料着火和燃烧的需要，而且要能有效地抑制 NO_x 的生成。目前，有多种类型的低 NO_x 燃烧器广泛应用于电站锅炉和大型工业锅炉。

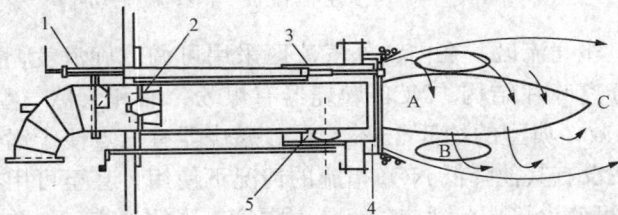

图 2-36　双调风燃烧器原理示意

A—轴向燃料喷射，缺氧脱挥发分；B—热燃烧产物循环区，火焰稳定基础；C—混合区燃料和空气逐渐混合，完全燃烧

1—点火器；2—锥形扩压器；3—调风器；4—外部风区；5—内部风区

1. 双调风燃烧器

双调风燃烧器其原理如图 2-36 所示。

双调风燃烧器将燃料随着一次风轴向喷射到燃烧区内。当输送煤粉的一次风中的氧在富燃料区里被消耗时，一次燃烧区内的空燃比迅速降低，于是燃料脱挥发分期间处于缺氧状态，碳、氢和挥发氮竞争不足的氧，由于氮缺乏竞争能力，导致氮分子的生成比 NO 和 NO_2 多。二次风通过调风器逐渐与燃料混合物混合，同心双调风器加强了对旋流度以及空气与燃料混合的控制。双调风燃烧器借助于双调风器控制空气和燃料混合特性，造成图 2-36 所示的 A、B、C 三个区，以此来达到降低 NO_x 的目的。它与未采取降低 NO_x 措施的燃烧器相比，典型 NO_x 的排放可减少 40%～50%。

2. Hitachi 低 NO_x 燃烧器

为进一步降低 NO_x 以及减少飞灰中的未燃炭，在双调风燃烧器的基础上，Babcock-Hitachi 公司开发了 Hitachi 低 NO_x 燃烧器，即高温 NO_x 还原（high temperature NO_x reduction，缩写 HT-NR）燃烧器。HT-NR 燃烧器是先进的旋流燃烧器，它可独立地控制火焰结构，加速火焰内 NO 还原，其结构如图 2-37 所示。

与双调风燃烧器不同的是，该燃烧器在喷嘴出口处装有陶瓷火焰稳定环，从而在喷嘴出口附近造成了回流，使煤粉离开燃料喷嘴后迅速着火，在低空燃比条件下形成 NO_x 还原区。当火焰继续向前传送，高旋流的二次风重新进入火焰核心并向下游流动直至完全燃烧。该燃烧器的风分级采用套筒结构。HT-NR 燃烧器 NO_x 的排放水平比双调风燃烧器还低30%～50%。

HT-NR 燃烧器的主要特点是：陶瓷火焰稳定环使着火迅速；采用滑动套阀进行风分级，在控制火焰形状方面较为有效；利用有效的涡流加速混合以促进 NO_x 还原。

3. XCL 燃烧器

为了方便锅炉改型，在双调风燃烧器和 Hitachi 低 NO_x 燃烧器基础上，Babcock 和 Wilcox 公司又开发了 XCL 燃烧器，如图 2-38 和图 2-39 所示。

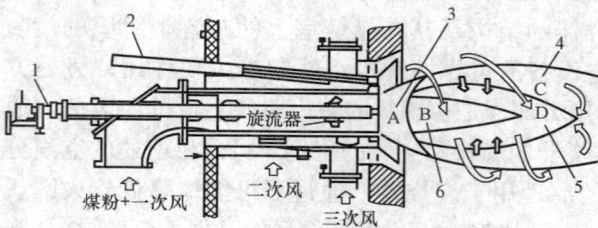

图 2-37 Hitachi 低 NO_x 燃烧器
1—油枪；2—点火器；3—脱挥发分区；4—氧化区；5—NO_x 还原区；6—烃根产生区

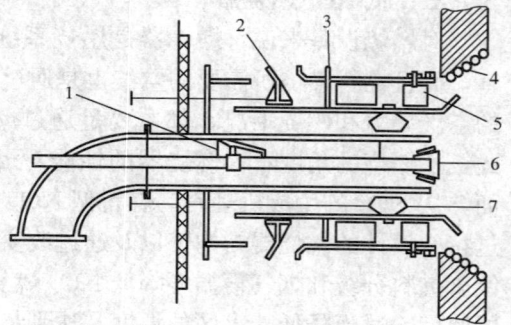

图 2-38 XCL 带叶轮燃烧器
1—锥形扩压器；2—风控制盘；3—比托管；4—管孔；5—固定叶片；6—叶轮；7—转动叶片

XCL 燃烧器采用滑动套阀调节内、外气流区，在内、外气流区采用可调节旋流度，并保持了 Hitachi 低 NO_x 燃烧器的气流分离叶片结构。XCL 燃烧器有煤粉、油和天然气型。NO_x 排放的降低比双调风燃烧器更为有效，典型的约低 25%。XCL 燃烧器有三点便于锅炉改型：①很低的 NO_x 排放水平使它可在没有其他降低 NO_x 措施的情况下使用，甚至可用在较小的锅炉上；②通过选用合适的叶轮可使火焰形状适应炉型，对深度有限的炉窑（如单置墙式炉），为避免火焰冲击对墙及保持高燃烧效率等的影响，可让火焰长度减少；③XCL 燃烧器的结构适合于墙式锅炉，不需要分隔的风室。

另外，采用循环流化床锅炉也是控制氮氧化物排放的先进技术，循环流化床炉膛的燃烧

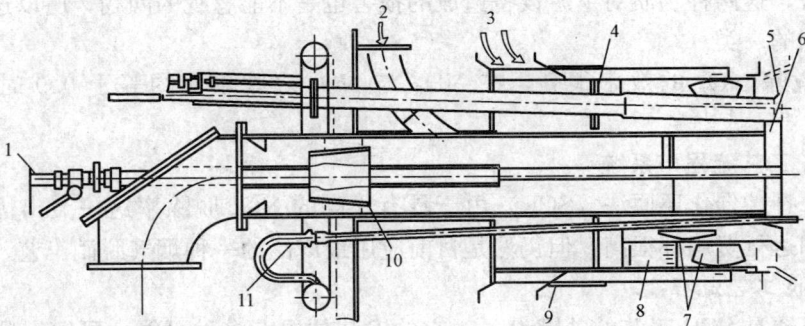

图 2-39 多种燃料 XCL 燃烧器

1—主油嘴；2—喷嘴风；3—内部和外部风；4—比托管；5—风分离叶片；6—火焰
稳定环；7—可调叶片；8—固定叶片；9—滑动阀；10—锥形扩压器；11—瓦斯

温度低，只有 850～950℃，在此温度下生成的热力型 NO_x 极少，加上分级燃烧，可有效抑制燃料型 NO_x 的生成。

第九节　选择性催化还原脱硝技术

选择性催化还原（selective catalytic reduction，SCR）烟气脱硝技术，是 20 世纪 80 年代初开始逐渐应用于燃煤锅炉烟气脱除 NO_x 的，目前已在日本、德国、北欧等国家的燃煤电厂广泛应用，在我国的一些火电机组上也开始应用。

一、SCR 工艺的基本原理

选择性催化还原（SCR）烟气脱硝是利用氨（NH_3）对 NO_x 的还原功能，在一定条件下将 NO_x 还原为对大气没有多大影响的 N_2 和水。"选择性"在这里是指 NH_3 只选择 NO_x 进行还原。催化剂的活性材料通常由贵金属、碱性金属氧化物和/或沸石等组成。

由于烟气成分的复杂性和氧的存在，伴随着 NH_3 对 NO_x 还原的主反应，还会发生一系列副反应并生成相应产物，在 NH_3 对 NO_x 的选择性还原过程中主要有以下化学反应同时进行：

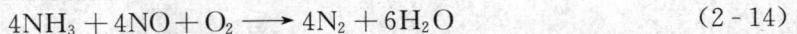

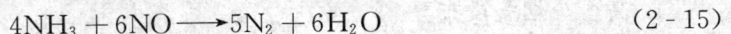

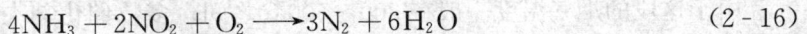

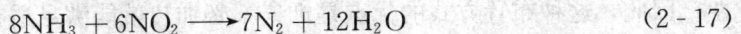

$$4NH_3 + 4NO + O_2 \longrightarrow 4N_2 + 6H_2O \qquad (2-14)$$

$$4NH_3 + 6NO \longrightarrow 5N_2 + 6H_2O \qquad (2-15)$$

$$4NH_3 + 2NO_2 + O_2 \longrightarrow 3N_2 + 6H_2O \qquad (2-16)$$

$$8NH_3 + 6NO_2 \longrightarrow 7N_2 + 12H_2O \qquad (2-17)$$

与此同时存在氧化副反应：

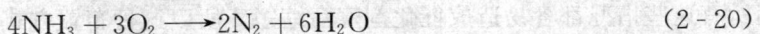

$$4NH_3 + 5O_2 \longrightarrow 4NO + 6H_2O \qquad (2-18)$$

$$2NH_3 \longrightarrow N_2 + 3H_2 \qquad (2-19)$$

$$4NH_3 + 3O_2 \longrightarrow 2N_2 + 6H_2O \qquad (2-20)$$

上述反应中，反应式（2-14）～式（2-17）是 NO_x 还原生成为 N_2 和水的反应，是希望发生的反应，也是 SCR 工艺的主要反应。由于 NO 是烟气中 NO_x 的主要成分，所以主反应中式（2-14）和式（2-15）所代表的反应又是最主要的反应。反应式（2-18）～式（2-20）是不希望发生的反应，此外，烟气中 SO_2 被氧化成 SO_3 继而和过量 NH_3 反应生成硫酸铵或硫酸氢铵，这两种物质对下游设备造成的损害也是不能忽视的问题，所以这些反应都是应该力图抑制的一类。

SCR法脱除NO_x的效率很高，在NH_3与NO_x之摩尔比约等于0.9时，效率可达80%～90%。

二、SCR工艺流程与系统

目前，选择性催化还原法（SCR）由于具有很高的NO_x脱除率这一突出优势，所以虽然它的投资和运行费用都很高，但仍然是目前应用最广泛的一种烟气脱硝工艺。

（一）SCR工艺流程

脱氮反应器是SCR工艺的关键设备，它的安装位置有多种可能，可以安装在省煤器之后，称之为高含尘烟气段布置，如图2-40（a）所示；也可以安装在电除尘器之后，称之为低含尘烟气段布置，如图2-40（b）所示；还可以安装在脱硫装置之后即整个烟气净化系统的尾端，称之为尾部烟气段布置，如图2-40（c）所示。

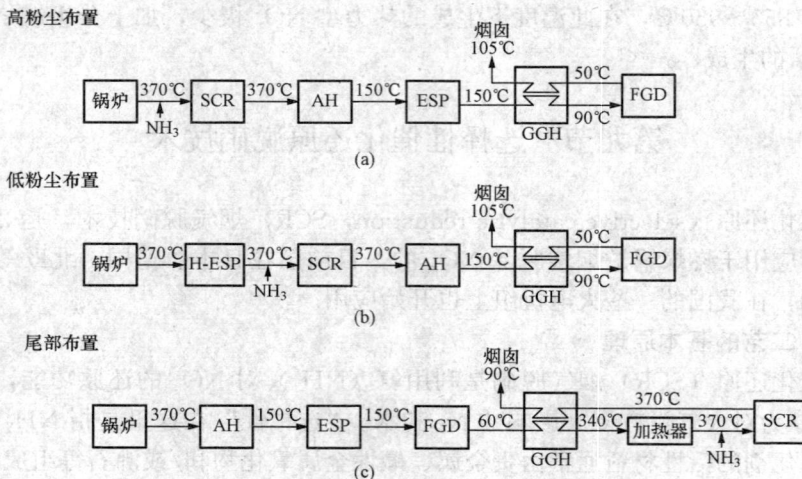

图2-40　SCR工艺流程布置示意

SCR—催化反应器；AH—空气预热器；ESP—电除尘器；GGH—气—气热交换器；
FGD—烟气脱硫装置；H-ESP—高温电除尘器

1. 高含尘烟气段布置

由于这段的烟气温度一般在300～500℃之间，多数催化剂在此温度范围内有足够的活性。因此，这种布置方式的优点是烟气不必加热就能满足适宜的反应温度。但布置在这一位置带来的问题是：①烟气尚未经过除尘，飞灰颗粒会磨损反应器并使蜂窝状催化剂堵塞；②飞灰中的有害物质，特别是其中砷（As）的氧化物对催化剂的活性损害会比较大；③催化剂处于高温烟气中，烟温直接受上游燃烧设备的影响，若温度过高会使催化剂烧结失活。所有这些情况都容易造成催化剂寿命缩短，所以这种布置方式往往需要加大催化剂体积以弥补以上各种因素对催化剂的不利影响。

另外，由于催化反应器的下游还有空气预热器和烟气脱硫（FGD）等重要设备，未反应完的NH_3和烟气中的SO_3生成的硫酸铵、硫酸氢铵可能对后面这些设备产生损害，甚至还会影响粉煤灰的综合利用。

2. 低含尘烟气段布置

低含尘烟气段布置方式最常出现的问题是飞灰在催化剂上的沉积。这是由于经过除尘之后烟气中的颗粒物，尤其是粒径较大的颗粒物大大减少，使得烟气粉尘含量高的时候所固有的自清洁作用随之失去，因此烟气中未被除去的极细小的粉尘非常容易沉积在催化剂上，降低催化剂的活性。

另外，这种布置方式需要采用高温电除尘器，投资费用和运行要求都要相应提高。

再就是由于硫酸铵和硫酸氢铵的沉积对空气预热器等下游设备的危害，在低含尘段布置方式中依然存在。

3. 尾部烟气段布置

尾部烟气段布置的优点是经过除尘和脱硫之后的粉尘可以使催化剂既不受高浓度粉尘的影响也不受 SO_3 等气态毒物的影响。有利于保持催化剂的活性和延长使用寿命，但缺点是烟气温度过低（湿法脱硫系统出口的烟气温度大约为 55℃，半干法约为 75℃），目前所有 SCR 催化剂都不能适用于如此低的温度，所以必须重新对烟气加热。一般采用气—气换热器或燃料气燃烧的方法将烟气温度提高到催化还原反应所必需的温度。

（二）工艺系统

SCR 工艺主要由三部分组成，即催化反应器、还原剂供应系统以及控制系统，对于尾部烟气段布置方式还有烟气再热系统等附属设施。

选择性催化还原系统安装于锅炉省煤器之后的烟道上，NH_3 通过固定于氨喷射格栅上的喷嘴喷入烟气中，与烟气混合均匀后一起进入填充有催化剂的脱氮反应器。反应器通常竖直放置（也有个别水平放置），NO_x 与 NH_3 在催化剂的作用下发生还原反应。反应器中的催化剂分上下多层，经过最后一层催化剂后，使烟气中的 NO_x 控制在排放限值以内，图 2-41 为该系统的简单示意。图中的 SCR 反应器中有三层催化剂（其中一层备用），省煤器旁路是用来调节温度的，即通过调节经过省煤器的烟气与通过旁路的烟气的比例来控制反应器中的烟气温度，氨喷射器安装位置在 SCR 反应器的上游足够远处以保证喷入的氨与烟气充分混合。

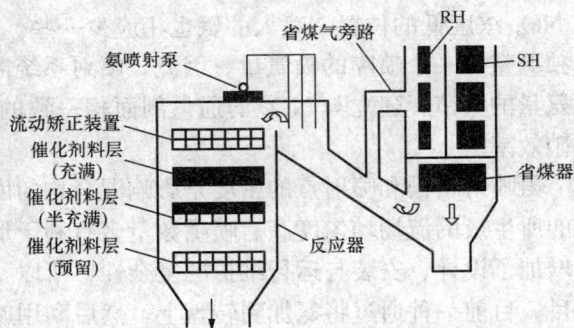

图 2-41　SCR 工艺系统示意
SH—过热器；RH—再热器

根据不同种类催化剂的适宜工作温度范围，SCR 可分为高温工艺、中温工艺和低温工艺，其划分标准是：①高温 SCR 工艺的适宜温度范围为 345～590℃；②中温 SCR 工艺的适宜温度范围为 260～380℃；③低温 SCR 工艺的适宜温度范围为 80～300℃。

1. 催化反应器

催化反应器是一个与尾部烟道相连的安装催化剂和完成脱氮反应的容器，如前所述，催化剂反应器有高灰段、低灰段和尾部烟气段布置方式。一台锅炉通常配两套催化反应器，每套反应器处理总烟气量的 1/2。

图 2-42 是两种典型的催化反应器及其相连管道的结构。图中 B—C 段为反应器主体，反应器中各放置了三层催化剂，A 截面为 NH_3 的喷入截面，喷入截面应该选择在催化剂上

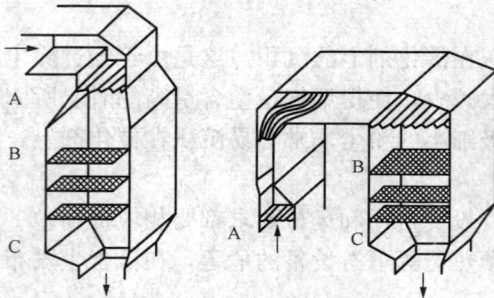

图 2 - 42　SCR 工艺反应器

A—氨喷入点；B—催化剂；C—烟道截面

游足够远处，以达到使氨与烟气在 SCR 反应器前有较长的混合区段。为了保证 NH_3 与烟气的均匀混合还在管道的所有拐弯处和变截面处加装了导流板。

另外还需要在反应器内安装吹灰器，以使催化剂保持清洁和反应活性。目前有两种基本的技术用于灰尘的清除，第一种是声波清灰技术，第二种是通过引入某种清洗介质的吹灰技术。

2. 还原剂供应系统

氨的喷入系统由氨气化装置、喷射格栅和喷嘴组成。

（1）氨的气化与混合装置。氨喷入烟气之前需要先用热水或蒸汽，或者用专门的小型电器设备加热进行气化。气化后的氨与空气混合，用于混合的空气通常是引自空气预热器的一股热风，混合比例为 95%～98% 的空气、2%～5% 的氨。

（2）氨的喷射装置。氨喷射装置是 SCR 的一个十分重要的设备。氨的喷射装置主要由喷射格栅和喷嘴组成。喷射格栅固定在催化反应器上游的烟道横截面上，格栅上安装喷嘴，大型燃烧设备的 SCR 的喷射系统中，喷嘴达数百个之多。

根据 SCR 催化剂的反应动力学原理，氨和 NO_x 的混合程度对提高 SCR 工艺的脱硝效率具有极大的影响。为了达到还原剂和 NO_x 的充分混合接触，最理想的状况是使还原剂的浓度分布与 NO_x 的浓度分布相一致，即在 NO_x 浓度高的位置，喷入的氨也相应多一些，而在 NO_x 浓度低的位置，喷入的氨也相应少一些。而要达到这一要求就需要根据 NO_x 的分布单独调整每一个喷嘴的喷氨量。因此，喷射系统需要做成可以调节的，通过对每一个喷嘴的喷氨量的调节，建立与 NO_x 的通量剖面相一致的氨的喷入剂量，这样将有助于大幅度提高脱硝效率。

氨喷射格栅和喷射点的密度是影响混合均匀度的另一个重要因素，很明显，喷射点密度大的所生成的流场均匀度高。喷嘴数量多有利于形成混合均匀的流场，但数以百计的喷嘴无疑增加了设计、安装与运行维护的复杂性，所以，在满足要求的前提下，应尽量减少喷嘴的数目。目前一种通过将氨加到转盘上，然后利用旋转运动使氨均匀扩散开来的喷氨方式可以使喷嘴数目大幅度减少。

3. 控制系统

SCR 的控制系统根据在线采集的数据对催化反应器中烟气的温度、还原剂的注入量和注入时间、各种阀门的开关以及吹灰器的开停等进行自动控制。

三、SCR 工艺脱除 NO_x 效率的主要影响因素

在 SCR 脱硝工艺中，影响 NO_x 脱除效率的主要因素是反应温度、$n(NH_3)/n(NO_x)$ 摩尔比、反应时间、催化剂性能等。

1. 反应温度的影响

温度对还原效率有显著影响，在一定范围内，随着反应温度的升高，NO_x 脱除率急剧增加，但当增加到一定温度，再继续提高温度，就会出现随着温度升高，NO_x 脱除率下降的情形。图 2 - 43 为典型的 SCR 催化剂对 NO_x 还原率随温度的变化。

SCR 系统最佳的操作温度决定于催化剂的组成和烟气的组成。当温度低于 SCR 系统所需温度时，NO_x 的反应速率降低，氨逸出量增大；当温度高于 SCR 系统所需要温度时，生成的 NO_x 量增大，同时造成催化剂的烧结和失活。铂、钯等贵金属催化剂的最佳操作温度为 175～290℃；金属氧化物催化剂，例如以二氧化钛为载体的五氧化二钒 [V_2O_5/TiO_2]，在 260～450℃下操作效果最好；对于沸石催化剂，通常可在更高的温度下操作。

2. $n(NH_3)/n(NO_x)$ 的影响

在 310℃ 下，NH_3 与 NO_x 的摩尔比对 NO_x 脱除率的影响如图 2-44 所示。由图可见：随 $n(NH_3)/n(NO_x)$ 的增加 NO_x 的脱除率先增加，而后降低，$n(NH_3)/n(NO_x)$ 小于 1 时，其影响明显。该结果说明若 NH_3 投入量偏低，NO_x 脱除受到限制；若 NH_3 投入量超过需要量，NH_3 氧化等副反应的反应速率将增大，从而降低了 NO_x 脱除率，同时也增加了净化烟气中未转化 NH_3 的排放浓度，造成二次污染。在 SCR 工艺中，一般控制 $n(NH_3)/n(NO_x)$ 在 1.2 以下。

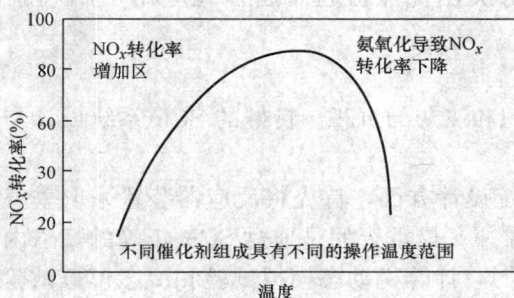

图 2-43 典型的 SCR 催化剂对 NO_x 还原率随温度的变化

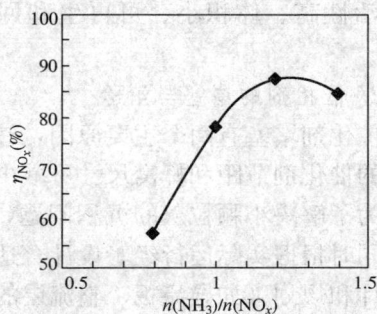

图 2-44 $n(NH_3)/n(NO_x)$ 对 NO_x 脱除率的影响

应该特别指出的是，对于高性能的系统设计而言，单纯控制 $n(NH_3)/n(NO_x)$ 是不够的，还要保证 NH_3 和 NO_x 混合的均匀性，才能达到满意的脱氮效果。

3. 接触时间的影响

图 2-45 所示为反应温度在 310℃ 和 $n(NH_3)/n(NO_x)$ 等于 1 的条件下，反应气体与催化剂的接触时间对 NO_x 脱除率的影响。结果表明，起初随着接触时间 t 的增加，NO_x 脱除率增大，随后会下降。这主要是由于反应气体与催化剂的接触时间增大，有利于反应气体在催化剂微孔内的扩散、吸附、反应和产物气的解吸、扩散，从而使 NO_x 脱除率提高。但是，若接触时间过长，NH_3 氧化反应开始发生，使 NO_x 脱除率反而出现下降趋势。

4. 催化剂的影响

催化剂是 SCR 工艺的核心，它约占总投资的 1/3。催化剂对脱除率的影响与催化剂的活性、类型、结构、表面积等特性有关。其中催化剂的活性是对 NO_x 的脱除率产生影响的最重要因素。

为了使电站安全、经济运行，SCR 工艺使用的催化剂应达到如下要求：①在较低的温度下和较宽

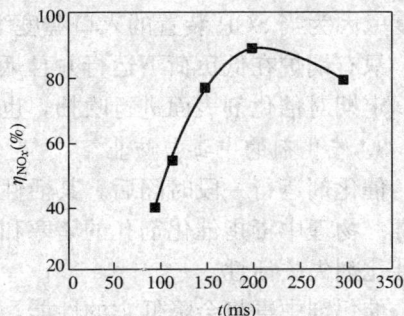

图 2-45 接触时间对 NO_x 脱除率的影响

的温度范围内，具有较高的催化活性；②具有较好的 NO 的选择性；③对二氧化硫（SO_2）、卤族酸（HCl、HF）、碱金属（Na_2O、K_2O）和重金属（如 As）具有化学稳定性；④具有克服强烈温度波动的热稳定性；⑤对烟道产生的压力损失小；⑥具有良好的机械稳定性，寿命长，成本低。

常用的催化剂是氧化钛、氧化铁、沸石和活性炭等，最常用的催化剂是 TiO_2（约 95%）加活性元素（钒的氧化物 V_2O_5、钨的氧化物 WO_3 等），通常制成栅格状或片块状。

除了上面提及的影响脱硝效率的几个因素之外，烟气流动状态、烟气中的含氧量、催化剂进口 NO_x 的浓度、燃料种类及特性、催化剂反应器的设计等因素也会影响脱硝效率。

四、SCR 催化剂

1. 催化剂类型

烟气脱硝催化剂的主要类型有蜂窝式、板式和波纹式，蜂窝式催化剂以其比表面积大、活性高、体积小、可再生和回收处理等突出优点被越来越多地应用于烟气脱硝工程中。

2. 催化剂的堵塞与清除

催化剂堵塞有两个主要原因：铵盐的沉积和飞灰的沉积。良好的 SCR 系统设计与选择合理的催化剂节距和蜂窝尺寸可减少堵塞。

为了解决小颗粒灰的沉积问题，SCR 系统设计方面，首先将反应器装置采取垂直流设置；同时根据实际运行经验设计合适的烟气流速；最重要的是通过 SCR 正确的烟道内部结构设计和规划（如导流板、整流层的合理设计），计算机动态模拟试验和冷态模拟试验来获得催化剂表面烟气与飞灰的均衡分布。催化剂方面，为了防止高含尘布置的催化剂在运行过程中产生堵塞，催化剂结构选型上应充分考虑烟气灰尘浓度偏高的特性，合理选择催化剂的节距，以适应高飞灰运行条件。另外，安装清灰装置，根据运行情况选择合理的吹灰频率，也是防止催化剂积灰与堵塞的有效途径。

铵盐沉积的问题可以通过合理的设计和采用合适的 SCR 系统运行条件来解决。铵盐是 NH_3 与 SO_3 在低温下形成的粘性杂质，覆盖在催化剂表面会导致催化剂失效。因此要设计合适的催化剂体积，避免 NH_3 的逃逸（在 SCR 反应中催化剂体积越大，NO_x 的脱除率越高，同时 NH_3 的逃逸量也越少，然而 SCR 工艺的费用也会显著增加）；设计合理的催化剂配方，降低 SO_2 向 SO_3 的转化率；设计合理的系统，特别是混合装置，使催化剂表面烟气浓度达到均匀分布；SCR 系统运行中选择合适的 NH_3/NO_x 摩尔比，同时注意停止喷氨的温度。因为当 SCR 装置的入口温度维持在盐的生成温度之上，铵盐的生成或沉积则不会发生，只有锅炉在低负荷下运行并且烟气温度较低时才会发生这种问题。

定期对催化剂表面进行吹扫，也能有效防止催化剂的堵塞。

3. 催化剂的中毒与防止

催化剂运行一段时间后，其活性出现衰减，引起活性衰减的原因主要为物理中毒和化学中毒。物理中毒指催化剂孔的堵塞和机械磨损，化学中毒指还原反应过程中产生的副反应导致催化剂失去活性。

催化剂中毒将会降低它的性能，催化剂中毒取决于反应温度。对低硫煤和中硫煤，如果反应温度低于 300℃，对高硫煤如果反应温度低于 342℃，那么催化剂的活性将降低，降低的程度取决于低温出现的时间长短和频率。在持续的低温下运行将导致催化剂永久性损坏。对任何一种煤，反应器运行在 400℃ 以上会引起催化剂材料的相变，这将减少催化剂孔的容积和总表面积，并将导致催化剂活性的退化。由于相变而引起的催化剂退化是不可逆的。因此为避免催化剂中毒，目前对低硫煤和中硫煤，反应温度在 315～400℃ 为宜，对高硫煤在 342～400℃ 为宜。

典型的 SCR 催化剂侵蚀主要有砷、碱金属、碱土金属等引起的催化剂中毒。砷（As）中毒是由于烟气中含有气态的 As_2O_3 引起的，As_2O_3 分散到催化剂中并固化在活性、非活性区域。发生砷中毒时将使反应气体在催化剂内的扩散受到限制，且毛细管遭到破坏。100% 的灰循环的液态排渣锅炉易遭受砷中毒引起的催化剂失效，可通过向燃料中加入石灰石以脱除锅炉烟气中高浓度的气态 As_2O_3。典型的石灰石与燃料的比值大约为1：50。石灰石煅烧生成的 CaO 同 As_2O_3 反应生成 $Ca_3(AsO_4)_2$ 固体，该产物对催化剂无毒害作用。

碱金属可直接同催化剂活性组分反应，致使它们失去活性。由于脱除 N 的反应主要发生在催化剂的表面，催化剂失活的程度取决于碱金属的表面浓度。这些碱金属如果以水溶液的形式存在，那么它们具有很高的流动性，并将渗入整个催化材料中。由于催化剂的主体全都是由催化材料构成，在这种迁移的作用下，碱金属的表面浓度则得到稀释，减活率也得到降低。

碱土金属使催化剂中毒主要是飞灰中的游离 CaO 和催化剂表面吸附的 SO_3 反应生成 $CaSO_4$ 而产生的。$CaSO_4$ 可能引起催化剂表面结垢从而阻止了反应物向催化剂内扩散，这种结垢尤其易发生在固态排渣锅炉中，因为固体排渣锅炉中的游离 CaO 浓度几乎是液体排渣锅炉中的两倍。

高温烧结主要是导致催化剂颗粒内部微孔的破坏、减少催化剂的表面积、影响催化剂的活性。在催化剂的制造过程中加入一定量的钨可使其热稳定性增加。在正常的 SCR 运行温度下，烧结是可以忽略的。另外，反应器内应避免油或油雾的存在，否则会遮盖催化剂表面和降低它的性能。当用油启动和很低负荷用油时反应器要加旁路，以避免上述问题的出现。

催化剂活性降低是逐步出现的，碱金属或微粒堵塞微孔可造成这种降低。由于这种逐渐退化是正常的，因此催化剂选择还原系统的最初性能必须超过运行担保期。当催化剂活性降低时，为达到所要求的 NO_x 脱除率，必须增加 NH_3 对 NO_x 的摩尔比，因而会相应增加由于催化剂退化而造成的未反应氨的损失。此外，在 SCR 反应器的设计中要仔细考虑催化剂的更换方便，例如把几个催化剂单元串联组成 SCR 反应器，根据催化剂的运行情况来更换损坏的单元以确保整个反应装置的高效运行。置换下来的单元可再装填或置换催化剂后再使用。

第十节　其他烟气脱硝技术

一、选择性非催化还原脱硝技术

选择性非催化还原（selective non-catalytic reduction，SNCR）法也是当前一种成熟的烟气脱硝技术。目前在火力发电行业，SNCR 是仅次于 SCR 而被广泛应用的烟气脱硝工艺，该工艺适用于烟气的 NO_x 含量和所需还原率都较低的燃烧设备的烟气治理，是一种 NO_x 的脱除率和费用均低于 SCR 法的脱硝方法。

1. SNCR 工艺原理

选择性非催化还原法是在没有催化剂参与的情况下，以含氨基（NH_x）的物质如氨（NH_3）、尿素[$CO(NH_2)_2$]或苛性氨（NH_4OH）等作为还原剂将烟气中的 NO_x 还原为 N_2 和水。由于不用催化剂，该法的操作温度比 SCR 法高许多。不同还原剂有不同的温度反应范围，如用氨作还原剂的适宜反应温度为 850～1000℃（也有认为上限温度可定为 1100℃）。低于该温度范围反应不完全易造成氨的浪费和逃逸。而当温度高于 1100℃ 时，NH_3 本身将氧化成 NO，反而使氮氧化物的排放量增加。主要的化学反应为

$$4NH_3 + 6NO \longrightarrow 5N_2 + 6H_2O$$

可能的竞争反应包括式（2-18）、式（2-19）、式（2-20）。

用尿素作还原剂时，总反应式为

$$CO(NH_2)_2 + 2NO + 0.5O_2 \longrightarrow 2N_2 + CO_2 + 2H_2O$$

用尿素作还原剂时，适宜反应温度为 950～1100℃。

用苛性氨作还原剂时，适宜反应温度与氨基本相同，为 850～1000℃。

加入添加剂可以改变适宜反应温度范围，比如在尿素中加入增强剂可以使操作温度扩大为 500～1200℃。

2. SNCR 工艺流程

SNCR 工艺的还原过程就在燃烧室内进行，不需要另外建立反应室。还原剂通过安装在燃烧室墙壁上的喷嘴喷入烟气中。喷嘴布置在燃烧室和省煤器之间的过热器区域。通过在一定压力下喷射使还原剂和烟气混合，锅炉的热量为反应提供了能量，使一部分氮氧化物在这里被还原，之后烟气流出锅炉。

液氨在喷射前被蒸发器蒸发气化，尿素溶液在喷射后被锅炉加热气化。

还原剂的载体可以用压缩空气、蒸汽或水，在采用上部燃尽风（即火上风）或烟气再循环方法的低氮燃烧技术的锅炉上，还可以用上部燃尽风或再循环烟气作载体。喷入角度可以是垂直于壁面的，也可以是和壁面成其他不同大小的倾角的。

喷入点的选择必须满足不同还原剂对温度的要求，比如用氨作还原剂时，喷入点应该选择在温度为 850～1000℃ 的炉膛空间处。由于炉内温度经常会随锅炉负荷波动发生变化，所以有必要在不同高度上开设喷药点，以便根据不同工况调整还原剂的喷入位置，确保永远处于适宜反应的温度区间。SNCR 方法用于大型燃烧设备时一般在炉膛内安装 3～4 层（特殊情况可以有 5 层）喷射层，每层又设若干个喷口。图 2-46 是喷药点位置开设的一个示意图，图 2-46 中的锅炉在三层高度上设置了喷药点。

3. 与 SCR 工艺的比较

SNCR 工艺与 SCR 工艺的比较见表 2-12。

SNCR 工艺与 SCR 工艺相比运行费用低，旧设备改造少，尤其适用于改造机组，但是存在还原剂消耗量大，

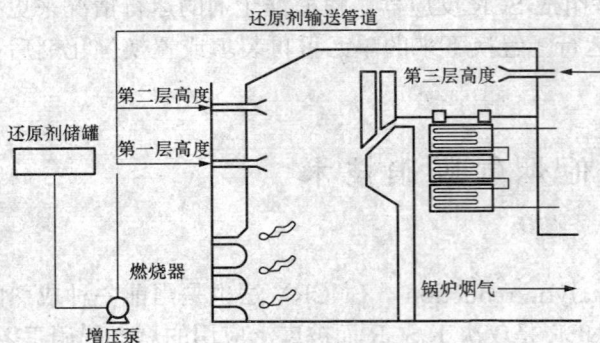

图 2-46　SCNR 工艺流程

NO_x 去除率低等缺点，适宜温度范围的选择和控制也比较困难。同时锅炉炉型和负荷状态的不同需要采用不同的工艺设计和控制策略，设计难度大。

二、吸收法净化烟气中的 NO_x

氮氧化物能够被水、氢氧化物和碳酸盐溶液、硫酸、有机溶液等吸收。当用碱溶液［如 NaOH 或 $Mg(OH)_2$］吸收 NO_x 时，欲完全去除 NO_x，必须首先将一半以上的 NO 氧化为 NO_2，或者向气流中添加 NO_2。当 NO/NO_2 比等于 1 时，吸收效果最佳。电厂用碱溶液脱硫的过程已经证明，NO_x 可以被碱溶液吸收。在烟气进入洗涤器之前，烟气中的 NO 约有 10% 被氧化为 NO_2，洗涤器大约可以去除总氮氧化物的 20%，即等摩尔的 NO 和 NO_2。碱溶液吸收 NO_x 的反应过程可以简单地表示为

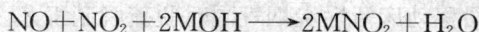

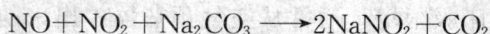

$$2NO_2 + 2MOH \longrightarrow MNO_3 + MNO_2 + H_2O$$
$$NO + NO_2 + 2MOH \longrightarrow 2MNO_2 + H_2O$$
$$2NO_2 + Na_2CO_3 \longrightarrow NaNO_3 + NaNO_2 + CO_2$$
$$NO + NO_2 + Na_2CO_3 \longrightarrow 2NaNO_2 + CO_2$$

式中的 M 可为 K^+、Na^+、Ca^{2+}、Mg^{2+}、$(NH_4)^+$ 等。

用强硫酸吸收氮氧化物已广为人知，其生成物为对紫光谱敏感的亚硝基硫酸 $NOHSO_4$，后者在浓硫酸中是非常稳定的。反应式为

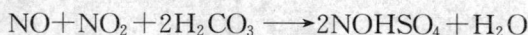

$$NO + NO_2 + 2H_2CO_3 \longrightarrow 2NOHSO_4 + H_2O$$

烟气中的所有水分都会被酸吸收，吸收后的水将会使上述反应向左移动。为减少水的不良影响，系统可在较高温度下（>115℃）操作。以使溶液中水的蒸汽压等于烟气中水的分压。

此外，熔融碱类或碱性盐也可作吸收剂净化含 NO_x 的尾气。

该工艺设备简单，投资少，有些方法还可以回收 NO_x，但效率低，副产物不易处理。

表 2-12　　　　　SNCR 工艺与 SCR 工艺的比较

工艺名称 比较项目	SCR	SNCR
NO_x 的脱除效率（%）	70~90	30~80
操作温度（℃）	200~500	800~1100
NH_3/NO 的摩尔比	0.4~1.0	0.8~2.5
氨泄漏（ppm）	<5	5~20
总成本	高	低
操作成本	中等	中等

第十一节　同时脱硫脱硝技术

进入 20 世纪 80 年代，人们逐渐认识到单独使用脱硫脱硝技术，设备复杂，占地面积大，投资和运行费用高，而使用脱硫脱硝一体化工艺则结构紧凑，投资和运行费用低，为了降低烟气净化的费用、适应电厂的需要，开发联合脱硫脱硝的新技术、新设备已成为烟气净化的趋势。

从 20 世纪 80 年代开始，国外对联合脱硫脱硝的研究工作很活跃，据美国电力研究所统计的联合脱硫脱硝的技术至少有 60 种，这些技术中有的已经实现工业化运行，有的还处于中试或小试阶段。

对联合脱硫脱硝技术的分类很多，按照处理过程，可分为两大类。一是炉内燃烧过程中同时脱硫脱硝技术。这类方法共同的特点是通过控制燃烧温度来减少 NO_x 的生成，同时利

用钙吸收剂来吸收燃烧过程中产生的 SO_2，如循环流化床燃烧法、钠质吸收剂喷射法等。另一类是燃烧后烟气联合脱硫脱硝技术，这类方法是在烟气脱硫法的基础上发展起来的，如活性炭法、SNOX（WSA-SNOX）、SNRB（SOX-NOX-ROX-BOX）工艺、NOXSO 工艺、电子束法等。按照工艺过程可分为五大类：固相吸附（收）/再生同时脱硫脱硝技术，如活性炭法、CuO 法等；气固催化同时脱硫脱硝技术，如 SNRB 法、CFB 工艺等；吸收剂喷射同时脱硫脱硝技术，如尿素法、干式一体化 NO_x/SO_2 技术；高能电子活化氧化技术，如 EBA 法、PPCP 法等；湿法烟气同时脱硫脱硝技术，如氯酸法、湿式络合吸收工艺等。

下面介绍几种有应用实绩或被认为有实际应用价值的同时脱硫脱硝方法。

一、活性炭加氨吸附工艺

气体吸附工艺能够有效脱除一般方法难以分离的低质量浓度的有害物质，具有净化率高、可回收有用组分（如元素硫、硫酸）、设备简单的优点。活性炭加氨吸附法是指在活性炭吸附脱硫系统中加入氨，实现同时脱除 NO_x。烟气中没有氧和水蒸气存在时，活性炭吸附 SO_2 仅为物理吸附，吸附量小，当有氧和水蒸气时，由于活性炭表面的催化作用，使吸附的 SO_2 被氧化为 SO_3，SO_3 和水蒸气反应生成硫酸，使其吸附量增加。

图 2-47 给出了日本三菱公司移动床活性炭烟气同时脱硫脱硝工艺。该工艺能达到 90% 以上的 SO_2 脱除率和 80% 以上的 NO_x 脱除率。该工艺主要由吸附、解吸和硫回收三部分组成。烟气进入含有活性炭的移动床吸附塔，通常从空气预热器中出来的烟气温度在 120~160℃ 之间，该温度是工艺的最佳操作温度。吸附塔由两段组成，活性炭在垂直吸附塔内依靠重力从第二段的顶部下降至第一段的底部。烟气水平通过吸收塔的第一段，在此 SO_2 被脱除，烟气进入第二段后，在此通过喷入氨除去 NO_x。

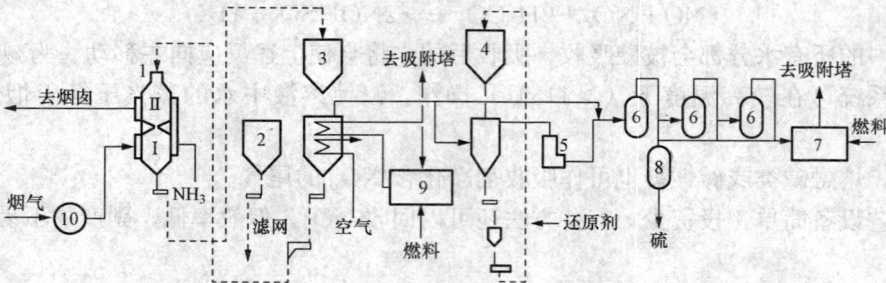

图 2-47 Mitsui-BF 流化床活性炭烟气同时脱硫脱硝工艺流程
1—吸附塔；2—活性炭仓；3—解吸塔；4—还原反应器；5—烟气清洁器；6—Claus 装置；
7—煅烧装置；8—硫冷凝器；9—炉膛；10—风机

在吸附塔的第一段，在 100~200℃ 烟气中有氧和水蒸气的条件下，SO_2 和 SO_3 被活性炭吸附后生成硫酸，反应过程如下：

$$SO_2 + H_2O + 1/2O_2 \longrightarrow H_2SO_4^* \quad （*表示吸附状态）$$

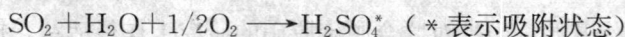

在吸附塔的第二段中，活性炭又充当了 SCR 工艺中的催化剂，在 100~200℃ 时向烟气中加入氨就可脱除 NO_x：

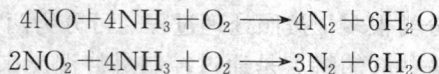

$$4NO + 4NH_3 + O_2 \longrightarrow 4N_2 + 6H_2O$$

$$2NO_2 + 4NH_3 + O_2 \longrightarrow 3N_2 + 6H_2O$$

在再生阶段，饱和态吸附剂被送到再生器加热到 400℃，解吸出浓缩后的 SO_2 气体，每摩尔的再生活性炭可以解吸出 2 摩尔的 SO_2。再生后的活性炭又通过循环送回反应器。

$$H_2SO_4 \longrightarrow SO_3 + H_2O$$
$$SO_3 + 0.5C \longrightarrow SO_2 + 1/2CO_2$$

如果硫酸铵被生成，活性炭的损耗将会降低，反应式为

$$(NH_4)_2SO_4 \longrightarrow SO_3 + H_2O + 2NH_3$$
$$SO_3 + 2/3\ NH_3 \longrightarrow SO_2 + 1/3N_2 + H_2O$$

下一步，在克劳德（Claus）装置中，浓缩后的 SO_2 在用冶金焦炭作还原剂的还原反应器中转化成单质 S。

$$2H_2S + SO_2 \longrightarrow 3S + 2H_2O$$

再生后的活性炭又循环到反应器。

活性炭加氨吸附工艺的优点是脱除率高，脱硫率可达 98%，脱硝率可达 80% 以上，能除去湿法难以除去的 SO_3，并能除去烟气中的 HCl、HF、砷、硒、汞等；可回收 NO_x 和 SO_2，运行费用低。存在的主要问题是反应器内必须采取较低的气流速度；活性炭易被氧化而失效；覆盖在活性炭表面的硫酸降低了活性炭的吸附能力，必须使之再生；吸附剂用量多；设备庞大。目前日本、德国等国家已有多种活性炭加氨同时脱硫脱硝的工艺。

二、电子束法（EBA）

电子束辐射烟气脱硫脱硝技术（简称电子束法）是在 20 世纪 70 年代由日本 Ebara 公司提出的。

1. 工艺原理及流程

它的工艺原理为：直流高压电源产生的电子束经电子加速器加速后辐照烟气，使烟气中的 O_2、H_2O 等生成大量的离子、自由基、原子、电子和各种激发态的原子、分子等活性物质，将 SO_2 和 NO_x 分别氧化生成硫酸和硝酸，并在 65～80℃ 条件下与注入的氨气发生中和反应，得到干燥的硫酸铵和硝酸铵颗粒。

电子束脱硫脱硝工艺的基本流程见图 2-48。经除尘净化后的烟气进入冷却塔，在塔中通过喷雾水冷却到 65～70℃，在烟气进入反应器之前，注入接近于化学计量比的氨气，然后再进入反应器，在反应器中活性物质氧化烟气中的 SO_2 和 NO_x，生成的硫酸铵和硝酸铵颗粒由副产物收集装置回收，净化后的烟气经烟囱排入大气，回收的副产品经造粒处理后可作为肥料。

2. 影响脱除率的因素

影响硫氮脱除率的因素有：烟气温度、含水量、氨投加量、电子辐射剂量及其方式等。其中电子辐射剂量和温度是主要影响因素。有研究表明，硫脱除率随烟气温度升高而单调下降，温度每升高 5℃，脱硫率约下降 10%。电子辐射剂量由 0 升到 9kGy，脱硫率显著增加。6kGy 时，脱硫率接近 90%；剂量更高时，脱硫率趋于稳定。NO_x 的去除率主要决定于辐射剂量。随着辐射剂量增加，NO_x 脱除率可接近 100%，在 27kGy 时，脱氮率达 90%。

3. 技术特点

技术优势：过程为干法，不产生废水废渣；能同时脱硫脱硝，可达 90% 以上的脱硫率和 80% 以上的脱氮率；系统简单，操作方便，过程易于控制；对于不同含硫含氮量的烟气和烟气量有较好的适应性和负荷跟踪性；副产品为硫铵和硝铵混合物，可用作化肥。

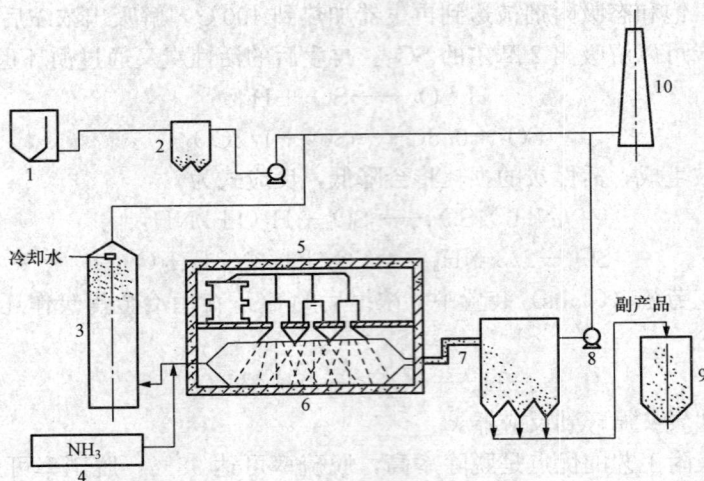

图 2-48　电子束烟气脱硫脱硝工艺流程

1—锅炉；2、7—静电除尘器；3—冷却塔；4—氨储罐；5—电子加速器；
6—反应器；8—引风机；9—副产品储罐；10—烟囱

存在的问题：电子加速器昂贵，在总投资中所占比例达 15%～20%；运行费用受液氨供应和硫铵、硝铵出路的影响很大，在不考虑副产品回收利用时，运行费用高；出口氨浓度的控制、氨的泄漏等问题急需解决。

三、脉冲电晕等离子体技术（PPCP）

为解决 EBA 存在的问题，1986 年日本东京大学 Masuda 教授基于 EBA 法提出了 PPCP 法。

PPCP 法与 EBA 法均属等离子体法，所不同的是前者利用高电压脉冲电晕放电电场来代替后者的电子加速器及真空密封系统获得高能电子，以克服 EBA 存在的缺点。

1. 工艺原理

脉冲电晕放电脱硫脱硝的原理和电子束辐照脱硫脱硝的原理基本一致，都是利用高能电子使烟气中的 H_2O、O_2 等分子被激活、电离或裂解，产生强氧化性的自由基，然后，这些自由基对 SO_2 和 NO_x 进行等离子体催化氧化，分别生成 SO_3 和 NO_2 或相应的酸，最终与水蒸气和注入反应器的氨反应生成硫酸铵和硝酸铵。它们的差异在于高能电子的来源不同，电子束方法是通过阴极电子发射和外电场加速而获得，而脉冲电晕放电方法是由电晕放电自身产生的。

脉冲电晕脱硫脱硝有着突出的优点，它能在单一的过程内同时脱除 SO_2 和 NO_x；高能电子由电晕放电自身产生，从而不需昂贵的电子枪，也不需辐射屏蔽；它只要对现有的静电除尘器进行适当的改造就可以实现，并可集脱硫脱硝和飞灰收集的功能于一体；它的终产品可用作肥料，不产生二次污染；在超窄脉冲作用时间内，电子获得了加速，而对不产生自由基的惯性大的粒子没有加速，从而该方法在节能方面有很大的潜力；它对电站锅炉的安全运行没有影响。

2. 影响脱除率的因素

对脉冲电晕脱硫脱氮的基础实验研究表明：①脉冲电源的电参数直接影响脱硫脱硝的效

果。脉冲前沿陡、峰值高,则电子被加速快、能量高;脉冲宽度窄,则分子、离子来不及被加速;正高压脉冲电晕放电的流光范围比负高压脉冲大,脱硫脱硝效果明显优于负高压脉冲;脉冲波形对等离子体脱硫脱硝的效率及能耗影响也很大。②SO_2氧化率随烟气温度的上升而下降,随初始SO_2浓度的增加而下降;在一定范围内,湿度大利于去除SO_2。③烟气停留时间和飞灰的存在对脱硫脱硝具有一定的促进作用。

3. 技术特点

该技术与其他脱硫脱硝技术相比,具有设备简单、操作简便、投资较省(是 EBA 法的 60%)、能量效率较高(是 EBA 法的 3 倍)等优点,同时具有潜在的社会效益。但尚有许多问题如大功率、窄脉冲、长寿命高压脉冲电源的研究开发,减少电能消耗,占较大比重的亚硫酸铵产物难予回收等问题需要解决。此外该技术同样受氨的来源和副产品出路的影响。

四、CuO 同时脱硫脱硝工艺

铜法吸收还原过程一般采用负载型的 CuO 作为吸收剂,常见的有 CuO/Al_2O_3 和 CuO/SiO_2。通常 CuO 质量分数为 4%~6%,在 300~450℃范围内,与烟气中 SO_2 发生反应形成 $CuSO_4$。同时,向烟气中鼓入适量的氨气,在残留 CuO 和硫酸盐生成物的催化下,氨与氮氧化物发生反应,氮氧化物转化成无害氮气后排向大气。吸收饱和的 $CuSO_4$ 经过再生可重新利用,再生过程一般用 H_2 或 CH_4 气体对 $CuSO_4$ 进行还原,释放的 SO_2 可制酸也可通过一定方法(克劳德法)转化为单质硫,还原得到的金属铜或 CuS,再用烟气或空气氧化,生成的 CuO 又重新用于吸收还原过程,该工艺的 SO_2、NO_x 的脱除效率分别高于 95%、90%。图 2-49 是一典型的 CuO 同时脱硫脱硝工艺流程。

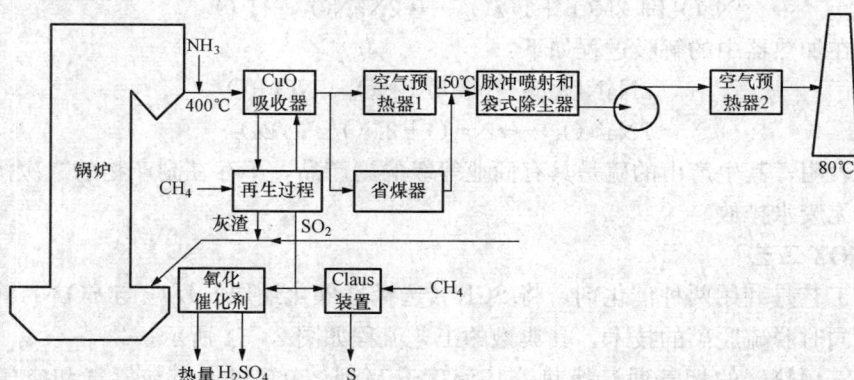

图 2-49 CuO 同时脱硫脱硝工艺流程

CuO/Al_2O_3 法的优点是可同时脱硫脱硝,不产生固态或液态二次污染;可产出硫或硫酸副产品;脱硫后烟气无需再热;脱硫剂可再生循环利用;可降低锅炉排烟温度等。

五、NOXSO 工艺

NOXSO 工艺是一种干式吸附再生工艺,采用 Na_2CO_3 浸渍过的 $\gamma-Al_2O_3$ 圆球作吸附剂,可同时去除烟气中的 SO_2 和 NO_x,适用于燃用中高硫煤的火电机组,其工艺流程如图 2-50所示。

NOXSO 工艺处理过程主要包括吸附、再生等步骤。具体过程是:通过蒸发直接喷入烟

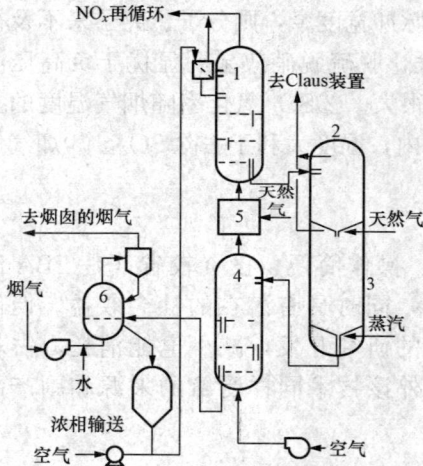

图 2-50 NOXSO 工艺流程

1—吸附剂加热器；2—再生器；3—蒸汽
处理器；4—吸附剂冷却器；5—空气
加热器；6—吸附塔

道的水雾来冷却烟气，冷却后的烟气进入流化床吸附塔进行吸附，在此过程中 SO_2 和 NO_x 被吸附剂吸附脱除，净化后的烟气通过烟囱排放。饱和后的吸附剂被送入加热器，在温度 $600℃$ 左右，NO_x 被解吸并部分分解，含有解吸 NO_x 的热空气循环送回锅炉燃烧室，在燃烧室中的 NO_x 浓度达到一个稳定状态，可以抑制燃烧产生 NO_x 而只能产生 N_2。吸附剂可以在移动床再生器中回收硫，吸附剂上的硫化合物（主要是 Na_2SO_4）与天然气或 H_2 在高温（$610℃$）下发生还原反应，约 20% 的 Na_2SO_4 被还原为 Na_2S，Na_2S 接着在蒸汽处理容器中水解，同时生成的高浓度的 SO_2、H_2S、S 等的混合气体与水蒸气处理器中的气态物送入 Claus 单元回收元素硫。吸附剂在冷却塔中被冷却，然后再循环送至吸附塔重复利用。采用 NOXSO 工艺，SO_2 的去除率可达 97%，NO_x 的去除率可达 $70\%\sim90\%$。其主要反应机理可用方程式表示为

$$Na_2CO_3 + Al_2O_3 \longrightarrow 2NaAlO_2 + CO_2$$
$$2NaAlO_2 + H_2O \longrightarrow 2NaOH + Al_2O_3$$
$$2NaOH + SO_2 + 1/2O_2 \longrightarrow Na_2SO_4 + H_2O$$
$$2NaOH + 2NO + 3/2O_2 \longrightarrow 2NaNO_3 + H_2O$$
$$2NaOH + 2NO_2 + 1/2O_2 \longrightarrow 2NaNO_3 + H_2O$$

吸附剂在加热器中的解吸过程如下：

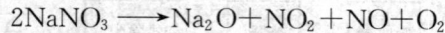

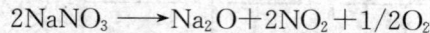

$$2NaNO_3 \longrightarrow Na_2O + NO_2 + NO + O_2$$
$$2NaNO_3 \longrightarrow Na_2O + 2NO_2 + 1/2O_2$$

有试验表明，其生产出的硫是具有商业等级的副产品，不存在副产物的二次污染和处置问题，同时无废水排放。

六、SNOX 工艺

SNOX 工艺是利用两种催化剂，将 SCR（选择性催化还原）反应与 SO_2 的催化反应结合起来达到同时脱硫脱硝的技术，其典型的工艺流程如图 2-51 所示。

离开空气预热器的烟气通过换热器将温度升高到 $370℃$ 以上，与氨气和空气混合进入 SCR 反应器，在催化剂作用下 NO_x 被氨气还原成 N_2 和水，然后烟气离开 SCR 反应器进入 SO_2 转换器，在此将 SO_2 催化氧化为 SO_3，然后与进入 SCR 反应器之前的烟气换热冷却，经过 WSA（硫酸湿气）冷凝水合为硫酸而被捕集。

该工艺的优点是：脱硫脱硝率高，脱硫率超过 95%，脱硝率平均为 84%；通过高性能袋式除尘器，实现除尘效率 99% 以上；副产品 H_2SO_4 的质量分数达 93%；运行和维护费用低，可靠性高。缺点是能耗大，投资费用高，而且浓硫酸是一种危险品，储运困难，只有在更严格的排放标准出台以及附近有硫酸副产品市场时才有较好的市场前景。

七、SNRB 工艺

SNRB 工艺是使用脉冲喷射式布袋除尘器，将脱硫脱硝和除尘结合到一起的干法工艺。

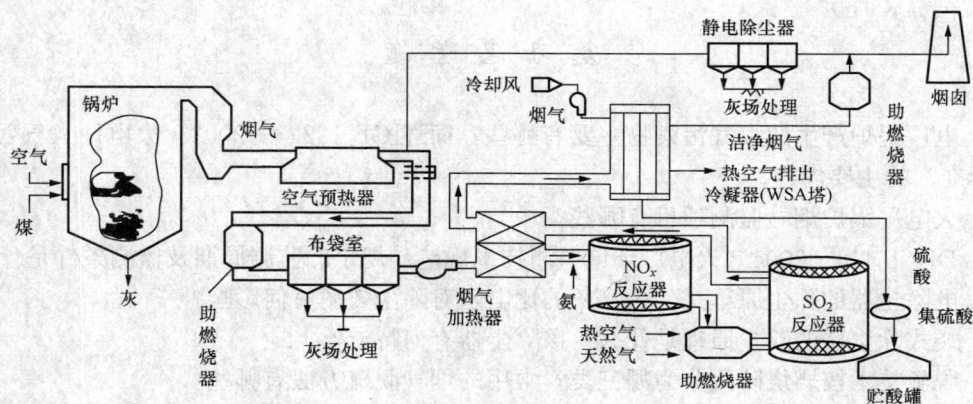

图 2-51 SNOX 工艺流程

该技术在美国 Ohio Edison's R. E. Burger 电厂示范运行。SNRB 的技术流程如图 2-52 所示。高温布袋除尘器处于省煤器和空气加热器之间，在布袋除尘器的上游喷入钙基或钠基吸收剂脱除 SO_2，粉尘和反应后的吸收剂用高温陶瓷纤维过滤布袋除去。布袋除尘器的布袋内包裹有圆柱形整体 SCR 催化剂，NH_3 由布袋除尘器上游喷入，NO_x 在 SCR 催化剂的作用下与 NH_3 反应被脱除。由除尘器出来的烟气通过热交换后就可直接排放。

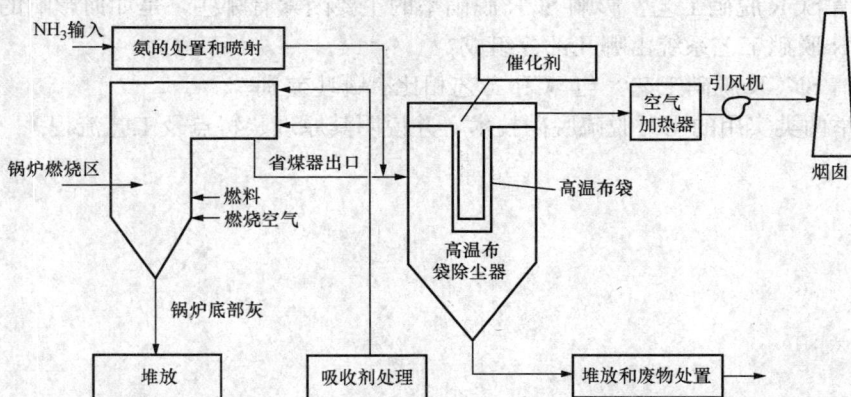

图 2-52 SNRB 的技术流程

在布袋除尘器内，实际上发生的过程有三个：钙基或钠基吸收剂脱除 SO_2 的过程，反应产物主要是 $CaSO_4$ 或 Na_2SO_4；NO_x 通过氨催化还原法产生 N_2 和水的过程；布袋除尘器对粉尘的捕集过程。

SNRB 工艺有如下优点：①吸收剂利用效率高；②在烟气接触 SCR 催化剂之前 SO_2 的量已经大大减少，因此不会引起下游设备由于产生硫酸铵沉淀导致的结渣和腐蚀；③工艺集脱硫、脱硝和除尘于一体，因此能够大大减少占地面积和设备的投资。

但 SNRB 工艺的脱硫率和脱硝率总体来说比较低，对于脱硫率要求高于 85% 的机组则不经济，而在脱硫率要求不高时，SNRB 工艺具有较大的优势。由于要求的烟气温度为 300～500℃，就需要采用特殊的耐高温陶瓷纤维编织的过滤袋，提高了该工艺的成本。此外，该工艺还会产生很多的废渣，这些反应的副产物利用价值都不高，这也阻碍了该工艺的市场应用。

复 习 思 考 题

1. 电厂锅炉产生的大气污染物主要有哪些? 简述 GB 13223—2003《火电厂大气污染物排放标准》的主要内容。

2. 火电厂锅炉烟气监测项目有哪些?

3. DL/T 414—2004《火电厂环境监测技术规范》规定的监测周期及监测条件是什么?

4. 电除尘器的除尘原理是什么? 灰的比电阻对除尘效率有何影响?

5. 袋式除尘器的除尘原理是什么? 该除尘器有何特点?

6. 脱硫技术按燃烧阶段分为哪三类? 常用的烟气脱硫方法有哪些?

7. 湿式石灰石—石膏法脱硫过程是怎样的? 影响脱硫效果的因素有哪些?

8. 影响循环流化床锅炉燃烧脱硫率的主要因素有哪些, 是如何影响的?

9. 在低 NO_x 燃烧技术中, 二段燃烧和烟气循环燃烧的含义是什么?

10. 在煤燃烧过程中, 生成氮氧化物的途径有哪几个? 各类氮氧化物生成的条件是什么?

11. 低氮氧化物燃烧技术的原理是什么? 主要有哪些种类的低氮氧化物燃烧方法和燃烧器?

12. 何谓 SCR 脱硝工艺? 影响 SCR 脱硝率的主要因素有哪些, 是如何影响的?

13. SCR 脱硝工艺系统由哪几部分组成?

14. 何谓 SNCR 脱硝工艺? 与 SCR 工艺相比有哪些差别?

15. 列举两类实用的同时脱硫脱硝技术, 并说明其原理、特点及工艺流程。

第三章　废水处理及回用技术

火电厂是用水大户,认真做好电厂的废水治理和回收利用,使其达到国家排放标准及满足环境保护的要求,具有重大的意义。

20 世纪 80 年代以前,国内的火电厂大都没有考虑节水的问题,用水不合理、浪费严重是当时火电厂普遍的现象。20 世纪 80 年代以后,在火电厂的设计中开始考虑节水的要求,首先解决了冲灰水回用的问题。进入 20 世纪 90 年代后,由于水资源费和排污费的日益增长,火电厂废水回用的市场被激活,废水资源化的进程逐渐加快,废水处理的重点也由达标排放转为综合利用。除了进行冲灰水回用外,机组杂排水的回用、含煤废水的循环使用等也逐渐兴起,使火电厂废水资源化发展到了一个新的水平,相应的废水处理工艺也发生了很大的变化。

为了更好地理解和掌握火电厂废水处理的内容,有必要先了解一下废水处理的基本知识。

第一节　废水处理的基本知识

水是自然界中宝贵的自然资源,是人类赖以生存的必要条件。然而,在人类的生活和生产活动中,从自然界中取用的水受到污染,改变了原来的性质,甚至丧失了使用价值,于是将其废弃外排,这种被废弃外排的水称为废水。

在实际应用中,"废水"和"污水"两个术语的用法比较混乱。就科学概念而言,"废水"是指废弃外排的水,强调其"废弃"的一面;"污水"是指被脏物污染的水,强调其"脏污"的一面。但是,有相当数量的生产排水是并不脏的(如冷却水等),因而用"废水"一词统称比较合适。在水质污浊的情况下,两种术语可以通用。在火电厂中有多种排水,也都统称为"废水"。

根据废水的来源,可将其分为生活污水和工业废水两大类。生活污水是指人们在生活过程中排出的废水,主要包括粪便水、浴洗水、洗涤水和冲洗水等;工业废水是指工业生产中排出的废水。此外,由城镇排出的废水,叫做城市废水,其中包括生活污水和工业废水。

根据废水中的主要成分,可分为有机废水、无机废水和综合废水。有机废水是指废水中污染物主要是有机物质;无机废水一般以无机污染物为主;综合废水是指废水中既含有机污染物,也含无机污染物,并且两者含量都很高。

废水中如果某一种成分在污染物中占首要地位,则常常以该成分取名,如含酚废水、含氰废水、含氮废水、含汞废水,在火电厂中常常还有含油废水、含煤废水等。

根据废水的酸碱性,也可将废水分为酸性废水、碱性废水和中性废水。如火电厂锅炉化学清洗废水、停炉保护排水就属于酸碱性废水。

一、废水水质指标

水质指标是对水体进行监测、评价、利用以及污染治理的主要依据。在考虑和研究废水处理流程和其最终处置方法时,首要的条件是全面掌握废水在物理、化学和生物学等方面的特征。

水质指标可以分为物理指标、化学指标和生物指标。

（一）物理指标

1. 固体物质

废水中的固体物质包括悬浮固体和溶解固体两类。悬浮固体是指悬浮于水中的固体物质。在水质分析中，将水样过滤，凡不能通过滤器的固体颗粒物称为悬浮固体。悬浮固体也称悬浮物质或悬浮物，通常用 SS 表示，是反映废水中固体物质含量的一个重要水质指标，单位为 mg/L。

溶解固体（DS）也称溶解物，是指溶于水的各种无机物质和有机物质的总和。在水质分析中，是指将水样过滤后，将滤液蒸干所得到的固体物质。

溶解固体与悬浮固体两者之和称为总固体（TS）。在水质分析中，总固体是将水样在一定温度下蒸干后所残余的固体物质总量，也称蒸发残余物。

2. 浊度

水的浊度是一种表示水样的透光性能的指标，是由于水中存在泥沙、黏土、微生物等细微的无机物和有机物及其他悬浮物使通过水样的光线被散射或吸收而不能直接穿透所造成的。一般以每升蒸馏水中含有 $1mgSiO_2$（或硅藻土）时对特定光源透过所发生的阻碍程度为 1 个浊度的标准，称为杰克逊度，以 JTU 表示。

3. 臭和味

臭和味是判断水质优劣的感官指标之一。洁净的水是没有气味的，受到污染后会产生各种臭味。常见的水臭味有霉烂臭味、粪便臭味、汽油臭味、臭蛋味、氯气味等。臭味的表示方法现行是用文字描述臭的种类，用强、弱等字样表示臭的强度。比较准确的定量方法是臭阈法，即用无臭水将待测水样稀释到接近无臭程度的稀释倍数表示臭的强度。

4. 温度

温度也是一项重要指标。水温的变化对废水生物处理有很大影响，水温通常用刻度为 0.1℃的温度计测定。深水可用倒置温度计，用热敏电阻温度计能快速而准确的测定温度。水温要在现场测定。

5. 色泽和色度

色泽是指废水的颜色种类，通常用文字描述，如：废水呈深蓝色、棕黄色、浅绿色、暗红色等。色度是指废水所呈现的颜色深浅程度。色度有两种表示方法：一是采用铂钴标准比色法，规定在 1L 水中含有氯铂酸钾（K_2PtCl_6）2.491mg 及氯化钴（$CoCl_2 \cdot 6H_2O$）2.00mg 时，也就是在 1L 水中含铂（Pt）1mg 及钴（Co）0.5mg 时所产生的颜色深浅为 1 度（1°）；二是采用稀释倍数法，用将废水稀释到接近无色时的稀释倍数来表示。

（二）化学指标

1. 生化需氧量

生化需氧量（全称生物化学需氧量，BOD）是指在温度、时间都一定的条件下，微生物在分解、氧化水中有机物的过程中，所消耗的溶解氧量，其单位为 mg/L 或 kg/m^3。

微生物在分解有机物过程中，分解作用的速度和程度与温度和时间有直接关系。有机物在好氧微生物的作用下降解并转化为 CO_2、H_2O 及 NH_3 的过程，在 20℃ 的条件下，一般需要 10～20d 才能完成。为了使测定的 BOD 值有可比性，在水质分析中，规定将水样在 20℃ 条件下，培养五天后测定水中溶解氧消耗量作为标准方法，测定结果称为五日生化需氧量，

以 BOD_5 表示。如果测定时间是 20d，则结果称作 20d 生化需氧量（也称完全生化需氧量），以 BOD_{20} 表示。生活污水的 BOD_5 约为 BOD_{20} 的 70%左右。BOD 反映了水中可被微生物分解的有机物的含量。BOD 值越大，则说明水中有机物含量越高，BOD 是反映水中有机物含量的最主要水质指标。BOD 小于 1mg/L 表示水体清洁，大于 3～4mg/L 则表示水已受到有机物的污染。

2. 化学需氧量

以 BOD_5 作为有机物的浓度指标，也存在着一些缺点：①测定时间需 5d，仍太长，难以及时指导生产实践；②如果污水中难生物降解有机物浓度较高，BOD_5 测定的结果误差较大；③某些工业废水不含微生物生长所需的营养物质，或者含有抵制微生物生长的有毒有害物质，影响测定结果。为了克服上述缺点，可采用化学需氧量指标。

化学需氧量（也称化学耗氧量，COD）是指在一定条件下，用强氧化剂氧化废水中的有机物质所消耗的氧量。常用的氧化剂有重铬酸钾和高锰酸钾。我国规定的废水检验标准采用重铬酸钾作为氧化剂，在酸性条件下进行测定，记作"COD_{cr}"，一般简写为 COD，单位为 mg/L。

COD 的优点是较精确地表示污水中有机物的含量，测定时间仅需数小时，且不受水质的限制。缺点是不能像 BOD 那样反映出微生物氧化有机物，直接地从卫生学角度阐明被污染的程度；此外，污水中存在的还原性无机物（如硫化物）被氧化也需消耗氧，所以 COD 值也存在一定误差。

测定 COD 采用的是强氧化剂，对大多数的有机物可以氧化到 85%～95%以上，所以，同一种水质的 COD 一般高于 BOD，其间的差值能够粗略地表示不能为微生物所降解的有机物。差值越大，难生物降解的有机物含量越多，越不宜采用生物处理法。因此 BOD_5/COD 的比值，可作为该污水是否适宜于采用生物方法处理的判别标准，故把 BOD_5/COD 的比值称为可生化性指标，比值越大，越容易被生化处理。一般认为此比值大于 0.3 的污水，才适于采用生化处理。生活污水的 BOD_5 与 COD 的比值大致为 0.4～0.8。对于一定的废水而言，一般说来，$COD>BOD_{20}>BOD_5$。

3. 总需氧量

总需氧量 TOD 是指水中的还原性物质在高温下燃烧后变成稳定的氧化物时所需要的氧量，单位为 mg/L。TOD 值可以反映出水中几乎全部有机物（包括 C、H、O、N、P、S 等成分）经燃烧后生成 CO_2、H_2O、NO_2、SO_2 等时所需要消耗的氧量。此指标的测定，与 BOD、COD 的测定相比，更为快速简便，其结果也比 COD 更接近于理论需氧量。

4. 总有机碳

总有机碳 TOC 是间接表示水中有机物含量的一种综合指标，其显示的数据是污水中有机物的总含碳量，单位以碳（C）的 mg/L 来表示。一般城市污水的 TOC 可达 200mg/L，工业污水的 TOC 范围较宽，最高的可达几万 mg/L，污水经过二级生物处理后的 TOC 一般水于 50mg/L。

5. 总氮 TN、氨氮 NH_3-H、凯氏氮 TKN

（1）总氮 TN。总氮为水中有机氮、氨氮和总氧化氮（亚硝酸氮及硝酸氮之和）的总和。有机污染物分为植物性和动物性两类：城市污水中植物性有机污染物如果皮、蔬菜叶等，其主要化学成分是碳（C），由 BOD_5 表征；动物性有机污染物质包括人畜粪便、动物组织碎块等，其化学成分以氮（N）为主。氮属植物性营养物质，是导致湖泊、海湾、水库等缓流水体富营养化的主要物质，成为废水处理的重要控制指标。

（2）氨氮 NH_3-N。氨氮是指水中以 NH_3 和 NH_4^+ 形式存在的氮，它是有机氮化物氧化分解的第一步产物。氨氮不仅会促使水体中藻类的繁殖，而且游离的 NH_3 对鱼类有很强的毒性，致死鱼类的浓度在 $0.2\sim2.0mg/L$ 之间。氨也是污水中重要的耗氧物质，在硝化细菌的作用下，氨被氧化成 NO_2^- 和 NO_3^-，所消耗的氧量称硝化需氧量。

（3）凯氏氮 TKN。凯氏氮是氨氮和有机氮的总和。凯氏氮指标可以作为判断污水在进行生物法处理时，氮营养是否充足的依据。

6. 总磷 TP

总磷是污水中各类有机磷和无机磷的总和。与氮类似，磷也属植物性营养物质，是导致缓流水体富营养化的主要物质。

7. pH 值

酸碱度用 pH 值来表示。它对保护环境、污水处理及水工构筑物都有影响，一般生活污水呈中性或弱碱性，工业废水多呈强酸或强碱性。城市污水的 pH 值呈中性，一般为 $6.5\sim7.5$。pH 值的测定通常根据电化学原理采用玻璃电极法。

8. 有毒污染物

废水中能对生物引起毒性反应的物质，称为有毒污染物。废水中的毒物可分为 3 大类：无机化学毒物、有机化学毒物和放射性物质。工业上使用的有毒化学物已经超过 12 000 种，而且每年以 500 种的速度递增。毒物是重要的水质指标，各类水质标准对主要的毒物都规定了限值。

9. 酚

酚是芳香烃苯环上的氢原子被羟基（—OH）取代而生成的化合物，按照苯环上羟基数目的不同，分为一元酚、二元酚、多元酚等。又可按照能否与水蒸气一起挥发而分为挥发酚和不挥发酚。酚是常见的有机毒物指标之一。酚也是火电厂废水中的有害物之一。

（三）生物指标

污水生物性质的检测指标有大肠菌群数（大肠菌群值）、大肠菌群指数、病毒及细菌总数。

1. 大肠菌群数（大肠菌群值）与大肠菌群指数

大肠菌群数（大肠菌群值）是每升水样中所含有的大肠菌群的数目，以个/L 计；大肠菌群指数是查出 1 个大肠菌群所需的最少水量，以毫升（mL）计。可见大肠菌群数与大肠菌群指数是互为倒数。

大肠菌群数作为污水被粪便污染程度的卫生指标，原因有两个：①大肠菌与病原菌都存在于人类肠道系统内，它们的生活习性及在外界环境中的存活时间都基本相同。每人每日排泄的粪便中含有大肠菌约 $10^{11}\sim4\times10^{11}$ 个，数量大大多于病原菌，但对人体无害。②由于大肠菌的数量多，且容易培养检验，但病原菌的培养检验十分复杂与困难。因此，常采用大肠菌群数作为卫生指标。水中存在大肠菌，就表明受到粪便的污染，并可能存在病原菌。

2. 病毒

污水中检出大肠菌群，可以表明肠道病原菌的存在，但不能表明是否存在病毒及其他病原菌（如炭疽杆菌）。因此还需要检验病毒指标。

3. 细菌总数

细菌总数是大肠菌群数、病原菌、病毒及其他细菌数的总和，以每毫升水样中的细菌菌落总数表示。细菌总数愈多，表示病原菌与病毒存在的可能性愈大。因此用大肠菌群数、病毒及细菌总数 3 个卫生指标来评价污水受生物污染的严重程度就比较全面。

二、废水处理方法及分类

（一）按对污染物实施的作用不同分类

废水处理方法按对污染物实施的作用不同，大体上可分为两类：一类是通过各种外力作用，把有害物从废水中分离出来，称为分离法；另一类是通过化学或生化的作用，使其转化为无害的物质或可分离的物质，后者再经过分离予以去除，称为转化法。

1. 分离法

废水中的污染物有各种存在形式，大致有离子态、分子态、胶体和悬浮物。存在形式的多样性和污染物特性的各异性，决定了分离方法的多样性，详见表 3-1。

表 3-1 分离法分类一览表

污染物存在形式	分 离 方 法
离子态	离子交换法、电解法、电渗析法、离子吸附法、离子浮选法
分子态	萃取法、结晶法、精馏法、吸附法、浮选法、反渗透法、蒸发法、超滤法
胶 体	混凝法、气浮法、吸附法、过滤法
悬浮物	重力分离法、离心分离法、磁力分离法、筛滤法、气浮法

2. 转化法

转化法可分为化学转化和生化转化两类，具体见表 3-2。

表 3-2 不同转化类型采用的方法

方法原理	转 化 方 法
化学转化	中和法、氧化还原法、化学沉淀法、电化学法
生化转化	活性污泥法、生物膜法、厌氧生物处理法、生物塘法等

总的来说，废水处理，实质上就是采用各种手段和技术，将废水中的污染物分离出来，或将其转化为无害的物质，从而使废水得到净化的过程。

（二）按处理原理不同分类

目前习惯上也按处理原理不同，将废水处理方法分为物理处理法、化学处理法和物理化学处理法、生物处理法三大类。

1. 物理处理法

通过物理作用分离、回收废水中不溶解的悬浮状态污染物（包括油膜和油珠）的方法，可分为重力分离法、离心分离法和筛滤截留法等。属于重力分离法的处理单元有沉淀、上浮（气浮）等，相应使用的处理设备是沉沙池、沉淀池、隔油池、气浮池及其附属装置等。离心分离法本身就是一种处理单元，使用的处理装置有离心分离机和水旋分离器等。筛滤截留法有栅筛截留和过滤两种处理单元，前者使用的处理设备是格栅、筛网，而后者使用的是砂滤池和微孔滤机等。以热交换原理为基础的处理方法也属于物理处理法，其处理单元有蒸发、结晶等。

2. 化学处理法和物理化学处理法

通过化学反应和传质作用来分离、去除废水中呈溶解、胶体状态的污染物或将其转化为无害物质的方法，称为化学和物理化学处理法。

在化学处理法中，以投加药剂产生化学反应为基础的处理单元有混凝、中和、氧化还原等；而以传质作用为基础的处理单元则有萃取、汽提、吹脱、吸附、离子交换以及电渗析和反渗透等，其中电渗析和反渗透处理单元使用的是膜分离技术。运用传质作用的处理单元既具有化学作用，又具有与之相关的物理作用，所以也可以从化学分离法中分出来，成为另一类处理方法，称为物理化学处理法。

3. 生物处理法

生物处理法指通过微生物的代谢作用，使污水中呈溶解、胶体状态的有机污染物转化为稳定的无害物质的方法。主要方法可分为两大类，即利用好氧微生物作用的好氧法（好氧氧化法）和利用厌氧微生物作用的厌氧法（厌氧还原法）。

废水生物处理广泛使用的是好氧生物处理法。按传统，好氧生物处理法又分为活性污泥法和生物膜法两类。活性污泥法本身就是一种处理单元，它有多种运行方式。属于生物膜法的处理设备有生物滤池、生物转盘、生物接触氧化池以及最近发展起来的生物流化床等。生物氧化塘法又称自然生物处理法。

厌氧生物处理法，又名生物还原处理法，主要用于处理高浓度有机废水和污泥。使用的处理设备主要有消化池。

由于废水中的污染物是多种多样的，因此，在实际工程中，往往需要将几种方法组合在一起，通过几个处理单元去除污水中的各类污染物，使污水达到排放标准。

就火力发电厂而言，由于其生产的特点，其废水的来源比较复杂。图 3-1 示出了火力发电厂主要废水的来源。

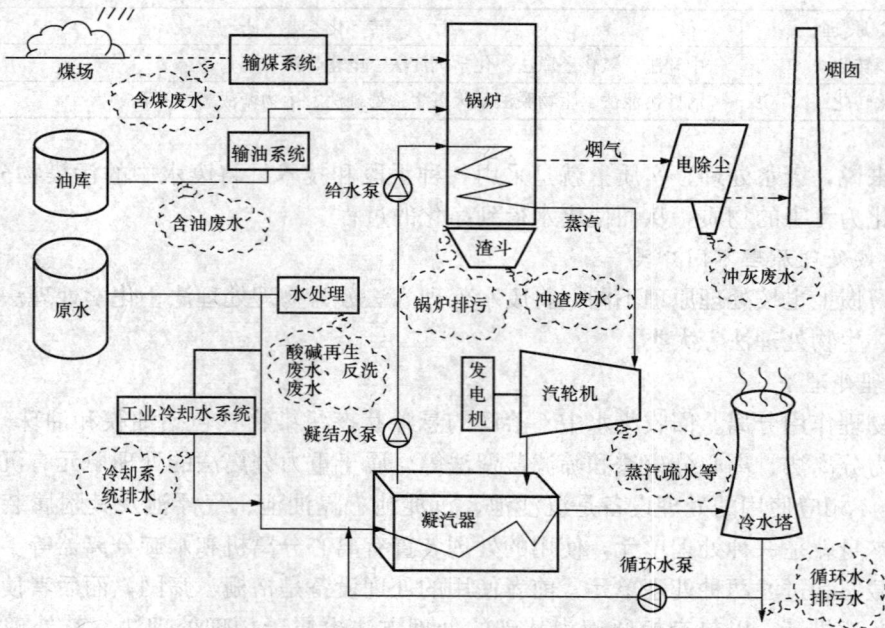

图 3-1 火力发电厂主要废水的来源示意

从图 3-1 可以看出，火电厂的废水主要来自汽水循环系统、循环冷却水系统、工业冷却水系统、冲灰水系统、煤系统等，来源的复杂性决定了废水水质的复杂多样性，这也就对废水的合理处理提出了较高的要求。

目前，大部分火力发电厂的废水经过相应的处理以后，能够做到达标排放，但是不少火力发电厂还存在着用水不合理、浪费严重、重复利用率低的问题，所以很有必要加强水务管理，采用合理的废水处理及回用技术，从而提高废水综合利用的水平。

第二节　电厂的水平衡与水务管理

一、火力发电厂的水平衡

火力发电厂的水平衡就是将整个火力发电厂作为一个用水体系，各系统水的输入、输出和损耗之间的平衡关系，这种平衡关系是通过水平衡试验得出的。除了在正常运行阶段进行定期的水平衡试验外，当有下面的情况时，也需要进行试验：

（1）新机组投入稳定运行一年内；

（2）主要用水、排水、耗水系统设备改造后运行工况有较大变化；

（3）与同类型机组相比，运行发电水耗明显偏高；

（4）欲实施节水、废水回用或废水"零排放"工程的火力发电厂。

（一）与水平衡有关的几种水量的概念

1. 总用水量

总用水量是指火力发电厂的各用水系统在发电过程中使用的所有水量之和，包括由水源地送来的新鲜水和代替新鲜水的回用水以及循环使用的水量。所以，总用水量并不是从火力发电厂总取水口测定的流量值。

2. 取水量

取水量是指除直流冷却水外，由厂外水源地送入厂内的新鲜水或城市中水的量，该水量包括工业用水量和厂区生活用水量。

3. 耗水量

耗水量是指在生产过程中以蒸发、风吹、渗漏、污泥和灰渣携带及厂区绿化等形式消耗掉的水量。

4. 排水量

系统的排水量是指完成生产过程后，排出该体系之外的水量。火力发电厂的排水量是指由火力发电厂向外排放的水的流量，不包括凝汽器直流冷却排水。

5. 复用水量

复用水量是指重复使用的水量。在火力发电厂，水的复用有三种形式。

（1）循序使用。将一个系统的排水直接用作另一个系统的补水，如工业冷却水排水直接补入冷却塔。

（2）循环使用。将系统的排水经过一定的处理后补回原系统循环使用。火力发电厂最大的循环用水系统有循环冷却水、锅炉汽水循环、灰水循环系统等。另外，含煤废水大多也是处理后循环使用的。

（3）废水处理后回用。这种方式是将收集到的各种废水经过处理后，按照水质要求分别补入其他系统。火力发电厂的废水回用大多是这种形式。

（二）评价水平衡的关键指标

1. 装机水耗和发电水耗

装机水耗和发电水耗实质上是装机取水量和发电取水量，而不是耗水量。装机水耗是按照总装机容量所确定的全厂单位时间的取水量值，等于设计新鲜水取水总量与装机容量的比值，用于设计阶段水资源量的规划，其常用的单位是 $m^3/(GW \cdot s)$。发电水耗是根据一段时间内的发电量和取水量，计算出的每千瓦时发电量需要的新鲜水量，等于全厂发电用新鲜水取水总量与全厂发电总量的比值，其常用的单位是 $kg/(kW \cdot h)$ 或 $m^3/(MW \cdot h)$。

对于已经投产运行的火力发电厂，发电水耗是评价其用水水平最直接的指标。但是，在不同的运行条件下发电水耗是不同的，如机组的容量大小、新旧、发电负荷的高低等。另外，对于同样的机组，在不同季节的发电耗水量也有很大的差别。因此，发电水耗不能是某次测定的瞬时值，而是一段时间内（一般是全年）测定的平均值。

2. 复用水率

复用水率是各种节水标准中经常提到的一个指标，其意义是所有重复使用的水量占全厂用水总量的百分数，其中包含了循环水量、水汽循环量以及其他循环使用、回用的水量。

对于循环冷却型湿冷机组，循环水系统的循环流量很大，其循环水量可以占到全厂用水总量的 90% 以上，所以其复用水量往往是取水量的许多倍。因此，循环冷却型火力发电厂，计算出的复用水率一般均大于 95%，如此高的复用水率值掩盖了不同火力发电厂废水复用量的差别。因此，用复用水率指标很难反映火力发电厂实际的废水回用水平。

3. 废水回用率和废水排放率

在火力发电厂中，废水并没有准确的定义，其界定范围是模糊的。但是，普遍可以接受的概念是在生产过程中，从生产系统中排出的水即可称为废水，如锅炉排污水、循环冷却排污水等。

废水回用率是回用废水总量占全厂产生的废水总量的百分数，其与复用水率的不同之处在于：废水回用率不包括循环使用的水量，如循环水系统的循环水、经灰浆浓缩池沉淀处理后循环使用的冲灰水等。但是，如果水已经被排出原循环系统，经处理后再使用，则属于废水回用的范畴，如生活污水经处理后回用至循环水系统，灰场的清水返回冲灰等。因为剔除了循环水部分，所以废水回用率的大小可以准确反映火力发电厂的废水回用水平。但是，目前存在的问题是全厂废水总量难以测定。

废水排放率是与废水回用率相对的一个概念，指火力发电厂在生产过程中向厂外排出水量占废水总量的百分数。

4. 其他指标

各用水系统还有其他的指标，如汽水循环系统的排污率、补水率、汽水损失率等；冲灰系统的灰水比、补充水率等；循环水系统的浓缩倍率、排污率等。

（三）水平衡试验中几个关键水量的确定

在水的使用过程中，会产生大量的损耗。有些损耗是可以测定的，而有些则是无法测定的。在火力发电厂的水耗构成中，最大的损耗是冷却塔内循环水的蒸发损失，这部分水量是无法直接测定的，只能通过计算得出。另外，火力发电厂的用水设备类型很多，既有连续式用水设备，又有间歇式、季节性用水设备。很多设备的用水量并不是固定的，测定起来有一定的困难。下面介绍水平衡试验过程中容易产生误差的几个部分。

1. 冷却塔内循环水蒸发损失量

冷却塔是循环冷却型湿冷机组的标志性建筑。循环冷却水系统是火力发电厂用水、耗水量最大的系统，其作用是降低凝汽器冷却水的温度，使其能够循环使用。冷却塔的蒸发、风吹损失和泄漏损失是不能直接测量的，需要根据经验公式计算。这部分水量的计算是否准确，将直接影响全厂水平衡的测试水平，尤其是对发电耗水率的数值影响很大。

（1）蒸发损失的形成。冷却塔内的循环水蒸发损失量不仅随发电量而变，同时还随环境温度、湿度的变化而变化。在冷却塔内，水温的降低由两种传热过程完成：一种是汽化吸热（潜热），靠一部分水蒸发带走了热量使水降温；另一种是水与空气的对流换热（显热），水与所接触的空气之间因存在温度差而发生的热量传递。在上述两种降温过程中，蒸发起主要的作用。蒸发作用带走的热量因季节变化会有很大的差异：在冬季，这部分热量约占冷却塔全部换热量的 50%～60%，在夏季约为 85%～100%。

在冷却塔内装有填料层，使水形成小水滴或极薄的水膜，扩大水与空气的接触面积，以增强降温效率。

（2）蒸发损失水率的计算。GB/T 50102—2003《工业循环水冷却设计规范》中规定，冷却塔的蒸发损失水率有两种计算方式。

1）当不进行冷却塔的出口气态计算时，蒸发损失率宜按式（3-1）计算确定：

$$P_e = K_{ZF} \Delta t \times 100\% \qquad (3-1)$$

式中　P_e——蒸发损失率，%；

　　　K_{ZF}——与环境温度有关的系数，1/℃，按照表 3-3 取值，当进塔温度（干球温度）为中间值时，可采用内插法计算 K_{ZF} 值；

　　　Δt——冷却塔进、出口水温差，℃。

表 3-3　　　　　　　　　　　　系 数 K_{ZF} 的 取 值

进塔气温/℃	−10	0	10	20	30	40
K_{ZF}(1/℃)	0.0008	0.0010	0.0012	0.0014	0.0015	0.0016

2）如果对进入和排出冷却塔的空气状态进行详细计算时，蒸发损失水率按式（3-2）确定。

$$P_e = \frac{G_d}{Q}(X_2 - X_1) \times 100\% \qquad (3-2)$$

式中　G_d——进入冷却塔的干空气质量流量，kg/s；

　　　Q——进塔的循环水流量，kg/s；

　　　X_1——进塔空气的含湿量，kg/kg；

　　　X_2——出塔空气的含湿量，kg/kg。

在进行水平衡试验时，一般使用相对简便的第一种计算方法。

2. 风吹、泄漏损失量

风吹损失是由两部分构成的：一是在冷却塔内，向上流动的空气在与水接触的过程中，既带走了水的热量，也夹带着水滴；二是部分由填料层下落的水滴被风横向吹出冷却塔，也构成了水量的损失。这种随气流损失的水滴由于没有蒸发，对降低水温没有贡献。为了减少上流空气的夹带损失，很多冷却塔的顶部装了除水器，其除水效率一般在 99％以上，可以使风吹损失率降低到 0.1％。除水器的原理是利用挡板使气流流动方向突然改变，利用惯性作用使密度较大的水滴因此从空气中分离出来，跌落进入水池。

泄漏损失是由于系统不严密或者水位控制不好产生溢流造成的，如循环水管道的泄漏、水池的溢流等。

从水质平衡的角度来讲，蒸发损失和泄漏损失、风吹损失对水质的影响是不同的。蒸发损失的那部分水几乎不携带盐分，因此会造成循环水的水质浓缩。泄漏、风吹和排污在损失了水量的同时，也带走了相应浓度的杂质，从物料平衡的角度来讲，这三种损失对系统的物料平衡起着相同的作用，都不会引起循环水的浓缩。

风吹损失、泄漏损失一般是不可测量的，只能根据经验估算。表 3 - 4 列出了冷却设备（或构筑物）的风吹、泄漏损失。

表 3 - 4　　　　　　　　冷却设备（或构筑物）的风吹、泄漏损失

冷却设备类型	损失率（%）	冷却设备类型	损失率（%）
小型喷水池（面积<400m²）	1.5～3.5	开放式冷却塔	1.0～1.5
中型与大型喷水池	1～2.5	机械通风冷却塔	0.2～0.3
小型滴盘式冷却塔	0.5～1.0	风筒式冷却塔（有除水器）	0.1
中型与大型滴盘式冷却塔	0.5	风筒式冷却塔（无除水器）	0.3～0.5

3. 间断性用水量和排水量

火力发电厂的间断性用水或排水很多，包括设备的冲洗、排污等。还有一些是季节性用水设备，如水冷空调用水等。间断性通水的管、沟，只能测定通水期间的瞬时流量，然后再根据全年实际的通水总时间折算成小时平均流量。这些水量有些可以直接测量，但由于其流量和排放频率是变化的，因此，平摊折算成小时流量后的数据仍有较大的误差。

为了保证水平衡试验数据的准确性，减小测试误差，电力行业标准 DL/T 783—2001《火力发电厂节水导则》提出，尽量在下列各处设置累计式流量计：

（1）供水母管；

（2）供化学水处理的母管、除盐水泵出口母管；

（3）生活绿化用水总管；

（4）循环冷却水补充水管；

（5）厂区总排水管或总排放口；

（6）热网供汽（热水）及回水管；

（7）灰场灰水回收总管（要考虑变送器结垢的问题）。

（四）火力发电厂的典型水平衡

火力发电厂的水平衡有以下几种类型。

1. 空冷机组的水平衡

目前在火力发电厂中采用的空冷系统有两种类型：直接空冷系统和间接空冷系统。直接空冷是直接用空气冷却凝汽器排汽。间接空冷是先用空气冷却水，再用水冷却凝汽器排汽，升温后的冷却水用布置在冷却塔中的表面式热交换器通过空气冷却。间接空冷系统又分为带喷射式凝汽器的海勒式间接空冷系统和带表面式凝汽器的哈蒙式间接空冷系统。

空冷机组最大的优势是节水。与循环冷却型火力发电厂相比，全厂的冷却水用量和消耗量都很小。

（1）直接空冷机组。直接空冷机组原则性汽水系统如图 3-2 所示。

汽轮机的排汽通过一个直径很大、长度达几十米的排汽总管送到布置在室外的空冷凝汽器内，在此与空气进行表面换热，将排汽冷凝成水，凝结水由凝结水泵升压，经除铁过滤器和精处理装置处理后，回到热力系统，重新循环利用。

（2）间接空冷机组。间接空冷机组的凝汽器冷却水采用除盐水。

1）海勒式间接空冷机组原则性汽水系统如图 3-3 所示。汽轮机的排汽在喷射式凝汽器内，与由调压水轮机送来的 pH 值为 6.8～7.2 的高纯中性冷却水直接混合。在此过程中，蒸汽被冷凝，冷却水被加热，受热的冷却水绝大部分（98%）由冷却水循环泵送至散热器，经与冷

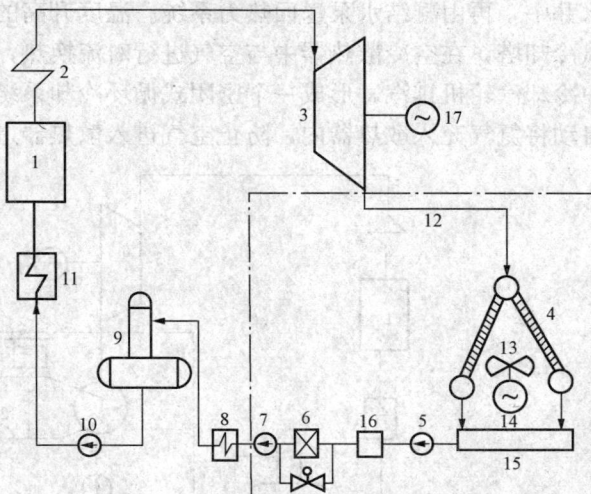

图 3-2　直接空冷机组原则性汽水系统
1—锅炉；2—过热器；3—汽轮机；4—空冷凝汽器；5—凝结水泵；
6—凝结水精处理装置；7—凝结水升压泵；8—低压加热器；
9—除氧器；10—给水泵；11—高压加热器；12—汽轮机
排汽管道；13—轴流冷却风机；14—立式电动机；
15—凝结水箱；16—除铁过滤器；17—发电机

却塔中的空气对流换热后，通过调压水轮机又将冷却水送至喷射式凝汽器内，进入下一个循环。只有极少部分（2%）的冷却水（与排汽量相当）经凝结水泵送至精处理装置处理后回到热力系统。

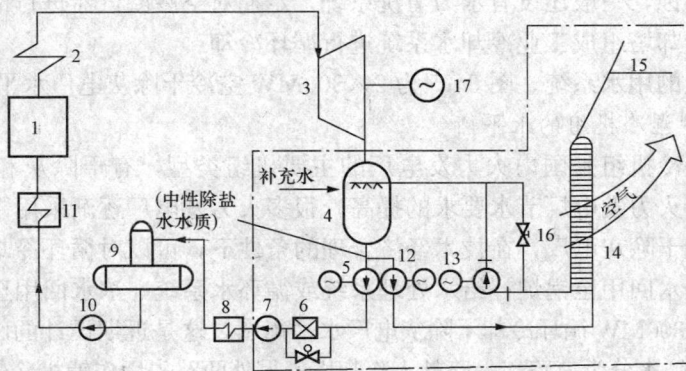

图 3-3　海勒式间接空冷机组原则性汽水系统
1—锅炉；2—过热器；3—汽轮机；4—喷射式凝汽器；5—凝结水泵；6—凝结水
精处理装置；7—凝结水升压泵；8—低压加热器；9—除氧器；10—给水泵；
11—高压加热器；12—冷却水循环泵；13—调压水轮机；14—全铝
制散热器；15—空冷塔；16—旁路节流阀；17—发电机

2）哈蒙式间接空冷机组原则性汽水系统如图 3-4 所示。经过空冷散热器冷却后的低温水，在表面式凝汽器中与汽轮机排汽进行换热，排汽被冷却成凝结水，汇集于凝汽器下部的热水井中，再由凝结水泵送回热力系统。温度升高的冷却水由冷却水循环泵送至双曲线自然通风冷却塔，在空冷散热器中与空气进行对流换热，冷却后的循环冷却水再送回表面式凝汽器中冷却汽轮机排汽，形成一个密闭式循环冷却系统。当散热器停运排水后，充氮保护系统会自动将氮气充入散热器内，防止空气进入散热器造成腐蚀。

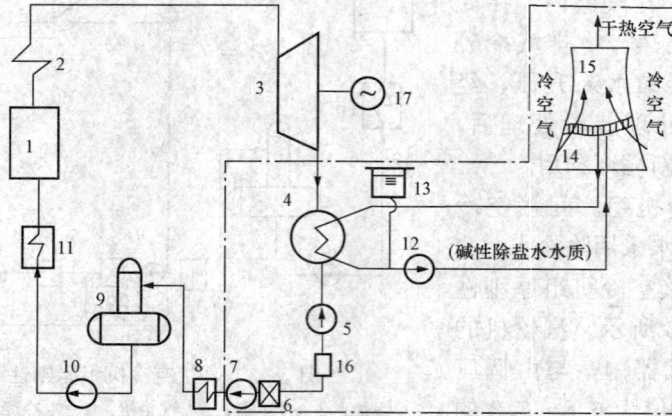

图 3-4　哈蒙式间接空冷机组原则性汽水系统

1—锅炉；2—过热器；3—汽轮机；4—表面式凝汽器；5—凝结水泵；6—凝结
水精处理装置；7—凝结水升压泵；8—低压加热器；9—除氧器；10—给水泵；
11—高压加热器；12—循环水泵；13—膨胀水箱；14—全钢散热器；
15—空冷塔；16—除铁过滤器；17—发电机

由于间接空冷系统较复杂，其中海勒式间接空冷系统的水质调整难度很大，所以在国内的应用逐渐减少。目前在建的空冷机组多为直接空冷。为了防止落在空冷凝汽器表面的灰尘影响散热效果和腐蚀，一般还设有水力清洗系统，定期对空冷凝汽器进行清洗。辅机冷却水等通过小型湿式冷却塔组成工业冷却水系统进行循环冷却。

（3）空冷机组的用水系统。图 3-5 为 2×300MW 空冷干除灰电厂水平衡图。

2．循环冷却型湿冷机组的水平衡

循环冷却型湿冷机组是国内火力发电厂的主要机组类型，有干除灰和水力除灰两种类型。近年来，随着火力发电厂节水要求的提高，很多火力发电厂逐渐采用干除灰的方式。

对于循环冷却干除灰电厂，在技术经济合理的条件下，可以对循环冷却排污水进行脱盐处理，处理后的淡水回用至锅炉补给水处理系统或循环水系统，浓水回用至脱硫系统。

图 3-6 是 4×300MW 循环冷却干除灰电厂水平衡图，这是近期设计的废水综合利用程度很高的水系统。新鲜水分为三路：一路补入冷却塔；另外两路先用作辅机冷却水，然后排入冷却塔。冷却塔的排水又分为三部分：一部分作为脱硫系统的工艺水，直接补入脱硫塔；另一部分经过化学除盐系统处理，用作锅炉补给水和发电机内冷水；第三部分补入水力除渣系统。

根据图 3-6 计算出，循环水系统消耗的水量占全厂总耗水量的 93.8%，主要是由冷却塔的蒸发损失和风吹泄漏损失引起的。其他的耗水包括机组汽水损失、除渣系统耗水、输煤栈桥冲洗消耗、输煤系统喷淋消耗、干灰调湿、供暖防冻用汽损失、绿化耗水、蓄水池自身的

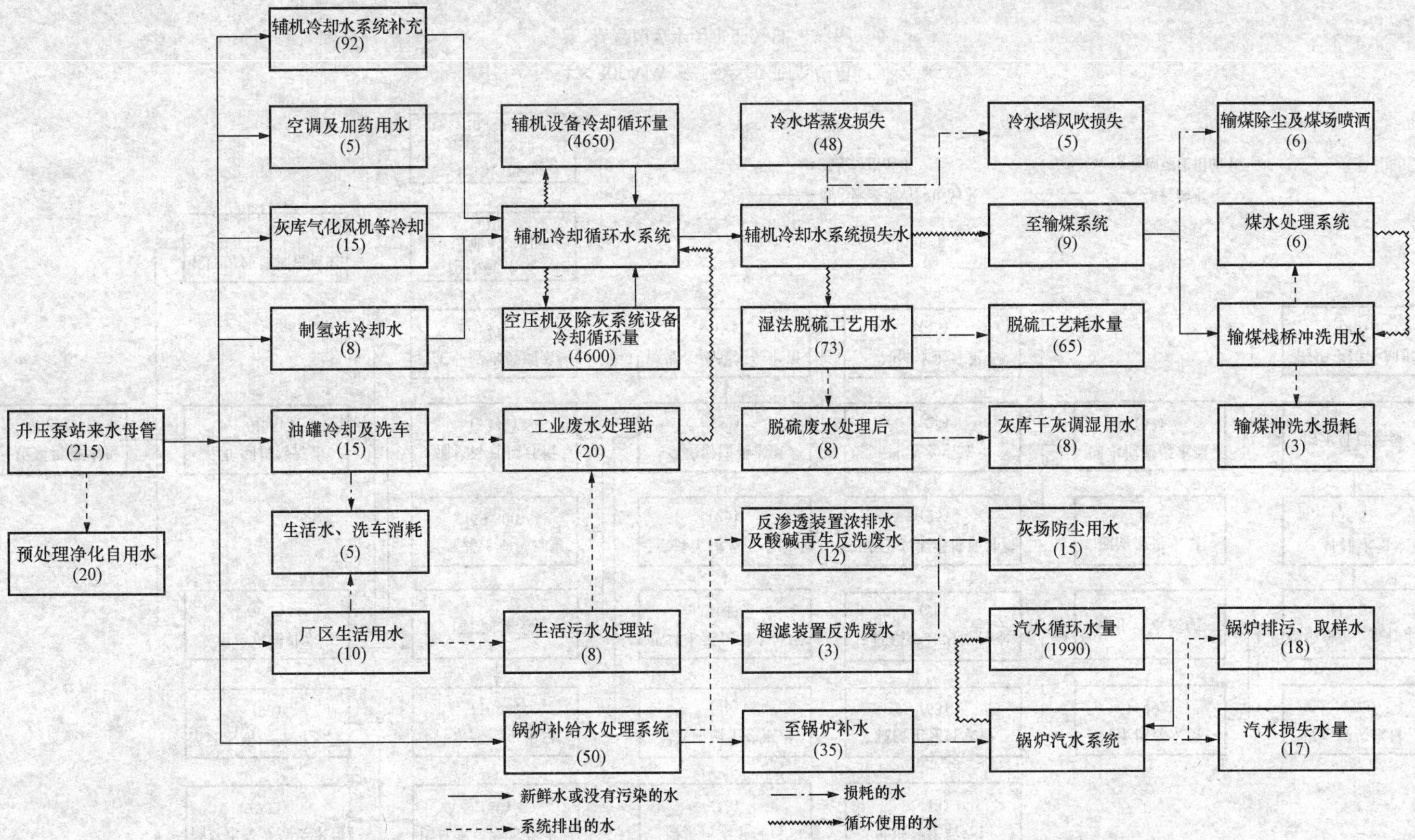

图 3 - 5　2×300MW 空冷干除灰电厂水平衡

注：括号内数字为水的流量·m³/h。

升压泵站来水母管 (215)

预处理净化自用水 (20)

辅机冷却水系统补充 (92)

空调及加药用水 (5)

灰库气化风机等冷却 (15)

制氢站冷却水 (8)

油罐冷却及洗车 (15)

生活水、洗车消耗 (5)

厂区生活用水 (10)

辅机设备冷却循环量 (4650)

辅机冷却循环水系统

空压机及除灰系统设备冷却循环量 (4600)

工业废水处理站 (20)

生活污水处理站 (8)

锅炉补给水处理系统 (50)

冷水塔蒸发损失 (48)

辅机冷却水系统损失

湿法脱硫工艺用水 (73)

脱硫废水处理后 (8)

反渗透装置浓排水及酸碱再生反洗废水 (12)

超滤装置反洗废水 (3)

至锅炉补水 (35)

冷水塔风吹损失 (5)

至输煤系统 (9)

脱硫工艺耗水量 (65)

灰库干灰调湿用水 (8)

灰场防尘用水 (15)

汽水循环水量 (1990)

锅炉汽水系统

输煤除尘及煤场喷洒 (6)

煤处理系统 (6)

输煤栈桥冲洗用水

输煤冲洗水损耗 (3)

锅炉排污、取样水 (18)

汽水损失水量 (17)

—— 新鲜水或没有污染的水
---- 系统排出的水
—·— 损耗的水
～～ 循环使用的水

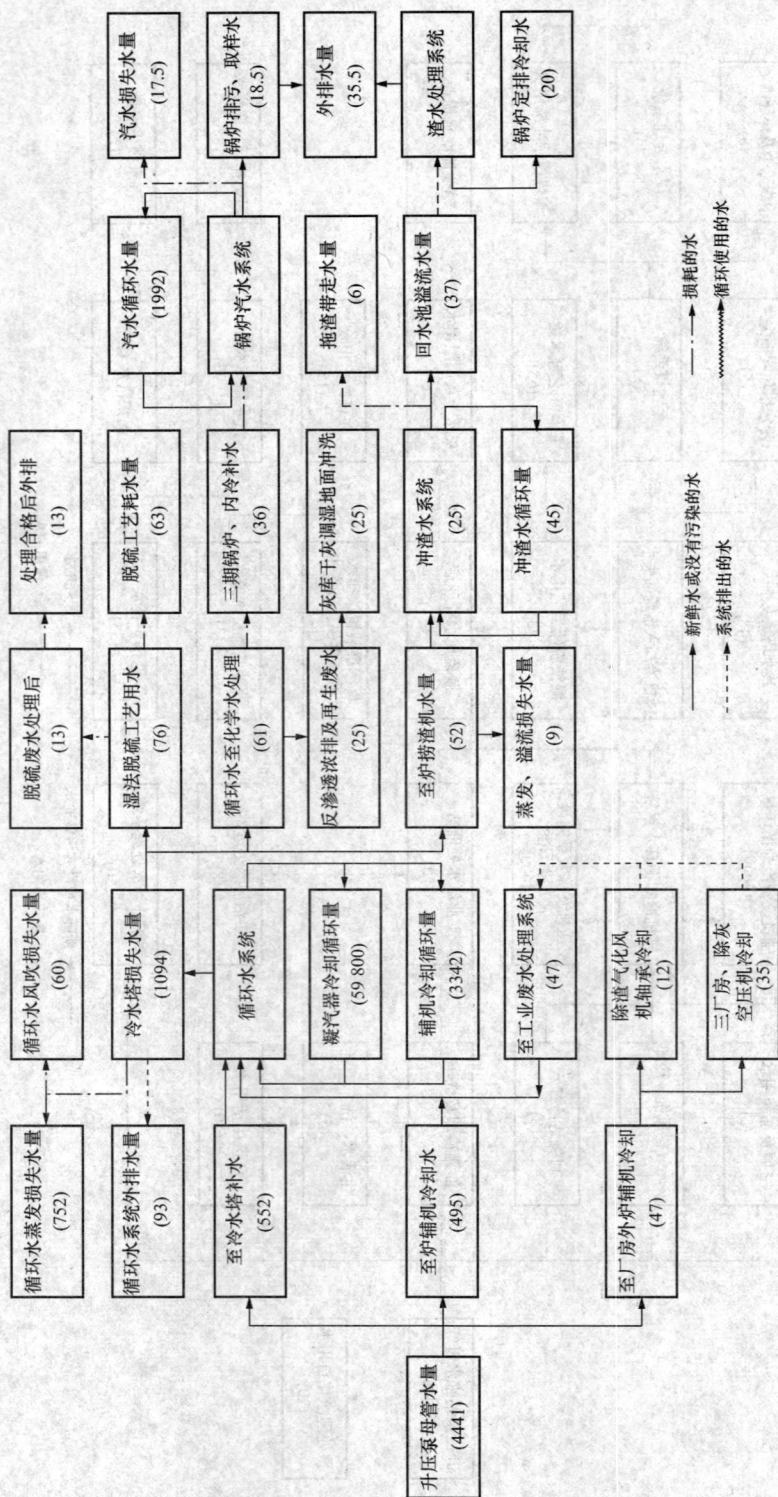

图 3-6 4×300MW 循环冷却干除灰电厂水平衡

注:括号内数字为水的流量,m³/h。

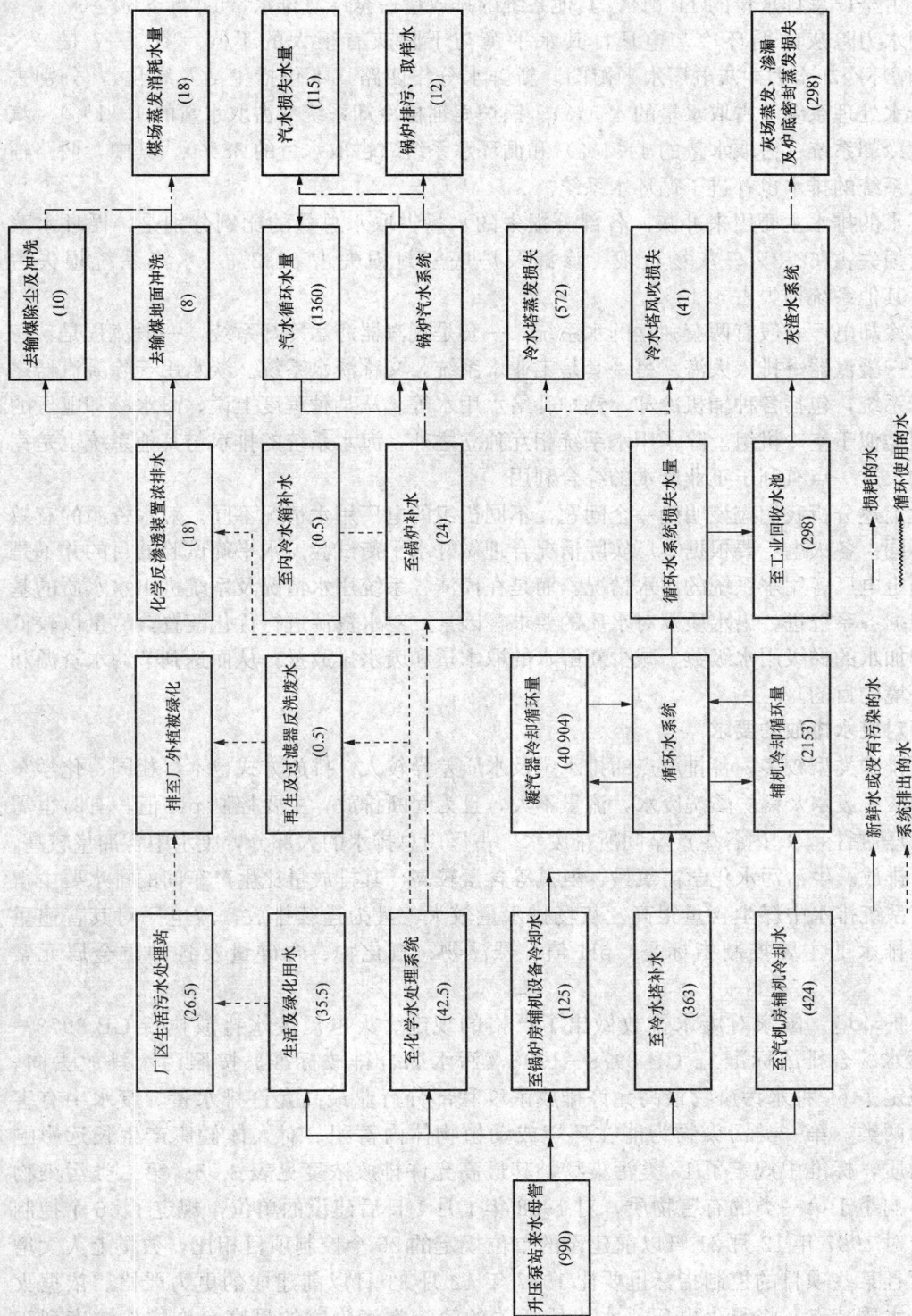

图 3 - 7　2×200MW 循环冷却水力冲灰电厂水平衡

注：括号内数字为水的流量，m³/h。

去输煤除尘及冲洗 (10)

去输煤地面冲洗 (8)

汽水循环水量 (1360)

锅炉汽水系统

冷水塔蒸发损失 (572)

冷水塔风吹损失 (41)

灰渣水系统

煤场蒸发消耗水量 (18)

汽水损失水量 (115)

锅炉排污、取样水 (12)

灰场蒸发、渗漏及炉底密封蒸发废损失 (298)

化学反渗透装置浓排水 (18)

至内冷水箱补水 (0.5)

至锅炉补水 (24)

循环水系统损失水量

至工业回收水池 (298)

排至厂外植被绿化

再生及过滤器反洗废水 (0.5)

凝汽器冷却循环量 (40 904)

循环系统

辅机冷却循环量 (2153)

厂区生活污水处理站 (26.5)

生活及绿化用水 (35.5)

至化学水处理系统 (42.5)

至锅炉房辅机设备冷却水 (125)

至冷水塔补水 (363)

至汽水机辅机冷却水 (424)

升压泵站来水母管 (990)

——→　损耗的水
⋯⋯→　循环使用的水
——→　新鲜水或没有污染的水
⋯⋯→　系统排出的水

蒸发渗漏损失等。另外，循环水系统的排污量占全厂总排放量的 35%。其次是除渣系统，外排水量占全厂总排水量的 11.6%。其他系统的排放量占全厂总排水量的 28.8% 左右。

采用水力除灰的循环冷却电厂，其水平衡与干除灰有很大的不同。图 3 - 7 是 2×200MW 循环冷却水力冲灰电厂水平衡图。新鲜水分作四路（不包括生活及绿化），分别去锅炉补给水处理系统（占取水量的 4.5%）、锅炉房辅机冷却系统（占取水量的 13.1%）、汽机房辅机冷却系统（占取水量的 44.4%）和循环水系统（占取水量的 38%）。其中，两路辅机冷却水系统的排水也补进了循环水系统。

循环水的排水主要用来冲灰。各部分损失的水量占取水总量的比例分别是：循环水蒸发、风吹损失占 62.3%，灰场蒸发、渗漏及炉底密封损失占 31.2%，水汽系统损失占 2.37%，其他系统损失占 4.13%。

海水冷却电厂一般有两套独立的水系统。一套是凝汽器海水冷却系统，一般流程是：海水加压泵→凝汽器→排入大海。另一套是工业水系统，又称淡水系统。淡水用于除凝汽器之外的所有系统，包括各种辅机冷却、锅炉补给水用水等。从某种程度上说，海水冷却电厂的水平衡图类似于空冷机组。除了用水系统相互独立之外，海水系统的排水与其他系统也是完全独立的，这一点有利于工业废水的综合利用。

通过上述分析我们应该明确一个问题，不同机组的电厂用水情况不同，对水资源的有效利用率不同。各火电厂要根据本厂实际情况合理做好水平衡试验。水平衡试验的目的并不是简单地测定电厂各用水系统的用水情况，而是在摸清各系统用水情况及系统进出水水质的基础上，根据各系统进、出水质及对水质的要求等因素，对水资源进行优化配置，尽量以较低的成本增加水的梯级用水级数，减少新鲜水的取水量和废水排放量，从而达到节约水资源和保护水环境的目的。

二、对废水排放的要求

电厂排水类型较多，各排放点的排水量及水质差异较大，排放方式也不尽相同，化学车间排出的酸碱废水及锅炉酸洗废水，流量不大，且为间断排放，主要控制 pH 值，有时也需控制 COD 等指标。厂内各生产车间所排废水，占厂内总排水的大部分，废水中含油量较高，也是间断排放。生活污水化学需氧量、氨氮等含量较高，其排放量比生产车间的排水要少得多。输煤系统排水中煤尘含量很高。灰场排水量较大，且为连续排放，故电厂对其普遍重视。灰场排水的主要控制指标是：pH 值、悬浮物、氟化物、含砷量及各种重金属元素含量。

为保护环境，国家对废水排放做出了严格的规定。火电厂废水排放执行 GB 8978—1996《污水综合排放标准》。GB 8978—1996《污水综合排放标准》按照污水排放去向，分年限规定了 69 种水污染物最高允许排放浓度和部分行业最高允许排水量。废水中有害物质分为两类，第一类污染物为能在环境或动植物体内蓄积、对人体健康产生长远影响的有害物质，标准中规定了 13 类污染物，其最高允许排放浓度见表 3 - 5。第二类污染物为长远影响小于第一类的有害物质，对 1998 年 1 月 1 日后建设的单位，规定了 56 个控制项目，与对 1997 年 12 月 31 日以前建设的单位规定的 26 个控制项目相比，数量上大大增加了，而且某些项目的控制指标也要比 1997 年 12 月 31 日以前建成的更为严格。依据火电厂排水水质特点，将与火电厂排水水质相关的第二类污染物的最高允许排放浓度列于表 3 - 6。

表 3-5   **第一类污染物最高允许排放浓度**   mg/L

序号	污染物	最高允许排放浓度	序号	污染物	最高允许排放浓度
1	总汞	0.05	8	总镍	1.0
2	烷基汞	不得检出	9	苯并[a]芘	0.00003
3	总镉	0.1	10	总铍	0.005
4	铬	1.5	11	总银	0.5
5	六价铬	0.5	12	总α放射性	1Bq/L
6	总砷	0.5	13	总β放射性	10Bq/L
7	总铅	1.0			

第二类污染物最高允许排放浓度

表 3-6   （1998 年 1 月 1 日后建设的单位）   mg/L

序号	污染物	一级标准	二级标准	三级标准	序号	污染物	一级标准	二级标准	三级标准
1	pH 值	6～9	6～9	6～9	9	硫化物	1.0	1.0	1.0
2	色度	50	80		10	氨氮	15	25	—
3	悬浮物（SS）	70	150	400	11	氟化物	10	10	20
4	BOD$_5$	20	30	300	12	磷酸盐	0.5	1.0	—
5	COD$_{Cr}$	100	150	500	13	总铜	0.5	1.0	2.0
6	石油类	5	10	20	14	总锌	2.0	5.0	5.0
7	挥发酚	0.5	0.5	2.0	15	总锰	2.0	2.0	5.0
8	总氰化物	0.5	0.5	1.0					

    排入设置二级废水处理厂的城镇排水系统的废水，执行三级标准；排入未设置二级废水处理厂的城镇排水系统的废水，必须根据排水系统出水、受纳水域的功能要求，分别执行一级标准和二级标准。

    对含有第一类有害物质的废水，必须经处理后排出，不得用稀释方法代替必要的处理。

三、电厂的水务管理

（一）概述

    火电行业是全国取水量最大的行业之一，它在生产过程中需取用大量的水，并产生和排放相当数量的工业废水，对环境造成严重危害。以一个装机容量 1000MW 的火电厂为例，当采用直流供水系统时，其用水量约 40m³/s；当采用循环冷却供水系统时，耗水量约 1m³/s。火电厂也是排水大户，当采用稀浆水力输送（灰水比按 1：15 计）时，灰场的灰水排放量约为 0.5m³/s，如此大的排水量，造成了水资源的严重浪费，同时也会对环境造成危害。因此，必须加强火电厂水务管理。火电厂水务管理工作的开展与否直接影响电力企业的生产经营和可持续发展，同时，火电厂水务管理也是全国性水务管理体系中的重要组成部分。

    节约水资源，综合利用水资源，提高水处理技术水平，减少废水外排，保护环境和提高企业的经济效益，是火电厂水务管理今后努力的方向和必由之路。概括起来讲，电厂水务管理的目的在于：在满足生产需要的前提下，进行技术改造，加强管理，按照各工艺系统用水量及对水质的要求，结合水源条件，合理选择供水系统；根据各排水点的水量水质和环保要求，合理确定各排水系统及废水处理方案；通过行之有效的技术措施，对电厂各车间各设备用排水量进行平衡及重复利用，逐步达到合理用水、节约用水、降低耗水量、即所谓的"节水减排"，火电厂废水"零排放"的目的。

　　早在 20 世纪 70 年代，国外就开始了对火电厂水务管理的理论研究和实践，已经拥有比较成熟的经验和技术，不少火电厂考虑了水资源的循环利用和处理后再用，大大减少了新鲜水用量和外排废水量。

　　随着我国国民经济的发展，水资源匮乏的矛盾越来越突出，废水排放对环境造成的危害越来越严重。国内这些年已经开始认识到加强水务管理的重要性和迫切性，在吸收国外先进技术和经验的基础上，开始加强火电厂的水务管理，并且取得了一定的进展。据有关资料统计，从 2000 年～2003 年火力发电行业用水状况看，虽然随着火电装机容量和发电量的增加，全国火力发电厂用水量有所增加，但工业用水重复利用率逐年提高，单位发电量耗水率也在逐年降低。但从整个电力行业来说，离标准和客观形势要求还相差甚远，节水工作仍存在不少问题，特别是一些老厂，水资源利用情况比较差。据统计，当前我国采用冷却塔和水力输灰的凝汽式火电厂的耗水率每 1000MW 装机容量为 $1.64m^3/s$，与国外先进水平（一般为 $0.7\sim0.9m^3/s$）差别还很大，这也说明我国火电厂节水的潜力和空间还很大，火电厂水务管理工作还有待深入和加强。

　　要达到水务管理的目的，就要根据电厂生产的特点及环保、节水的要求，使电厂用水与排水形成一个完整的系统，供排水之间维持平衡。电厂的供、排水系统是由若干相对独立又互相联系的子系统组成的，因而电厂的水务管理要采取集中与分散管理相结合的方式。

　　电厂要设立环境管理机构或在生产管理部门设立专职人员，对全厂供排水进行调控、管理，其主要职责应是：

　　(1) 掌握全厂用排水情况，制定用排水计划与规划；

　　(2) 对用排水水质资料进行集中管理，积累资料；

　　(3) 协调厂内各部门的用水方式和用水量，杜绝水资源的浪费；

　　(4) 监督厂区各废水处理系统的正常运行，确保废水重复利用达到规定的指标；

　　(5) 监督电厂外排水务必达标后排放；

　　(6) 参与研究并确定各种废水处理及节水措施；

　　(7) 监督电厂环境监测站对各种用排水的监测。

废水处理站及排水的具体运行、管理工作，通常由各车间分别去完成，具体分工如下：

　　(1) 电厂生产废水、化学酸碱废水、生活污水的处理与排放通常由化学车间负责；

　　(2) 输煤系统的排水处理，可由燃料车间负责；

　　(3) 除灰除渣系统的废水处理及外排，一般由电厂的灰水车间负责；

　　(4) 电厂的供排水的监测，由电厂环境监测站负责完成。

　　对于电厂的水务管理，没有必要采取统一的模式。各电厂应根据本厂的实际情况，提出自己的管理方式与要求，以确保电厂生产的正常进行。

（二）水务管理实例分析

下面以某 $2 \times 600MW$ 机组火力发电厂的水务管理为例，介绍水务管理与废水"零排放"的设计思路。

1. 对全厂用水状况进行分析

（1）用水分类。间接冷却水：用于主机、辅机冷却器，如凝汽器、主机冷油器、发电机、空气冷却器、氢气冷却器等；直接冷却水：如轴承冷却水、锅炉排污冷却水等；除灰、渣用水：用于炉底密封、炉渣熄火、冲排灰渣、干灰调湿、输送风机和气化风机冷却等；化学处理用水；锅炉补给水；生活、消防用水；厂区杂用水；机房杂用水；输煤系统冲洗用水；煤场喷洒用水；灰场喷洒用水等。

（2）用水量、用水水质特点及用水损失。冷却塔：蒸发损失 $1710m^3/h$，风吹损失 $117m^3/h$，排污损失 $226m^3/h$，合计损失总量 $2053m^3/h$。辅机冷却水：主要供主厂房各冷却器冷却水，闭式循环。水质指标同循环水，其用水全部回收。部分不能直接回收到循环水系统的工业水有燃油泵房油泵冷却水、锅炉和汽机房杂项用水、炉底密封水、捞渣机密封水、渣浆泵轴封水等。化学水处理用水：用水量约为 $135m^3/h$，包括凝结水处理，共产生废水 $45m^3/h$，其中 $30m^3/h$ 的反渗透浓水经循环水旁流弱酸处理系统后补入循环水系统，其余废水送入工业废水处理系统，处理后用于干灰调湿系统、煤厂喷洒、灰场喷洒等。循环水排污水：$226m^3/h$。灰库调湿用水：平均用水量 $40m^3/h$，最大 $45m^3/h$。输煤栈桥冲洗及煤场喷洒用水：最大用水量 $60m^3/h$，处理后自循环，平均消耗水量 $30m^3/h$。生活消防用水：平均用水量 $20m^3/h$。消防用水平时不用，不计入水量消耗。

2. 用水、排水的科学分配

根据本工程的水源条件以及上述各用水点用水量、水质要求和排水点排水量的情况，通过对水量的平衡计算和水务规划，找到适合电厂特点的节水与零排放技术方案。

（1）常规电厂的设计思路。如循环水排污再利用、废水处理水供除灰等采用分级利用的方式可以得到的补充水量计算见表 3-7。

从表 3-7 中可以看出，总消耗补充水量为 $2366m^3/h$。用水基本采用分级使用的方法：补充水→循环水→排污→废水处理→喷洒等随物料消耗。但是由于循环水浓缩倍率的影响，废水经过常规工业废水处理站处理，还有少部分达标废水，无法回收到循环水系统，白白浪费。若要回收利用，必须再经过除盐处理系统。

（2）零排放设计方案。从表 3-8 可看出，达不到零排放的根本原因在于，循环水排污水在经过普通的工业废水处理站处理后，低级用户使用不完。因此，可考虑利用循环水排污供给脱硫系统用水；悬浮物超标水与高含盐废水分排方式，使得工业废水中不掺高含盐水，保证了工业废水中盐分不超标，这样工业废水经过简单处理后可以补进循环水。高含盐废水让最低级用户使用。

通过浊污分流、结合多级用水分配，本次设计方案工业废水处理站 $121m^3/h$ 左右废水经过简单的物理处理后，有 $86m^3/h$，回收到循环水，另外 $35m^3/h$ 随污泥消耗掉；高含盐废水经过调 pH 值和脱稳加阻垢剂处理后供低级用户消耗。因此总补给水量减少到 $2258m^3/h$。与常规设计相比补充水耗水量减少了 $108t/h$，节水 4.6% 左右。同时电厂没有废水外排，大大减少了排污费。

表 3 - 7　　　　　　　　　　　　　补 充 水 量 表　　　　　　　　　　　　　t/h

序 号	项 目	用水量	回收量	损耗量	备 注
1	冷却塔蒸发损失	1710	0	1710	$P=1.46\%$
2	冷却塔风吹损失	117	0	117	$P=0.1\%$
3	冷却塔排污	226	140	86	
4	脱硫系统用水	176	14	162	采用补充水，回收供干灰调湿
5	炉底密封水	20		20	来自冷却塔排污
6	循环水旁流处理	100	100	0	来自冷却塔排污，回收供除灰用水
7	输煤冲洗及喷洒	30	0	30	回收利用工业废水
8	捞渣机用水	20		20	来自冷却塔排污
9	除灰调湿用水	40		40	来自回收的工业废水
10	灰场喷洒	30		30	来自回收的工业废水
11	工业废水处理	121	80	41	
12	锅炉补充水处理	135	45	90	采用补充水
13	生活及消防用水	20	0	20	
合　计		2745	379	2366	(0.657m³/s)

3. 零排放技术方案的节水效果

按照零排放设计方案全厂补给水量计算见表 3 - 8。由表可见，2×600MW 机组最大补充水量：2258m³/h(0.63m³/s)，折合千兆瓦耗水量 0.525m³/s，比 21 世纪示范电厂每千万兆瓦耗水量 0.83m³/s，节约 36.7%。节水效果较为显著。

表 3 - 8　　　　　　　　　按照零排放设计方案全厂补给水量计算表　　　　　　　　　t/h

序 号	项 目	用水量	回收量	损耗量	备 注
1	冷却塔蒸发损失	1710	0	1710	$P=1.46\%$
2	冷却塔风吹损失	117	0	117	$P=0.1\%$
3	冷却塔排污	226	226	0	
4	脱硫系统用水	176	14	162	采用自冷却塔，回收供干灰调湿
5	炉底密封水	20		20	来自冷却塔排污
6	循环水旁流处理	100	100		来自冷却塔排污，回收供除灰用水
7	输煤冲洗及喷洒	30	5	25	回收利用工业废水
8	捞渣机用水	20		20	来自冷却塔排污
9	除灰调湿用水	40		40	来自回收的工业废水
10	灰场喷洒	30		30	来自回收的工业废水
11	工业废水处理	121	86	35	
12	锅炉补充水处理	135	51	84	采用补充水
13	生活及消防用水	20	5	15	
合　计		2745	487	2258	(0.63m³/s)

4. 零排放设计方案的工程措施

电厂实施零排放方案，建设的设施包括：生活污水处理设施、煤泥废水处理设施、工业废水处理设施、循环水旁流处理系统、污水复用水系统、WMM 型水务管理系统等。

（1）生活污水处理。生活污水采用生物处理工艺系统，其出水水质优于 GB 50336—2002《建筑中水设计规范》中对绿化用水水质的规定。

（2）煤泥废水处理。在煤场附近设两套煤泥处理设施，对冲洗栈桥产生的含煤泥废水进行处理，总处理量为 $30m^3/h$。处理后的水除煤泥本身所带走的水量外，其余水继续供栈桥的冲洗，重复利用。

（3）工业废水处理。将工业废水集中在一起，统一进行处理，其废水包括：锅炉房杂用水、汽机房杂用水、处理后生活水。处理合格后进入循环水系统。

（4）循环水旁流处理。循环水旁流处理总量为 100t/h，回收供除灰用水。

（5）污水复用系统。收集高含盐量废水，经过 pH 调节和加阻垢剂、稳定剂处理后，通过复用水泵打到低级用户使用。

（6）水务管理系统。经过计算，电厂 $2\times600MW$ 机组最大耗水量与最小耗水量之差为 533t/h，因此没有有效的控制手段，即使设计的系统方案再完善亦无法达到节水效果。而水务管理系统解决了这个问题。WMM 型水务管理系统主要由水量、水位测控采集系统、气象参数测量系统、中央测控系统组成。其主要功能包括：电厂用水、排水的集中监测、统计；全厂耗水量和废水排放量的在线动态显示；根据电厂"全年用水动态数学模型"对电厂补给水量实现动态调控，确保电厂按照最佳用水模式运行，在保证电厂满发的前提下，使水耗降到最低。

5. 结果分析

（1）锅炉排污水回收。锅炉排污水水质与循环水相比无论是含盐量、悬浮物等指标都很低，因此从设计上抛弃传统的地沟水进行冷却，再排地沟的方式，而是用循环水并采用管道供给冷却，再用泵将混合水回收到循环水泵房前池的方式。这样既节约用水，又改善循环水水质。

（2）循环水旁流处理。循环水旁流处理采用旁路澄清过滤—弱酸处理加稳定剂处理系统，降低了循环水碱度和悬浮物含量，提高了循环水的浓缩倍率，减少排污量。浓缩倍率达到 5.56。

（3）浊污分流。浊指悬浮物超标水，污指高含盐水，二者不混合，分别供给相应的用户使用。如果高含盐废水不直接消耗而与浊水混合，提高了废水处理站的规模并且使大量废水无法回用。浊污分流的思路通过低级用户对高含盐废水的消耗，解决了零排放技术中投资过大的问题。

（4）水的梯级使用与分配。零排放设计方案体现了水的梯级使用与分配，本工程水的梯级使用如下：补充水→部分辅机冷却水→循环水→锅炉补给水→锅炉补给水废水→物料消耗和蒸发；循环水→排放浊水→工业废水处理→循环水。

（5）其他节水设计特点。其他节水设计特点主要有：

1）尽量回收冷却水。所有辅机冷却器的冷却水采用闭式冷却系统，水源取自循环水；主厂房内、外各转动机械轴承冷却水等工业水考虑大部分回收，小部分外排，减少工业废水处理量。

2）安装冷却塔除水器。冷却塔装设除水效率高的除水器，收水效率可达 99%，比不装除水器节水 67%～80%。

3）全厂排水系统，即雨水系统、生活污水系统、工业废水系统按分流制设计，减少了以往由于采用合流制系统而引起的废水处理量较大的弊病，简化了废水处理设施及其规模，降低了工程投资。其中生活污水系统、工业废水系统设置相应的处理装置。

第三节　火电厂废水及其水质特征

一、水质污染的形式

水是火力发电厂中最重要的能量转换介质。水在使用过程中，会受到不同程度的污染。在火力发电厂中，大部分水是循环使用的。水除用于汽水循环系统传递能量外，还用于很多设备的冷却和冲洗，如凝汽器、冷油器、水泵、风机等。对于不同用途，产生污染物的种类和污染程度是不一样的。

水污染有以下几种形式：

（1）混入型污染。用水冲灰、冲渣时，灰渣直接与水混合造成水质的变化。输煤系统用水喷淋煤堆、皮带，或冲洗输煤栈桥地面时，煤粉、煤粒、油等混入水中，形成含煤废水。

（2）设备油泄漏造成水的污染。

（3）运行中水质发生浓缩，造成水中杂质浓度的增高。如循环冷却水、反渗透浓排水等。

（4）在水处理或水质调整过程中，向水中加入了化学物质，使水中杂质的含量增加。如循环水系统加酸、加水质稳定剂处理；水处理系统加混凝剂、助凝剂、杀菌剂、阻垢剂、还原剂等；离子交换器、软化器失效后用酸、碱、盐再生；酸碱废液中和处理时加入酸、碱等。

（5）设备的清洗对水质的污染。如锅炉的化学清洗、空气预热器、省煤器烟气侧的水冲洗等，都会有大量悬浮物、有机物、化学品进入水中。

火力发电厂产生废水的主要系统是汽水循环系统、循环冷却水系统、工业冷却水系统、冲灰水系统、煤系统等。不同系统产生的废水都有其各自的水质特点，只有认识到这一点，我们才能更好地对火力发电厂的废水和生活污水进行合理的控制和处理，最终达到降耗减排，保护环境的目的。

二、火电厂废水的种类、特征及对环境的危害

火力发电厂废水的种类多，水质、水量差异大，有机污染物少，除了油之外，废水中的污染成分主要是无机物，另外，间断性排水较多。

按照废水的来源划分，火力发电厂的废水包括循环水排污水、灰渣废水、工业冷却水排水、机组杂排水、含煤废水、油库冲洗水、化学水处理工艺废水、生活污水等。

按照流量特点，废水分为经常性废水和非经常性废水。经常性废水指的是火力发电厂在正常运行过程中，各系统排出的工艺废水，这些废水可以是连续排放的，也可以是间断性排放的。火力发电厂的大部分废水为间断排放，连续排放的废水较少。连续排放的废水主要有锅炉排污水、汽水取样系统排水、部分设备的冷却水、反渗透水处理设备的浓排水；间断性排水包括锅炉补给水处理系统的再生废水、凝结水精处理系统的再生排水、锅炉定时排污

水、化验室排水、冷却塔排污及各种冲洗废水等。非经常性废水是指在设备检修、维护、保养期间产生的废水，如化学清洗排水（包括锅炉、凝汽器和热力系统其他设备的清洗）、锅炉空气预热器冲洗排水、机组启动时的排水、锅炉烟气侧冲洗排水等。与经常性排水相比，非经常性废水的水质较差而且不稳定。火电厂工业废水的种类及其主要污染因子见表3-9。

表3-9　　　　　　　　　　　火力发电厂工业废水种类和污染因子表

种　类	废　水　名　称	主　要　污　染　因　子
经常性废水	生活、工业水预处理装置排水	SS
	锅炉补给水处理再生废水	pH、SS、TDS
	凝结水精处理再生废水	pH、SS、TDS、Fe、Cu 等
	锅炉排污水	pH、PO_4^{3-}
	取样装置排水	pH、含盐量不定
	化验室排水	pH 与所用试剂有关
	冲灰废水	SS
	烟气脱硫系统废水	pH、SS、重金属、F^-
非经常性废水	锅炉化学清洗废水	pH、油、COD、SS、重金属、F^-
	锅炉向火侧清洗废水	pH、SS
	空气预热器冲洗废水	pH、COD、SS、F^-
	除尘器冲洗水	pH、COD、SS
	油区含油污水	SS、油、酚
	停炉保护废水	NH_3、N_2H_4
	主厂房地面及设备冲洗水	SS
	输煤系统冲洗煤场排水	SS

下面对火电厂各种废水的特点进行说明。

1. 澄清设备排放的泥浆废水

这部分废水的污染物是水在混凝、澄清、沉降过程中产生的，其化学成分与原水水质、加入的混凝剂等因素有关，废水中主要有 $CaCO_3$、$CaSO_4$、$Ca(OH)_2$、$Fe(OH)_3$、$Al(OH)_3$、$Mg(OH)_2$、$MgCO_3$、各种硅酸化合物和有机杂质等。泥浆废水中的固体杂质含量在 1%～2%，其废水量一般为处理水量的 0.1%～0.5%。这种废水排入天然水体，不仅会增加天然水体的碱性物质含量，而且也增加了水的浑浊程度。

2. 过滤设备的反洗排水

过滤设备反洗排出的废水，废水量约是处理水量的3%～5%，水中悬浮物的含量可达300～1000mg/L。据估算，一台直径为 3.0m、滤层高度为 1.1m 的过滤设备，在反冲洗时，可排出 20～80kg 的泥浆，这种废水排入天然水体后主要是增加水的悬浮物含量，使水更加浑浊。

3. 离子交换设备的再生、冲洗废水

离子交换设备在再生和冲洗时，会产生一部分再生废水，其废水量约为处理水量的1%左右。这部分废水虽然水量不大，但水质很差。如阳离子交换设备用酸（H_2SO_4 或 HCl）再生时，再生过程中大约有 50% 水量的酸性废水，其平均酸度为 0.3%～0.5%。阴离子交换设备用碱（NaOH）再生时，再生过程大约有 25％水量的碱性废水，碱的浓度平均为 0.5％～0.7％。以上两种再生废水中还含有大量的溶解物，平均含盐量为 7000～10000mg/L。钠离子交换设备再生时，再生废水的含盐量可高达 50000～70000mg/L，总硬度达到 100mmol/L，其中主要有 Na^+、Ca^{2+}、Mg^{2+}、Cl^- 及少量 Fe^{2+} 和 SO_4^{2-} 等离子。

大多数 300MW 以上的凝汽式机组，都带有凝结水精处理设备。凝结水精处理采用的是离子交换除盐工艺，该系统产生的废水主要是离子交换树脂的再生废水，其水质特点与锅炉补给水除盐系统相似。不同之处是精处理系统再生废水中的盐分主要来自再生用酸和碱，因对出水水质要求很高，在一个周期内，树脂的离子交换总量比补给水处理系统要低得多。

凝结水精处理设备排出的废水只占处理水量的很少一部分，而且污染物质的含量都比较低，主要是热力设备的一些腐蚀产物，再生时的再生产物以及 NH_3、酸、碱、盐类等。这主要决定于精处理设备的型式和运行条件等，如设置有覆盖过滤设备时，排水中就会含有较多的纸浆纤维（或木质素）以及铜、铁等腐蚀产物。

如将再生、冲洗废水排入天然水体，不仅会增加水中的重金属含量和含盐量，而且会改变水体的 pH 值。

4. 含油废水

火力发电厂的油系统包括储油设施、输油系统等。油系统产生的废水主要包括储油设施的排污、泄漏以及夏季油罐的冷却喷淋、冲洗水。

电厂使用的燃料油有重油、轻柴油。对于燃煤电厂，轻柴油主要用于启动时点火，重油主要用于助燃；对于燃油电厂，重油是主要的燃料。常用的乳化重油是重油、水和乳化剂的合成物，通过向油中加入乳化剂（表面活性剂）降低了水的表面张力，使得油和水以 W/O 或以 O/W 的形式共同存在。当温度或其他环境条件改变时，这种油品很容易出现破乳，使得油水发生分离，所以在乳化重油长期储存过程中，油箱内不断有水产生并沉积在储油罐的底部。这些积水需要经常排除，从而形成油罐的排污水。

重油罐排污水中往往含有大量的重油，污染性很强，一般在储油场地设置专门的含油废水收集、处理系统，将大部分油污清除后再将废水排入厂区公用排水系统。

除了油系统产生含油废水之外，火力发电厂的其他废水大多也含有油污，主要是设备泄漏的润滑油。

油在废水中的存在形式有如下几种：

（1）浮油。漂浮于水面，形成油膜甚至油层。油滴粒径较大，一般大于 $100\mu m$。这种形态的油常见于油罐排污废水和油库地面冲洗废水中。

（2）分散油。以微细油滴悬浮于水中，不稳定，静置一段时间后往往会变成浮油，其油粒粒径 $10\sim100\mu m$。在混有地面冲洗水的废水中、设备检修时排入沟道的废水中常见这种油的形态。

（3）乳化油。乳化油是一种或几种液体以微小的粒状均匀地分散于另一种液体中形成的分散体系。水中往往含有表面活性剂，这样容易使油分散成为稳定的乳化油。乳化油的油滴直径极其微小，一般小于 $10\mu m$，大部分为 $0.1\sim2\mu m$。

（4）溶解油。是一种以化学方式溶解的微粒分散油，油粒直径比乳化油还要小，有时小到几纳米。

火力发电厂含油废水处理系统的进水设计含油量范围很大，大多是在 $100\sim1000mg/L$

之间，一般油罐场地、卸油栈桥、燃油加热等处的含油量较高，其他含油量较低。

含油废水处理系统的主要处理对象是油。目前含油废水的主要问题是水中含油量和含酚量超标。含油废水排入天然水体，且超过一定限量时，一部分轻的石油就会在水面上形成一层油膜，破坏天然水体的自然曝气条件，而重的石油就会沉于水体底部，从而影响水中生物的正常活动，甚至造成生物的死亡。

5. 冲灰、冲渣废水

（1）除灰系统。火力发电厂除灰方式有两种，水力除灰和干法除灰。

水力冲灰系统是火力发电厂最大的耗水系统。将除尘器等设备的冲灰水冲到灰浆前池，然后用灰水泵送至灰浆浓缩池。在灰浆浓缩池中，低浓度的灰水被浓缩，底部较高浓度的灰浆用柱塞泵输送到灰场，上部的水送回冲灰水池循环使用。

干冲灰系统是首先将干灰送入干灰压力输送罐，在此与压缩空气混合形成流化的气固混合物，送至干灰库。灰库中的干灰通过干灰卸料系统直接装车外运（如干灰场碾压堆放），也可以进行综合利用。

有些火力发电厂既有干除灰系统，又有水力除灰系统。将外售剩余的干灰用灰水混合器制成高浓度灰浆，然后用柱塞灰浆泵输送至灰场。

（2）除渣系统。除渣方式有两种，干除渣和水力除渣。

干除渣是将炉底落渣在冷渣器中通过空气冷却后运走，而水力除渣则需要用水冷却落渣。水力除渣系统大都采用渣水闭路循环系统，除渣水经过处理后循环使用。

常见的水力除渣流程如下：炉渣落入渣池，高温渣块遇到冷水立即炸裂成碎块。碎渣由捞渣机链条带动的刮板捞起，通过双向皮带机输送至渣仓中，在此沥干水分，然后用车运至渣场储存。上述水力除渣系统产生的废水包括刮板捞渣机的冷却水溢流、输渣皮带的回流水以及渣脱水仓的沥水。这些废水汇流到水池后由溢流水泵送至渣水处理装置，经过处理后循环使用；也可以送至除灰系统，作为除灰系统的干灰制浆用水。

灰渣系统产生的废水基本上全部循环使用。以前火力发电厂冲灰、渣要消耗大量的新鲜水，现在几乎所有的火力发电厂都已通过改造，不再使用新鲜水冲灰。在除渣、除灰过程中，因蒸发、灰渣携带、泄漏等会消耗一部分水，因此理论上灰渣系统不会产生过剩的废水。

在很多火力发电厂中，灰渣系统实质上是全厂各种废水的受纳体，包括循环水排污水、化学车间酸碱废水等都排入冲灰系统。如果这些废水的量过大，补入冲灰系统的水就会超过其消耗量，由此会造成冲灰系统产生多余的废水。

冲灰废水中的杂质成分不仅与灰、渣的化学成分有关，而且还与冲灰水的水质、锅炉的燃烧条件、除尘与冲灰方式及灰水比等因素有关。从粉煤灰的化学分析表明，其化学成分不仅有：SiO_2、Al_2O_3、Fe_2O_3、CaO、MgO、Na_2O、K_2O 等氧化物，而且还有少量的锗、砷、汞、铅的化合物、氟的化合物和硅的化合物等。当水和灰、渣接触时，灰、渣中的这些矿物质便溶解于水中，从而产生了冲灰废水。

冲灰废水排入天然水体，不仅会增加水中悬浮物的含量，而且会使一些重金属或有毒元素的含量超过排放标准。目前，我国灰场溢流水主要存在悬浮物、pH 值和氟化物含量超标的问题。

6. 化学清洗废水

化学清洗过程中产生的废水，其化学成分、浓度大小与所采用的药剂组成以及锅炉受热面上被清除脏物的化学成分和数量有关。目前国内常用的化学清洗剂有 HCl、H_2SO_4、HF、HNO_3、氨化 EDTA、氨化柠檬酸、蚁酸、羟基二酸、低分子有机混合酸、NaOH、$NaNO_2$、Na_3PO_4 以及各种有机缓蚀剂。因此,在这种废水中除含有酸、碱、盐及有机物之外,还含有大量的重金属、有机毒物以及重金属与清洗剂之间形成的各种复杂的配合物或螯合物等。

7. 停炉保护废水

停炉保护采用的化学药剂大都是碱性物质,如 NaOH、氨水、联氨、磷酸三钠、NH_4HCO_3、$(NH_4)_2CO_3$ 及碳酸环己胺等,所以排放的废水都呈碱性,多含有一定数量的铁、铜的化合物。

以上两种废水排入天然水体,不仅会改变水的 pH 值,而且会增加水的含盐量、重金属(铁)及有机物的含量等。由于两种废水都是非经常性废水,具有排放集中、流量大、水中污染物成分和浓度随时都在变化的特点,所以处理起来比较困难,往往需要几步处理之后才能达到排放标准。

8. 锅炉排污废水

锅炉排污废水的水质与锅炉补给水的水处理工艺及锅炉参数和停炉保护措施等有很大关系。如对于亚临界参数的锅炉,其排污水除 pH 值在 9.0～9.5(呈微碱性)外,其余水质指标都非常好,电导率大约为 $10\mu S/cm$,悬浮物 $<50mg/L$,$SiO_2<0.2mg/L$,$Fe<3.0mg/L$,$Cu<1.0mg/L$,所以这部分排水是完全可以回收利用的。但对于只采用钠离子交换水处理工艺及在停炉保护不当的情况下,所排废水往往在 pH 值、悬浮物、重金属离子含量等几个指标上都不合格。

9. 烟气脱硫废水

炉烟中排出的硫氧化物(主要是二氧化硫)往往会造成周围环境污染,甚至形成酸雨,这时必须设置烟气脱硫装置,由此产生了烟气脱硫废水。这种废水大都呈酸性,并含有较多的悬浮物、钙镁离子、氯化物、重金属、COD 和氟化物等,这主要取决于燃料的含硫量和脱硫工艺等因素。

由于环保意识的加强,目前我国采用烟气脱硫装置的电厂越来越多,烟气脱硫工艺趋于成熟。但是,与火力发电厂的其他废水相比,脱硫废水对环境的污染性更强。

10. 锅炉向火侧和空气预热器冲洗废水

锅炉向火侧的冲洗废水中含氧化铁较多,有的以悬浮颗粒存在,有的溶解于水中。如在冲洗过程中采用有机冲洗剂,则废水中的 COD 较高。

空气预热器的冲洗废水,其水质成分与燃料有关。当燃料中的含硫量高时,冲洗废水的 pH 值会降低。当燃料中砷的含量较高时,废水中的砷含量增加,有时高达 $50mg/L$ 以上。

11. 凝汽器、冷却塔冲洗废水

凝汽器在运行中,可在铜管(或不锈钢管)内形成垢或沉积物,如在停机检修期间用清洗剂清洗,也会产生一定的废水。这部分废水的 pH 值、悬浮物、重金属、COD 等指标往往不合格。冷却塔的冲洗废水中主要含有泥沙、有机物、氯化物、粘泥等。这两处的冲洗废水排入天然水体会使水体有机物含量增加和浊度上升。

12. 循环冷却水系统废水

循环冷却水系统是火力发电厂水容量最大的系统。循环冷却方式在地表水水资源不丰富的地区非常普遍,这是北方电厂常见的湿式冷却方式。

循环冷却方式补充的新鲜水量仅占循环水量的 1%～2%，大部分水经过冷却塔冷却后循环使用。因为冷却塔主要是通过水的蒸发带走热量降温的，所以在循环过程中大量的水被蒸发掉，水质不断浓缩。为了维持水系统盐量的平衡，需要根据水质间断性排污，因此产生了排污水。同时，因为蒸发、泄漏、风吹和排污，系统的水量不断减少，为了保持水质和水量的平衡，需要补充一定量的新鲜水。

为了防止水质浓缩后产生结垢、腐蚀等现象，需要对循环水补充水进行处理。补充水的处理方式有过滤、软化、除盐等。也有些电厂对循环水进行旁流处理，方法是从循环水泵出口引出一定比例的循环水，处理后再补回系统。旁流处理包括旁流过滤、弱酸离子交换软化等。无论是对补充水进行处理，还是旁流处理，在水处理的过程中都会产生工艺废水，包括过滤设备的反洗排水、离子交换设备的再生废水等。

循环水系统产生的废水主要是冷却塔的排污水、循环水处理系统的工艺废水。冷却塔排污水为间断性排放，瞬时流量很大。在干除灰火力发电厂，这是流量最大的一股废水。循环水处理系统产生的工艺废水也是间断性废水，其水质、水量与处理工艺有关。

13. 大型设备的冷却排水

除了凝汽器的冷却水之外，火力发电厂还有很多的设备需要用水来冷却。这些设备有：大型水泵轴承、风机、空压机、汽水取样装置、汽轮机润滑油系统等。这些设备的冷却水系统称为工业冷却水系统，一般使用水质较好的新鲜水。

14. 煤场排水和输煤系统冲洗排水

煤系统产生废水的地方主要有码头、铁路专用线、煤场、输煤栈桥、转运站、碎煤机房、水击式除尘器、办公楼等。露天煤场在雨雪天气容易形成积水；煤场和输煤系统为了防止煤自燃和降尘，经常需要喷淋；输煤栈桥、输煤皮带机地面的落尘需要经常冲洗；所有这一切，都会产生含煤废水。从外观来看，含煤废水是火力发电厂最差的废水，外观呈黑色，含有大量的煤粉、油等杂质。

这种废水中的污染物主要是煤的碎末及其污染物，外观呈黑色或暗褐色，悬浮固体和 COD 的含量都较大，而且还含有一定数量的焦油组分（如酚）及少量重金属。煤场排水通常呈酸性，其 pH 值在 3.0 左右，这主要是由于煤中含有硫化物，因为这种废水呈酸性，所以煤中的一些金属元素如铁、砷、锰及氟化物等也会在水中溶解。因此，这种废水排入天然水体，不仅会增加水体的悬浮物、COD 和重金属离子，而且会改变水的 pH 值。

15. 生活污水

生活污水的水质成分主要取决于居民的生活状况、生活习惯以及生活水平（如用水量等）。生活污水往往含有大量的有机物，如蛋白质、油脂和碳水化合物等，如将其排入天然水体，会使水中有机物剧增，甚至引起水体的富营养化。

第四节 火电厂废水的排放监测

排水监测是电厂环境监测的重要组成部分。电厂各种外排水的监测项目、周期、采样方法、样品保存、监测方法的选择等，由电力行业标准 DL/T 414—2004《火电厂环境监测技术规范》规定。

一、监测项目与采样周期

监测对象包括电厂废水总排放口排水、灰场（灰池）排水、工业废水、厂区生活污水、其他可能对受纳水体产生污染的排水、经过各类废水处理装置处理后的外排水。

各类排水的监测项目确定原则如下：

（1）各监测单位可根据本厂的具体情况，对监测项目做适当的调整并报上级主管部门批准；

（2）连续 3 年未检出（即低于相应分析方法最低检出浓度）的项目，可适当延长监测周期，并报上级主管部门备案；

（3）各类排水监测项目及采样周期见表 3 - 10。

表 3 - 10   排水监测项目及采样周期

监测项目	排 水 种 类[1]				
	灰场（灰池）排水	厂区工业废水	厂区生活污水	各类水处理装置处理后的外排水[2]	其他排水[2]
pH 值	1 次/旬	1 次/旬			
悬浮物	1 次/旬	1 次/旬	1 次/月		
COD	1 次/旬	1 次/旬	1 次/月		
石油类		＞2 次/月			
氟化物	1 次/月	1 次/月			
总砷	1 次/月	1 次/月			
硫化物	1 次/月				
挥发酚	1 次/年	1 次/年			
氨氮					
BOD₅			1 次/季		
动植物油			1 次/月		
水温		1 次/月			
排水量	1 次/月	1 次/月	1 次/月		

注 ① 监测项目可根据当地环保管理部门的要求增减；

② 监测项目根据排水的性质决定。

二、采样方法与样品保存

1. 采样方法

为了对排水进行监测，首先就要解决样品的采集与保存问题。所谓采样，就是从大量排水中，采集少量样品，代表该排水的平均水质。排水量越大，水质越不均匀，要采集到有代表性的水样越困难。

采样是进行分析的基础，监测结果的误差在很大程度上取决于所采样品的代表性。

（1）采样原则。废水水质采样应具有代表性。采样前应了解各系统排水的排放规律和排水中污染物在时间、空间和数量上的变化情况。监测时应测定采样时排放口处排水的流量；临时性排水采样时，同时记录该次排水总量。

（2）采样点设置。废水集中对外排放的电厂，采样点设在总排放厂界外出口处；废水分多路对外排放的电厂，采样点设在各路废水对外排放出口处；各废水处理系统集中对外排放或分别排放的废水采样点的设置一般应在厂区对外环境排放出口处。

（3）排水流量的测量。单位时间的排水量，称为流量，见式（3-3）。流量可通过测量排放口处的排水平均流速与水流断面积计算得出，如式（3-4）所示：

$$q_V = V/t \qquad\qquad (3-3)$$

式中　q_V——排放口排水流量，m^3/s；

　　　t——排放时间，s；

　　　V——排放时间 t 内的排水量，m^3。

$$q_V = v \cdot S \qquad\qquad (3-4)$$

式中　v——排放口处过水断面平均流速，m/s；

　　　S——排放口处过水断面积，m^2。

流量测量一般要求如下：

1）采用明渠式测流槽、测流堰，须修建一段满足 CJ/T 3008.1～5—1993 要求的渠道；

2）采用管道方式测流量时按所选用的仪器设备使用说明书要求实施。

各排水口的废水排放量应定期测量，见表 3-10。对废水排放量变化较大的排放口，应加大测量频率，以保证监测数据的准确性。

（4）水质采样技术按 GB/T 12998—1991 的规定执行。

2. 水样保存

样品保存是水质监测工作中的重要一环，故也应予以足够的重视。水样的保存和管理按 GB/T 12999—1991 的规定进行。各监测项目的水样保存方法（推荐）见表 3-11。

表 3-11　　　　　　　　　　水质监测采样体积与样品保存方法

监测项目	保 存 条 件	允许保存时间	采样体积（ml）	推荐盛样容器
pH 值	现场测定	—	—	P；G
悬浮物	采样后尽快测定，或 4℃冷藏	24h	200～400	
COD	采样后尽快测定，或加硫酸至 pH1～2	7d	100	
石油类和动植物油	加盐酸至 pH<2，2～5℃冷藏	24h	500～5000	G
氟化物	4℃冷藏	28d	300	P
总砷	采样后加盐酸至 pH<2，或加碱调节至 pH<12	1 个月	300～500	
硫化物	在现场用氢氧化钠调至中性后，每升水样加 3mL 1mol/L 的醋酸锌和 6mL 1mol/L 的氢氧化钠至 pH=10～12，或 4℃闭光冷藏	24h	500	G
挥发酚	采样后尽快分析，或加磷酸至 pH=4，每升水样加 1g 硫酸铜，5～10℃冷藏		1000	BG
氨氮	加硫酸至 pH<2，2～5℃冷藏	尽快	500	P(A)，G(A)
BOD_5	尽快测定（不超过 2h），或 2～5℃冷藏		1000	G
水温	现场测定			

注　P—聚乙烯塑料桶（瓶）；G—玻璃瓶；P(A)、G(A)—用体积分数 50%的硝酸洗涤后的聚乙烯塑料桶（瓶）、玻璃瓶；BG—硼硅玻璃。

三、各种监测项目的监测方法

表 3-10 规定的各监测项目的分析方法见表 3-12。

分析方法选用顺序为：

（1）国家标准水质分析方法（环境水样）；

（2）行业级标准方法；

（3）其他参考方法。

表 3-12 　　　　　　　　　　　　　水质监测分析方法一览表

监测项目	方　法　名　称	适　用　范　围	测试方法
pH 值	玻璃电极法	工业废水	GB/T 6920—1986
悬浮物	重量法	地面水、地下水、工业废水	GB/T 11901—1989
COD	重铬酸盐法	COD 大于 30mg/L 的水样	GB/T 11914—1989
石油类和动植物油	（1）红外分光光度法	地面水、生活污水、工业废水	GB/T 16488—1996
	（2）重量法		SD 164—1985
氟的无机化合物	（1）离子选择电极法	地面水、地下水和工业废水	GB/T 7484—1987
	（2）氟试剂分光光度法		GB/T 7483—1987
	（3）茜素磺酸锆目视比色法	饮用水、地面水、地下水和工业废水	GB/T 7482—1987
总砷	（1）二乙基二硫代氨基甲酸银分光光度法	水和废水	GB/T 7485—1987
	（2）硼氢化钾—硝酸银分光光度法	地面水、地下水和饮用水	GB/T 11900—1989
硫化物	（1）亚甲基蓝分光光度法	地面水、地下水、生活污水和工业废水	GB/T 16489—1996
	（2）对氨基二甲基苯胺分光光度法	废水	SD 164—1985
	（3）碘量法	地下水和废水	HJ/T 60—2000 SD 164—1985
挥发酚	蒸馏后 4-氨基安替比林分光光度法	饮用水、地面水、地下水和工业废水	GB/T 7490—1987
氨氮	（1）纳氏试剂比色法	工业废水	GB/T 7478—1987
	（2）蒸馏滴定法		GB/T 7479—1987
BOD$_5$	稀释与接种法	含量范围：2～6000mg/L	GB/T 7488—1987
水温	温度计法	地表水	GB/T 13195—1991

第五节　火电厂各类废水处理技术

电厂废水的种类较多，水中可能的污染物有悬浮物、油、联氨、清洗剂、有机物、酸、碱、铁等，十分复杂。从排放角度讲，经常性废水的超标项目通常是悬浮物、有机物、油和 pH 值。一般经过 pH 值调整、混凝、絮凝、澄清处理后即可满足排放标准，为此，大多数火力发电厂的废水集中处理站都建有一套混凝澄清处理系统，主要用于经常性废水的处理，也用来处理经过预处理的非经常性废水。非经常性废水的水质、水量差异很大，需要先在废液池中进行预处理，除去特殊的污染组分后再送入混凝澄清系统处理。

下面分别讨论经常性废水和非经常性废水的处理工艺。

一、经常性废水的处理

（一）经常性废水处理的典型流程

火电厂经常性排水种类多，杂质成分也比较复杂，目前主要通过混凝、澄清、过滤、中和（pH 值不合格时）等处理后，回用或直接排放。处理的典型流程如图 3-8 所示。

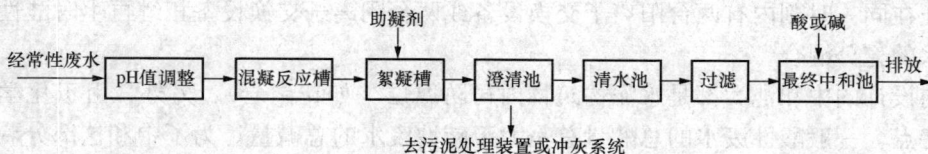

图 3-8　经常性废水处理的典型流程

该处理系统会产生一些泥渣，产生的泥渣可以直接送入冲灰系统；也可以先经过泥渣浓缩池浓缩后再送入泥渣脱水系统处理，浓缩池的上清液返回澄清池（器）或者废水调节池。

（二）化学水处理酸碱废水的处理

化学水处理过程中产生的酸碱废水，主要来自锅炉补给水处理系统和凝结水精处理系统阳离子交换剂和阴离子交换剂的再生过程。这部分的酸碱废水是间断性排放的，其水质特点是含盐量很高、悬浮物含量较低，呈酸性或碱性。在一些老的火力发电厂，预处理系统与除盐系统共用一条废水排放沟道，因此酸碱废水中会混入预处理系统排出的含泥废水，导致废水的悬浮物浓度也很高。近年来新建的火力发电厂大多将这两种废水单独收集，因此酸碱废水的悬浮物浓度不高，通常小于 50mg/L。

由于此类废水的酸碱含量都很低，所以回收的价值不大，大多是采用自行中和法进行处理。此种方法是先将酸性废水（或碱性废水）排入中和池（或 pH 值调整池）内，然后再将碱性废水（或酸性废水）排入，搅拌中和，使 pH 值达到 6~9 后排放。运行方式大多为批量中和，即当中和池内的废水达到一定体积后，再启动中和系统。若 pH>9，加酸；若 pH<6，加碱；直至 pH 值达到 6~9 的范围，然后排放。

对于单独收集的酸碱废水，一般直接在废液池内进行中和处理。废液池中有加酸管、加碱管和空气混合管，见图 3-9。

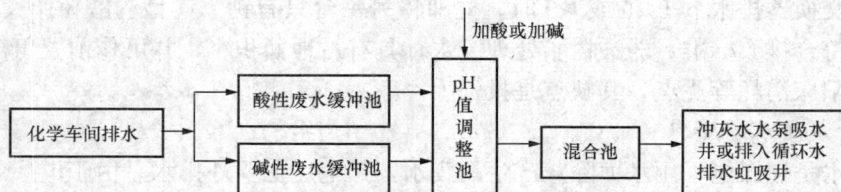

图 3-9　酸碱废水中和处理流程

酸碱废水的排放量与除盐水处理系统的形式、出力以及原水水质等因素有关。例如，如果在除盐系统中有反渗透装置，则离子交换器再生时所产生的酸碱废水量就小得多。如果没有反渗透，则对于相同的离子交换除盐系统，原水的含盐量越高，产生的再生废水量就越大。采用反渗透预脱盐系统的水处理车间，由于反渗透回收率的限制，排水量较大。比如，反渗透的回收率为 75% 时，其排水量就相当于进水的 25%，废水量远大于离子交换系统。

　　为保证酸碱废液的充分中和，以及满足酸碱废水的体积容纳，一般情况下，中和池（或 pH 值调整池）的水容积应不小于一台最大的阳离子交换设备和一台最大的阴离子交换设备一次再生全过程所排出的酸、碱性废水量之和。在水处理设备台数较多的情况下，中和池的水容积应不小于两台阳离子交换设备与两台阴离子交换设备再生所排出废水量的总和，这样就能保证在同一时刻内有两台阳离子交换设备或两台阴离子交换设备相继再生时酸性废水和碱性废水的充分混合。

　　目前设计的中和池大都是水泥构筑物内衬防腐层（如花岗岩）。另外，由于化学除盐工艺上的特点，一般酸性废水的总酸量总是大于碱性废水的总碱量。为了中和这部分剩余的酸量，有的电厂向中和池内投加碱性药剂（如 CaO 等），有的电厂将中和后的酸性废水排入冲灰系统，也有的电厂采取加大阴树脂再生剂用量的方法。

　　除了采取上述方法对酸碱废水进行中和处理外，为了减少中和处理中酸碱的耗量，还可以采取下述方法处理酸碱废水。

　　对于有水力冲灰的火力发电厂，可以将酸碱废水直接补入冲灰系统，以节省中和处理用的酸、碱。酸性废水对防止冲灰系统结垢是有利的。即使是碱性废水，因其水量与冲灰系统的水量相比小得多，也不会对冲灰系统有大的影响。

　　通过对离子交换器的再生进行调整，也可以减少甚至消除中和阶段新鲜酸、碱的消耗。再生时通过合理地安排阳床和阴床的再生时间和酸碱用量，使阳床排出的废酸与阴床排出的废碱基本上可以等量反应，能够自行中和，就可以不用向废液中加新鲜酸或碱。有些火力发电厂在再生阳床、阴床时，有意地增加阴床的碱耗或者阳床的酸耗（可以提高离子交换树脂的再生度，增加周期制水量），使得再生废液混合后的 pH 值基本维持在 6～9 之间。

　　另外，还可采取弱酸树脂处理废酸和废碱液的方法。此方法是将废酸和废碱液交替地通过弱酸树脂，当废酸液通过钠型弱酸树脂时，它就转为 H 型，除去废液中的酸；当废碱液通过时，弱酸树脂将 H^+ 放出，中和废液中的碱，树脂本身转变为盐型。使用此种方法时，废酸与废碱液的量应基本相当。但是一般除盐系统中使用脱碳塔脱除碳酸，所以废碱液量少得多。弱酸树脂在离子交换过程中，对 H 的选择性较高，Na 型时水解呈碱性，H 型时仍能将部分中性盐交换，出水呈酸性，因此在实际应用中应严格控制 pH 值在 6～9 的范围内，且需要一定量的钙、镁型树脂，以起缓冲作用。为此，一般设计时要考虑两台弱酸离子交换器，当一台交换器排水 pH<6 或>9 时，立即将另一台只有钙、镁型弱酸树脂交换器投运，使出水继续符合排放标准。弱酸树脂处理废水，具有占地面积小，并可作前置氢离子交换器使用，降低阳床消耗等优点，其缺点是投资大。

（三）冲灰废水的处理

　　冲灰废水是燃煤电厂用水力除灰产生的废水，是电厂主要外排水。由于电厂各种排水经处理后，通常均排入除灰除渣系统，以供冲灰、冲渣之用，故冲灰废水组成较为复杂，治理难度也较大。

　　冲灰冲渣水的主要来源为：酸碱废水、厂区工业废水、生活污水经处理后加以重复利用以及循环水的排水等。常用的水力除灰流程如图 3-10 及图 3-11 所示。

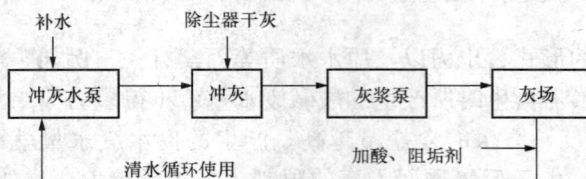

图 3-10　水力除灰稀灰浆输送流程

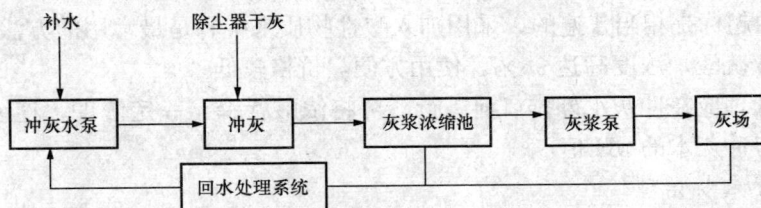

图 3-11 水力除灰灰浆浓缩循环流程

灰水中主要超标项目有 pH 值、悬浮物（SS）、氟化物（F）、COD 和砷等。以 pH 值超标最为突出，其次是悬浮物，氟化物在局部地区超标排放量也较大。针对上述超标现象，目前常采取如下的措施。

1. 除去冲灰废水中的悬浮物

冲灰废水中的悬浮物含量主要与灰场（沉淀池）大小等因素有关。灰场相当于一个大型沉淀池，如果冲灰废水在其中有足够的停留时间，则灰场溢流水的悬浮物含量小于排放标准；如果灰场比较小，溢流水的悬浮物含量可能会超过排放标准。在厂内可设置沉淀池，必要时在沉淀池中投加一定量的混凝剂，沉淀池的容积应保证灰场溢流水的悬浮物含量符合排放标准。

有些电厂的灰场溢流水中悬浮物超标，主要是由于灰场容积太小，或者排水口采用的是竖井式，或者斜板式溢流口，水泥构筑物未及时加高，不能有效地拦截悬浮物（如空心漂珠）所致。这时如采用合理的设计方案，如在竖井周围堆积砾石过滤层或改为竖井虹吸排水口等，就可使悬浮物含量降至排放标准以下。

电厂设置灰场，除了可有效去除废水中的悬浮物外，还具有以下作用：①可吸收空气中的 CO_2，降低灰场排水的 pH 值。但需要说明的是，由于 CO_2 溶于水形成的碳酸为弱酸，灰场对降低灰水 pH 值的作用是有限的。②可降低外排水中的含氟量。③灰水经灰场澄清一定时间后，灰中某些元素对砷的吸附与沉淀，使外排水中含砷量明显降低。

统计情况表明：灰水中悬浮物、COD 含量特高的，多为没有灰场的电厂。因此，灰场对燃煤电厂来说，是必不可少的，也是灰水治理的一项有效的综合设施。

为了充分发挥灰场的作用，在其设计中就要采取环保方面的措施，并切实加强灰场管理，制定合理的运行方式。这些都是十分重要的。例如为减少排水中悬浮物的含量，让灰、水得以充分分离，为灰水澄清创造条件，设计中就应考虑灰场灰水入口到排水井有足够的距离。灰场的排水在正常情况下，应是经澄清后的灰水；在灰场运行中要采取蓄水运行或保持灰面处于润湿状态，从而防止细灰飞扬，造成二次污染等。

应该指出，灰水 pH 值与悬浮物是超标率最大的两项，灰场的良好设计与科学管理，可大幅度地降低外排灰水中悬浮物浓度，但灰场降低 pH 值的作用是微小的。

2. pH 值超标治理

GB 8978—1996《污水综合排放标准》中规定，废水 pH 值的排放标准为 6~9。全国火电厂灰水 pH 值超标绝大多数偏碱性，即 pH 值大于 9，最高的 pH 值达 12。

影响灰水 pH 值的原因很复杂，因素也很多，主要是：①煤质，如煤中的含硫量及碱性氧化物（尤其是游离氧化钙）的含量；②锅炉燃烧方式；③除尘方式，干式除尘器常常导致灰水 pH 值偏高，湿式除尘器灰水 pH 值则较低；④冲灰原水的化学特性，即缓冲中和容量；⑤灰水比、输灰距离以及灰场、灰池状况等。

灰水 pH 的超标是相当普遍的，采用加入酸性物质来中和是最常用的方法。最常采用的酸性物质是工业硫酸，浓度高达 96％，使用方便，价格较低。

通常加酸处理应在冲灰水外排口前进行。可将浓酸稀释至一定浓度，连续加入排水中，从而降低排放口冲灰水的 pH 值。

3. 氟化物的超标治理

灰水中氟的超标取决于原煤中的含氟量，我国有 15％ 的电厂灰水排放中存在氟超标现象。除氟的方法很多，如化学沉淀法、凝聚吸附法、离子交换法等，但目前最实用的是以化学沉淀法和吸附法为基础形成的一些处理措施。

(1) 混凝沉淀法。混凝沉淀法是工业废水处理中一种经常采用的方法，它处理的对象是废水中利用自然沉淀法难以除去的细小悬浮物及胶体微粒，从而降低废水的浊度和色度，也可用于去除多种高分子有机物、某些重金属和放射性物质。混凝沉淀的具体方法就是将适当数量的混凝剂投入到废水中，发生电离水解等作用，产生与水中胶体带相反电荷的胶体，经过充分混合、反应，使废水中微小悬浮颗粒和胶体颗粒互相产生凝聚作用，成为颗粒较大，易于沉降的凝聚体（颗粒粒径＞20μm），经过沉淀加以去除。

化学沉淀法是用易溶的化学药剂（可称为沉淀剂）使溶液中某种离子以它的一种难溶盐或者难溶氢氧化物从溶液中析出的方法，在化学上称为沉淀法，在化工和环境工程上则称化学沉淀法。在处理氟化物时通常是利用 Ca^{2+} 与 F^- 生成 CaF_2 沉淀，使 F^- 从液相转移到固相。根据氟化钙的溶度积可以得知，它的溶解度是很小的，但氟化钙的沉淀速度较慢，如果要求在很短的时间内将 F^- 沉淀出来，则要大大增加 Ca^{2+} 的投入量，这样做在经济上是不合适的，而且盐类浓度的增加会引起二次污染。为此，提出二级深度处理的工艺。所谓二级深度处理，就是以经石灰乳或可溶性钙盐沉淀处理后的澄清水为对象，进一步进行深度处理，将水中总的 F^- 浓度降至 10mg/L 以下。具体做法为向体系中加入絮凝剂以吸附 F^- 并加快 CaF_2 的沉淀速度。目前采用的絮凝剂一般是铝盐和铁盐的化合物如硫酸铝、硫酸亚铁等以及一些有机絮凝剂。

电厂灰中存在大量的 Ca^{2+} 是除氟的有利条件。在实际中，还常常向灰水中加入石灰、氯化钙、电石渣等钙盐，然后加入混凝剂，通过化学沉淀、络合、吸附、絮凝等过程来降低氟含量，实践证明效果良好。

(2) 离子交换法。离子交换法是使废水与固态离子交换剂相接触，废水中的离子态污染物便与离子交换剂上的同电荷离子相互交换，从而使废水中的有害离子污染物分离出来，交换剂失效后可以通过再生操作，使离子态污染物随再生液排出或浓缩回收使用，交换剂本身又可重复利用。废水处理中使用的离子交换剂主要是离子交换树脂，根据其活性基团的不同，可将离子交换树脂分为：含有酸性基团的阳离子交换树脂，含有碱性基团的阴离子交换树脂，含有胺羧基团等的螯合树脂，含有氧化还原基团的氧化还原树脂及两性树脂等。其中，阳、阴离子交换树脂按照活性基团电离的强弱程度又分为强酸性、弱酸性、强碱性和弱碱性树脂。

离子交换法处理含氟废水关键在于找到一种对 F^- 选择性强、吸附容量大的树脂。研究表明，若采用弱碱阴树脂来降低灰水含氟量，可以降至排放标准以下，然而这种方法设备投资和运行费用都较高，在经济上和运行管理上都无法接受。有人研究了用天然斜发氟石—硫酸铝钾体系作为吸附交换材料，效果较好。

(3) 其他方法。冲灰水中 CaF_2 处于过饱和状态，使用一种含氟的化合物作为填料，它起着催化结晶速度、增大晶粒、避免胶体氟化物形成的作用，并采用过滤方式使灰水在过滤器中与填料表面充分接触，根据填料表面的选择性吸附或亲和力大小，使灰水中 F^-、Ca^{2+}、Al^{3+}、Fe^{2+} 等在填料表面的浓度大于本体水中的浓度，使 CaF_2 等结晶化合物的过饱和程度加大，更趋向于结晶形成而析出，而非胶体沉淀，加之填料表面所提供的活化中心和晶核，促进了 CaF_2 的结晶形成，继而又成为后续 CaF_2 形成的晶种。由此填料不断对灰水中的氟化物析出起促进作用，从而达到降低冲灰水氟化物的目的。

4. COD 的超标处理

COD 超标问题，在全国火电厂中并不突出，部分超标原因主要是灰水的悬浮物中含有较多的未燃烧的碳粒子和其他还原物质，使 COD 值大大增加。

通过改善锅炉的燃煤条件，降低灰中的含碳量；合理规划灰水在灰场中的自然澄清时间和低速排放可明显降低 COD 值。

5. 灰水中其他污染物的排放控制

冲灰废水中还含有一定量的重金属，如砷、铅等。电厂冲灰废水中重金属超标与厂进水水质及燃煤重金属含量较高有关。除去水中重金属的方法很多，常用的有氢氧化物沉淀法、硫化物沉淀法、氧化还原法和离子交换法等。这些方法各有优缺点，可以针对电厂的具体情况选择使用。总体上看，目前灰水中重金属排放量比较小，除砷和铅排放量稍高以外，其他重金属排放总量较低。

综上所述，电厂灰水治理的重点应是降低灰水的 pH 值及悬浮物含量，电厂设置灰场是完全必要的，否则悬浮物及 COD 等可能严重超标。

另外一点需要说明的是，在采用水力除灰的火力发电厂中，灰管结垢是一个普遍存在的问题。特别是在北方地区，结垢情况更为严重。主要结垢部位通常在灰浆泵、系统阀门、灰浆管、灰水管、喷嘴等处，尤其是在灰浆泵出口 500～2000m 的管道范围内，有时在短短的20d 内，垢层厚度就可达到 2.00mm。所结水垢的主要成分是碳酸钙，这与煤的燃烧产物中含有氧化钙的成分有关。为了防止除灰系统冲灰管道结垢，通常可以对灰水采取酸化处理、加阻垢剂处理、提高水的流速以及采用经典的混凝、沉淀处理方法。

（四）脱硫废水的处理

脱硫废水中主要含有 SS、还原性无机物、F^-、Cl^- 及少量重金属等杂质。宜单独进行处理，处理方法有多种，其中曝气、石灰沉淀法为首选工艺。石灰沉淀处理具有运行费用低、处理范围广的优点，既可以除去废水中的重金属离子，又可以除去悬浮物、氟化物、过饱和的还原性无机盐等。

对不同组分的去除原理分别是：

（1）重金属离子——化学沉淀；

（2）悬浮物——混凝沉淀；

（3）还原性无机物——曝气氧化、絮凝体吸附和沉淀；

（4）氟化物——生成氟化钙沉淀。

下面讨论石灰沉淀处理对脱硫废水中几类主要的污染组分的去除方法及工艺流程。

1. 脱硫废水中各种杂质的去除方法

（1）悬浮物的去除。悬浮物是脱硫废水的主要污染物之一，主要是烟气中的细灰和脱硫吸收浆液中已沉淀的盐类。脱硫废水中的悬浮物浓度很高，可达 20 000mg/L。其中大部分可直接沉淀，沉淀物呈灰褐色。

　　将水样放置 30min，容器底部就有大量的沉淀物，直接沉降后的水样仍然很浑浊，说明水中还含有大量不能直接沉淀的悬浮物微粒。

　　由于悬浮物浓度很高，在进行化学沉淀处理时，必须配合混凝处理，以去除水中大部分的悬浮物。混凝生成的活性絮体，可以将水中存在的细小金属氢氧化物絮粒如 $[Cr(OH)_3]$ 吸附在一起共同沉淀，增加了金属氢氧化物的沉淀速度和去除效率。如果投加助凝剂，沉淀效果会更好。

　　（2）还原性物质的去除。COD 是脱硫废水中的主要超标项目之一，其主要组分是还原态的无机物，这类物质浓度的高低与吸收塔的氧化程度有关，降低 COD 是脱硫废水处理的一个难题。

　　在石灰沉淀处理时，COD 也有一定程度的降低，主要是在此过程中，废水中的过饱和亚硫酸盐会以沉淀的形式被除去。

　　如果在对废水进行曝气、石灰处理过程中，用 PAC 或 $FeCl_3$ 作混凝剂，处理后废水中的 COD 可以降至 250mg/L 以下，去除率可以达到 30% 以上，可以满足 GB 8978—1996 中三级排放标准，但未能达到一级和二级标准。如果要提高废水处理标准，必要的情况下，可以投加氧化剂进行处理。

　　（3）F^- 的去除。采用石灰沉淀法处理脱硫废水时，F^- 也可以被除去一部分，其原理是 Ca^{2+} 与 F^- 反应生成 CaF_2 沉淀。在难溶盐之中，CaF_2 的溶解度相对较高。在脱硫废水中，由于含盐量很高，处理后 F^- 浓度远远高于理论计算值。因此采用石灰沉淀工艺时，即使 CaF_2 完全沉淀，水中的 F^- 浓度也可能超过排放标准。

　　脱硫废水中的 F^- 主要来自燃煤，由于烟气中的 HF 被脱硫浆液吸收后会转化为 CaF_2 沉淀，所以脱硫废水中 F^- 浓度大小的决定因素并不是煤中含氟量的高低，而是废水中 CaF_2 的溶解情况。

　　要想改善除去 F^- 的效果，可以考虑采取投加氯化钙和调整 pH 值的措施。

　　2. 脱硫废水处理工艺

　　一套完整的脱硫废水处理系统应包括以下物理化学过程。

　　（1）匀质：通过搅拌、缓冲，使不同时段排出的废水均匀混合，稳定水质和水量，以利于后续处理。

　　（2）碱化处理：提高废水的 pH 值，形成金属的氢氧化物沉淀。

　　（3）混凝处理：消减 $CaSO_4$ 等难溶盐的过饱和度，使各种结晶固体、悬浮物沉淀。

　　（4）加入硫化物，形成重金属的硫化物沉淀并析出，以补充氢氧化物沉淀的不足。

　　（5）絮凝反应，使形成的多种沉淀物凝聚并进行沉降，分离出泥渣并进行浓缩。

　　（6）对泥渣进行脱水。

　　脱硫废水处理常见工艺流程：废水先进入废液池，在此进行曝气，然后依次经过 pH 值调整、凝聚、化学沉淀和絮凝，进入澄清器，使形成的泥渣和水分离。一部分泥渣送去脱水，另一部分泥渣回流。理论上，含有石膏晶体的回流泥渣提供了结晶表面，有助于消减石膏的过饱和度，但实际上，由于脱硫废水中的悬浮物浓度较高，有时候并不一定需要泥渣回流。清水经过加酸调整 pH 值后直接排放或回用。

　　在 pH 值调整池中，加入 $Ca(OH)_2$ 将 pH 值调节到 9~9.5，这是废水中大部分金属离子能够发生沉淀反应的 pH 值范围。如果水中存在酸性条件沉淀的离子，单级沉淀残留浓度值较高，则需要两级沉淀处理。

如果废水的含汞量较高，仅仅碱化处理往往不能达标，有时需要添加硫化物（常用有机硫化物）使汞沉淀。

图 3-12 所示为某电厂脱硫废水处理工艺流程。此脱硫废水首先在缓冲箱进行曝气处理，然后进入综合反应槽，在此完成废水的 pH 值调整、石灰沉淀反应、混凝反应等。反应后的水流入澄清器进行沉淀物的分离。为提高澄清效率，在澄清器进口加入助凝剂。废水经过澄清池澄清后，上清液进入清水箱，在此加酸将 pH 值调整至 6～9 后外排；底部的泥渣一部分送去脱水，另一部分回流。

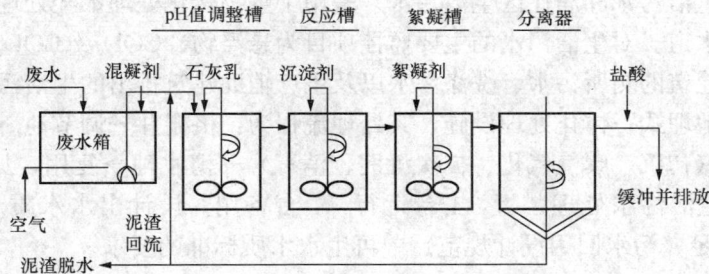

图 3-12　某厂脱硫废水处理工艺流程

（五）循环水排污水处理

由于水在循环过程中水质发生了浓缩，使其水质具有以下特点：①含盐量高；②水质安定性差；③对反渗透膜有污染的组分种类多、浓度高；④水温随发电负荷变化大，不利于水处理系统的运行等。

可见，循环水系统排污水水质复杂，处理难度极大：既要努力地降低水的过饱和度，防止在继续浓缩分离阶段结垢，又要尽量地减少各种有机杂质和胶体杂质，使污染指数（SDl）满足反渗透的要求，减轻对反渗透膜的污染，所以必须进行脱盐处理。又由于其水量大，所以处理规模大。这就使得处理系统比较复杂，运行费用很高。

根据其水质及水量特点，常用的循环水排污水处理的系统包括化学沉淀软化预处理或混凝澄清预处理、膜过滤处理（反渗透、微滤、超滤等）。

膜分离技术是利用一种特殊的半透膜将溶液隔开，使溶液中的某种溶质或溶剂（水）渗透出来，从而达到分离溶质的目的。废水处理中常用的膜为离子交换膜。使溶剂透过膜的方法称为渗透，使溶质透过膜的方法称为渗析。根据溶质或溶剂透过膜的推动力不同，膜分离法可分为：以电动势为推动力的电渗析和电渗透；以浓度差为推动力的扩散渗析和自然渗透；以压力差为推动力的压渗析、反渗透、超滤、微孔过滤。其中最常用的是电渗析、反渗透和超滤，其次是扩散渗析和微孔过滤。

某火电厂循环水排污水脱盐处理系统流程如图 3-13 所示。

图 3-13　某火电厂循环水排污水脱盐处理工艺流程

（六）生活污水的处理

电厂生活污水水质与工业废水水质不同，其化学成分主要有蛋白质、脂肪和各种洗涤剂，且 COD 含量很高，水量也远远少于工业废水。根据其水质特点，生活污水的处理一般除利用一级处理，如沉降澄清、机械过滤等工艺和消毒处理除去可沉降悬浮固体和病毒微生物之外，更主要的是降低有机物的含量。由于生活污水中有机物的成分比较复杂，其降解的难易程度也相差比较悬殊，一般认为 BOD_5/COD 大于 0.3 时，易于用生物转化降解。它可除去生活污水中 90% 的 BOD 和悬浮固体。实践表明，生活污水通过二级生物转化处理之后，其 BOD_5 和悬浮固体均可达到国家和地方的水质排放标准。目前有些火力发电厂的生活污水（包括厂区生活污水和居住区生活污水）采用了生物转化处理。经处理后多用作冲灰水或达标后排至下水道。对生活污水的主要监控项目为悬浮物、COD 及 BOD_5。

某电厂厂区建筑的厕所污水、洗涤污水以及生产辅助建筑排出的生活污水采用接触氧化处理工艺，选用地埋式一体化处理设施，其处理流程为：格栅井→调节池→提升泵→地埋式一体化处理设施（初沉、曝气氧化、二次沉淀、消毒）→清水池→复用，见图 3-14。该系统设两台 10t/h 生活污水处理装置，1 台运行，1 台备用。设计出水水质 $BOD_5 < 10mg/l$，$SS < 30mg/l$，满足《污水回用设计规范》中再生水水质标准的要求。

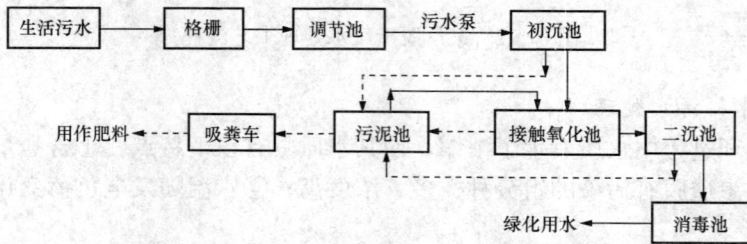

图 3-14 生活污水处理流程

系统中各装置作用如下：①格栅井和调节池的作用是调节水量；②初沉是利用颗粒与水之间的密度差，去除废水中的较大颗粒的悬浮物；③曝气系统用来供给曝气池中的生活污水所必需的氧气并起搅拌作用，保证微生物有充足的氧气维持新陈代谢，从而分解有机污染物；④二次沉淀池用以分离曝气池出水中的活性污泥；⑤污泥回流系统则把二次沉淀池中的一部分沉淀污泥再回流到曝气池，以维持曝气池中的微生物具有足够的浓度；⑥剩余污泥排放系统用于将曝气池内增殖的污泥作为剩余污泥从剩余污泥系统排放；⑦消毒是杀灭处理后的水中的细菌，满足排放的要求。

二、非经常性废水的处理

与经常性排水相比，非经常性排水的水质较差且不稳定。通常悬浮物、COD 和含铁量等指标都很高。由于废水产生的过程不同，各种排水的水质差异很大。有些废水的悬浮物浓度很高，而有些则 COD 很高。在这种情况下，需要针对不同来源的废水采取不同的处理工艺。例如，停炉保护排出的高联氨废水，化学清洗和空预器冲洗排出的高铁、高有机物、高色度废水，其处理工艺就不同。下面分别讨论几种非经常性废水的处理工艺。

（一）停炉保护废水的处理

联氨是一种还原性的物质，在火力发电厂中是一种传统的锅炉给水除氧剂。联氨有毒，还是一种疑似的致癌物质。1985 年美国职业安全健康管理局（OSHA）将其归为"危险药品"类，要求产品包装中必须注明是可疑的致癌物，并禁止含有联氨的蒸汽与食品接触。

停炉保护废水中含有较高浓度的联氨，因此需要进行处理。联氨废水一般采用氧化处理，利用联氨能被氧化的性质将其转化为无害的氮气。

从锅炉排出的停炉保护废液首先汇于机组排水槽，然后再用废水泵送入废水集中处理站的非经常性废水槽，在此进行氧化处理。

联氨废水的处理过程是：

（1）将废水的 pH 值调整至 7.5～8.5 的范围；

（2）加入氧化剂（通常使用 NaClO）并使其充分混合，维持一定的氧化剂浓度和反应时间，使联氨充分氧化。反应式为

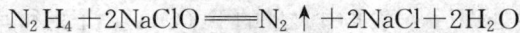

$$N_2H_4 + 2NaClO \longrightarrow N_2\uparrow + 2NaCl + 2H_2O$$

使用 NaClO 作氧化剂，其剂量通常高达数百毫克每升。在废液处理前，一般需要通过小型试验来确定氧化剂的剂量和反应时间。某厂在处理停炉保护废液时，NaClO 的剂量控制在 400mg/L 处理后维持余氯 1～3mg/L。

氧化处理后的水还要被送往混凝澄清、中和处理系统，进一步除去水中的悬浮物并进行中和，使水质达到排放标准后外排。

（二）锅炉化学清洗废水的处理

锅炉启动前化学清洗和定期清洗废水的特点是排放废液大，排放时间短，排放液中有害物质浓度高。因此，对这类排放废液一般需设置专门的储存池，针对不同的清洗工艺，采用不同的废液处理方法，也有与其他生产废水（除含油废水及生活污水外）合并成化学废水经处理系统进行处理。

锅炉化学清洗一般包括碱洗、酸洗、漂洗、钝化等几个工艺环节，清洗时，各环节都有不同类型的废水产生，废液将大量连续排出。由于化学清洗废水的成分极其复杂，未经处理的酸、碱及其他有毒废液，是严禁排放的。排放废液的方式不得采用渗坑、渗井和漫流。为此，在事先设计废液处理设施时，应留有足够的容量。

火力发电厂常用的化学清洗介质有盐酸、氢氟酸、柠檬酸、EDTA 等，不同的清洗介质产生的废液成分差异很大，需要采取不同的处理方法。但是，无论何种清洗介质，产生的废液都具有高悬浮物、高 COD、高含铁量、高色度的共同特征。

从化学组成方面来讲，化学清洗废液含有的杂质主要是：

第一类：钙、镁和钠的硫酸盐、氯化物；

第二类：铁、铜和锌的盐类以及氟化物和联氨；

第三类：有机物、铵盐、亚硝酸盐、硫化物等。

污水排放标准对第二类和第三类中的很多成分都有限制，因此酸洗废水的处理目标是除去第二类和第三类中的杂质。

为了有效地去除这些杂质，需要将氧化工艺和混凝澄清处理联合使用。通过氧化处理（氧化剂通常采用 NaClO，有时采用强氧化剂过硫酸铵），一方面分解废水中的有机物，降低 COD 值；另一方面又将废水中大量存在的 Fe^{2+} 氧化成 Fe^{3+}，使之形成 $Fe(OH)_3$，在后续的混凝澄清阶段通过沉淀除去。

1. 盐酸酸洗废液的处理

经典的处理方法是中和法。其反应式如下：

$$HCl + NaOH = NaCl + H_2O$$

$$FeCl_3 + 3NaOH = Fe(OH)_3 \downarrow + 3NaCl$$

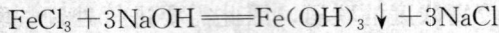

另外盐酸酸洗废液还可采用氧化与石灰沉淀工艺联合处理。图 3-15 为其处理工艺流程，具体如下：①酸洗废液首先排入机组排水槽，用压缩空气将废液混匀。②用 30%～40%的浓碱液将废液中和至 pH=2 左右。③再用废液泵送入非经常性废水槽，加入石灰粉，混合，使水的 pH 值升至 10～12。因为酸洗废液的 pH 值很低，需要的石灰粉投加量很大（如 1kg/m³）。石灰粉的剂量可以通过小型试验确定。④用空气连续搅拌 2～3d，使水中的 Fe^{2+} 全部氧化成 Fe^{3+}。⑤再加入强氧化剂过硫酸铵 $[(NH_4)_2S_2O_8]$，用空气搅拌 10～12h。此过程可以将废水中的有机物和其他还原态无机离子进行氧化。过硫酸铵的剂量可以通过小型试验确定。⑥经过上述处理后，将水中大量的 $Fe(OH)_3$ 沉淀和其他悬浮物，送入混凝澄清系统处理。

因为酸洗废液总量很大，混凝澄清处理系统的处理流量相对较小，所以需要较长的处理时间。

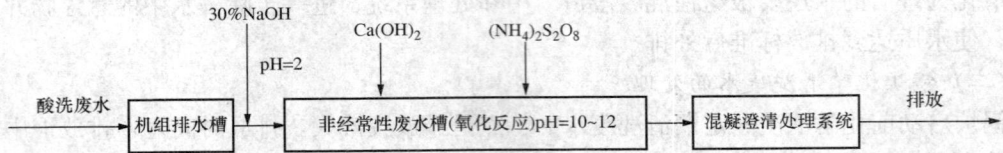

图 3-15　盐酸酸洗废水的处理流程

2. 柠檬酸清洗废液的处理

柠檬酸清洗废液是典型的有机废水，COD 很高，对环境的污染性很强。该种废液有如下几种处理方式：

（1）利用柠檬酸可以燃烧的性质，将废液与煤粉混合后送入炉膛中焚烧。焚烧后有机物全部转化为 CO_2 和水，随烟气排出。

（2）利用煤灰的吸附能力和灰浆的碱性，将废液与煤灰混合后排至灰场。

（3）采用空气氧化、臭氧氧化或其他氧化方式进行氧化处理。氧化处理时，一般需要将 pH 值调至 10.5～11.0 的范围内。因为在 pH=10 时，铁的柠檬酸配合物可以被破坏；而 pH＞11时，铜、锌的柠檬酸配合物会被破坏。有时为了促进 Cu^{2+} 和 Zn^{2+} 沉淀，需要加入硫化钠。在氧化处理后，因为悬浮物浓度还很高，需要送入混凝澄清处理系统进行进一步处理。

3. EDTA 清洗废液的处理

EDTA 清洗是配位反应，配位反应是可逆的。EDTA 是一种比较昂贵的清洗剂，因此，可以考虑从废液中回收。回收的方法有直接硫酸法回收、NaOH 碱法回收等。

4. 氢氟酸清洗废液的处理

氢氟酸清洗废液中所含的氟化物浓度很高，一般采用石灰沉淀法处理后排放。处理原理是在废液中加入石灰粉后，废液中的 F^- 与 Ca^{2+} 反应生成沉淀 CaF_2。其反应式如下：

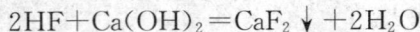

$$2HF + Ca(OH)_2 = CaF_2 \downarrow + 2H_2O$$

该反应是常见的沉淀反应，在难溶盐中，CaF_2 的溶解度比较大，要达到规定的氟化物排放标准，单靠石灰沉淀处理是比较困难的。氟化物为二类污染物，可以与其他废水混合后再排放。一般氢氟酸溶液中残留的游离氟离子含量小于 $10mg/L$ 即可。在具体操作时，石灰的理论加入量为氢氟酸的 1.4 倍，实际加入量应为氢氟酸的 $2.0\sim2.2$ 倍，所用石灰粉的 CaO 含量应不小于 30%，最好在 50% 以上。

锅炉清洗废水中还含有亚硝酸钠和联氨等组分，联氨的处理方法同前，此处介绍亚硝酸钠废液的处理。

亚硝酸钠废液不能与废酸液排入同一池内，否则会生成大量氮氧化物 NO_x 气体，形成滚滚黄烟，严重污染空气。

亚硝酸钠废液的处理法有下列几种：

（1）氯化铵处理法。将亚硝酸钠废液排入废液池内，然后加入氯化铵，其反应如下：

$$NaNO_2 + NH_4Cl \Longrightarrow NaCl + N_2\uparrow + 2H_2O$$

氯化铵的实际加药量应为理论量的 $3\sim4$ 倍，为加快反应速度可向废液池内通入 $0.78\sim1.27MPa$ 的蒸汽，维持温度在 $70\sim80℃$。为防止亚硝酸钠在低 pH 值时分解，造成二次污染，应维持 pH 值为 $5\sim9$。

（2）次氯酸钙处理法。将亚硝酸钠废液排入废液池，加入次氯酸钙，其反应如下：

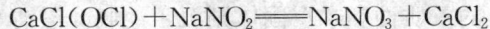

$$CaCl(OCl) + NaNO_2 \Longrightarrow NaNO_3 + CaCl_2$$

次氯酸钙加药量应为亚硝酸钠的 2.6 倍。此法处理可在常温下进行，并通入压缩空气搅拌。

（3）尿素分解法。用尿素的盐酸溶液处理亚硝酸钠废液，使其转化为氮气而除去，其反应如下：

$$2NaNO_2 + CO(NH_2)_2 + 2HCl \Longrightarrow 2N_2\uparrow + CO_2\uparrow + 2NaCl + 3H_2O$$

处理后，应将溶液静置过夜后再排放。

（三）空气预热器、省煤器等设备冲洗排水的处理

在机组大修期间，有时需要对锅炉设备的烟气侧进行冲洗，以除去附着在炉管外壁上的灰。需要冲洗的设备有空气预热器、省煤器、烟囱、送风机和引风机等。冲洗排水的水质特点是悬浮物和铁的浓度很高，而 pH 值较低。如果是燃油机组，则废水中的油、重金属钒等杂质的浓度会较高。有水力冲灰系统的火力发电厂，一般将这部分废水直接打入冲灰系统。排水的处理工艺流程为：首先在非经常性废水槽中通入压缩空气搅拌，防止悬浮物沉淀；然后再加入石灰，将水的 pH 值上调至 10 以上，此时水中所有的 Fe^{2+} 很快会转化为 Fe^{3+}，并水解产生 $Fe(OH)_3$ 沉淀；然后将水送入后级的混凝澄清过滤系统处理，去除悬浮物并进行 pH 值调整后排放。

（四）含油废水的处理

含油废水的量比较小，一般通过分散收集后送入含油废水处理装置处理。

油库区一般与主厂房相隔较远，排出的水含油量很高，所以需要单独收集。水中所含的油，尤其是重油对输送沟道或管道污染比较严重，一般油库附近设有隔油池，在除去大部分浮油后，再将水送入下一级处理系统，处理后的水排入排水沟道，回收的废油混在煤中送往锅炉燃烧。

含油废水的处理方式按照原理来划分，有重力分离法、气浮法、吸附法、粗粒化法、膜过滤法、电磁吸附法和生物氧化法等。其中，膜过滤法、电磁吸附法和生物氧化法在火力发电厂中不常用，火电厂中通常采用浮力浮上法。

所谓浮力浮上法，就是借助水的浮力，使废水中密度小于或接近于 $1g/cm^3$ 的固态或液态污染物浮出水面，再加以分离的处理技术。根据污染物的性质和处理原理不同，浮力浮上法又分为自然浮上法、气泡浮上法和药剂浮选法三种。

1. 自然浮上法

利用污染物与水之间存在的密度差，让其浮升到水面并加以去除，称为自然浮上法。废水中直径较大的粗分散性可浮油粒即可用此法去除，采用的主要设备是隔油池。

隔油池的工作原理是利用油的密度比水小的特性，在较稳定的流动条件下使油水发生分离。隔油池只能除去浮油和粒径较大的分散油，油粒的粒径越大，越容易去除。对于乳化油和溶解油，隔油池没有去除能力。在火力发电厂中，隔油池主要用于油罐区、燃油加热区等高含油量废水的第一级处理。

隔油池的类型主要有平流式、立式、波纹斜板式。这里主要介绍在火力发电厂中应用较多的平流式隔油池。平流式隔油池的构造与沉淀池很相似。图 3-16 为平流式隔油池结构示意。污水由进水管流入配水槽 1 后，通过布水隔板 2 上的孔洞或窄缝从挡板 3 下边进入池内。在流经隔油池的过程中，由于流速降低，密度小于 $1g/cm^3$ 而粒径较大的可浮油珠便浮到水面；密度大于 $1g/cm^3$ 的重质油和悬浮固体则沉于池底。澄清水从挡油板 10 下流过，经出水槽由出水管排出。为了剔除浮油与沉渣，池内装有回转链带式刮油泥机 6，以低速作回转运动时，就把池底沉渣刮集到池子前端的泥斗中，经排渣管适时排出；同时将水面上的浮油推向设在池尾挡油板内侧的集油管 7，它是用钢管沿长度开 60°角的切口制成的，可以绕轴转动。平时，切口向上位于水面上，当水面浮油达到一定厚度时，将切口转向油层，浮油即溢入管内，并由此排出池外。最终的结果，上浮的油层由隔板拦截，然后由排油管排出。大部分浮油都被刮除，少量的残油随水流进入出水区排出。底部的沉渣则由泥斗中设置的排污管排出。隔油池的表面要求带盖板，以防火、防雨、保温。

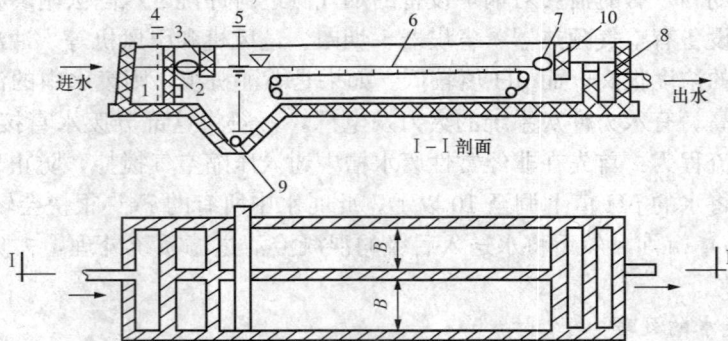

图 3-16　平流式隔油池示意

1—配水槽；2—布水隔板；3、10—挡油板；4—进水阀；5—排渣阀；
6—链式刮油泥机；7—集油管；8—出水槽；9—排渣管

水温对油的去除效率有较大的影响，温度升高，油的去除率也升高。

除了平流式外，还有平行板式及倾斜式隔油池。平行板式隔油池实质上是平流隔油池的改进型，在分离区加装了一些斜板，增大了分离面积，稳定了水流。其分离效率高于平流式，占地面积大约为平流式的一半，可去除的最小油粒粒径约 $60\mu m$。缺点是斜板需要定期清洗，维护工作量大于平流式。倾斜式隔油池的断面呈 V 形，V 形的两侧布置有分离斜板。向下流动的废水从两侧进入斜板分离区，分离出的油滴浮集在水面排出；向下的水流经过斜板后汇集在池体的中部并上流至出水管。这种隔油池的分离效率比较高，可去除的最小油粒粒径与平行板式相同。停留时间比平流式和平行板式都短，一般不大于 30min，因此占地面积小，仅为平流式的 1/4～1/3。但是，斜板需要定期清洗。

图 3-17 所示的是一种 CPI 型波纹板式隔油池。池中以 45°倾角安装许多由聚酯玻璃钢制成的波纹板，污水在板中通过，使所含的油和泥渣进行分离。斜板的板间距为 20～50mm，层数为 24～26 层。设计中采用的雷诺数为 $Re=360～400$，这样即使水处理量突然增大数倍，板间水流仍然处于层流状况。

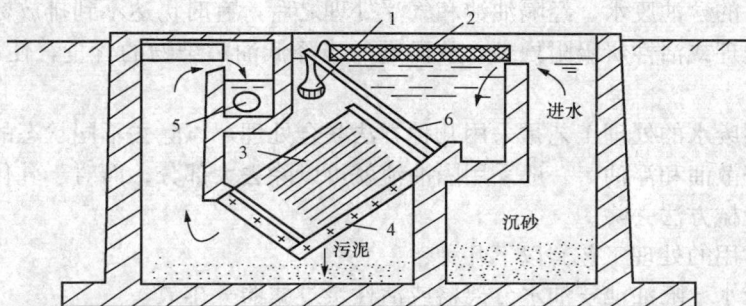

图 3-17　波纹板式隔油池
1—撇油管；2—泡沫塑料浮盖；3—波纹板；4—支撑；5—出水管；6—整流板

波纹板隔油池可分离油滴的最小直径约为 $60\mu m$，污水在池中停留时间一般不大于 30min。

经预处理（除去大的颗粒杂质）后的污水，经溢流堰和整流板进入波纹板间，油珠上浮到上板的下表面，经波纹板的小沟上浮，然后通过水平的撇油管收集，回收的油流到集油池。污泥则沉到下板的上表面，通过小沟下降到池底，然后通过排泥管排出。经处理后的污水从隔油池上部的出水管排出。

2. 气泡浮上法

气泡浮上法简称气浮法，是利用高度分散的微小气泡作为载体去粘附废水中的污染物，使其随气泡浮升到水面而加以去除。所以，实现气浮处理的必要条件是使污染物能够粘附于气泡上。

在废水处理中采用的气浮法，按气泡产生的方式不同，可分为充气气浮、电解气浮和溶气气浮三种类型。

充气气浮是利用扩散板或微孔布气管向气浮池内通入压缩空气，也可利用水力喷射器和高速旋转叶轮向水中充气。

电解气浮是利用水的电解和有机物的电解氧化作用，在电极上析出细小气泡（如 H_2、O_2、CO_2、Cl_2 等），而分离废水中疏水性污染物的一种方法。

溶气气浮是使空气在一定的压力下溶于水中并呈饱和状态，然后使废水压力突然降低，这时空气便以微小气泡的形式从水中析出并上浮。根据气泡从水中析出时所处的压力不同，溶气气浮又分为两种：一种称真空溶气气浮，它是将空气在常压或加压下溶于水中，而在负压下析出；另一种称加压溶气气浮，它是将空气在加压下溶于水中，而在常压下析出。前者的优点是气浮池在负压下运行，空气在水中易呈过饱和状态，而且气泡直径小、溶气压力较低，缺点是气浮池需要密闭，在运行管理上有一定困难。

溶气气浮在含油废水处理中，通常作为隔油池处理后的补充处理或生物处理前的预处理。如经隔油池处理后出水含乳化油大约有 50～60mg/L，再经混凝和气浮处理则可降至 10～30mg/L。气浮的处理对象是乳化油及疏水性细微固体总悬浮物。

3. 药剂浮选法

药剂浮选法简称浮选法，是向废水中投加浮选药剂，选择性地将亲水性油粒转变为疏水性油粒，然后再附着在小气泡上，并上浮到水面加以去除的方法，它分离的主要对象是颗粒较小的亲水性油粒。

火力发电厂的含油废水，经隔油池和气浮处理之后，有时仍达不到排放标准，这时还应采用生物转化处理或活性炭吸附处理，从而进一步降低油污染物的含量，使出水水质提高，达到排放要求。

通常，含油废水的处理工艺是采用几种方法联合处理，以除去不同状态的油，达到较好的水质。对于分散油和浮油，一般采用隔油池就可以除去大部分；而对于乳化油，则要首先破乳化，再用机械方法去除。

含油废水常用的处理工艺有以下几种：

(1) 含油废水—隔油池—油水分离器或活性炭过滤器—排放；

(2) 含油废水—隔油池—气浮分离—机械过滤—排放；

(3) 含油废水—隔油池—气浮分离—生物转盘或活性炭吸附—排放。

图 3-18 是某电厂处理含油废水的工艺流程。

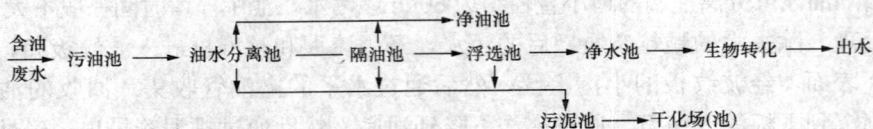

图 3-18　含油废水处理流程

（五）含煤废水的处理

含煤废水的外观呈黑色，悬浮物浓度变化比较大。悬浮物主要由煤粉组成。其中一部分粒径较大的煤粒可以直接沉淀，而大量粒径很小的煤粉基本不能直接沉淀，而是稳定地悬浮于水中。煤中含有很多的矿物质，主要有铁、铝、钙、镁等金属元素的碳酸盐、硅酸盐、硫酸盐和硫化物。与飞灰具有极强的化学活性不同，煤中的矿物质比较稳定，常温下在水中的溶解度不大。所以无烟煤可以作为水处理用的滤料，磺化煤可以作为离子交换剂。含煤废水的电导率并不高，悬浮物、SiO_2 的浓度和 COD 值比较大。在收集废水的过程中有时会漏入一些废油，因此，含煤废水有时含油量较高。

下面以某电厂含煤废水的处理情况为例来介绍含煤废水的处理流程。

1. 含煤废水的收集系统

含煤废水收集系统见图 3-19。

煤场的废水通过布置在煤场周围的沉煤池来收集。煤场四周的沟道汇集的废水，首先排入煤池。

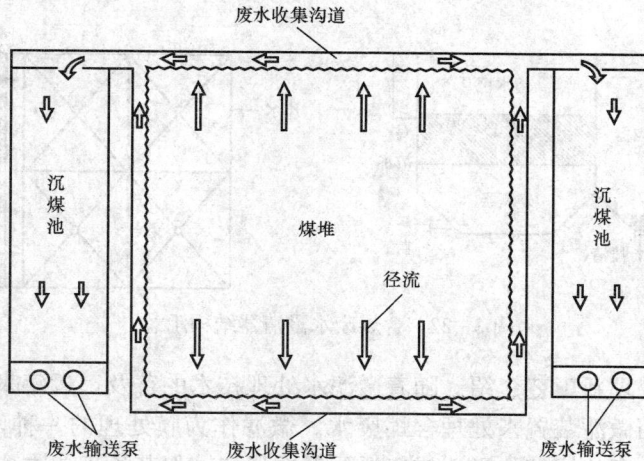

图 3-19 煤厂废水收集系统示意

沉煤池为细长型水池，底部带有一定的坡度。其作用有两个，一是收集废水，二是对煤泥水进行预沉淀。当水进入沉煤池后，流速变缓，煤粒中颗粒大的部分沉淀下来。沉淀后的水流至沉煤池的另一侧，由废水泵送入含煤废水处理系统，处理后的水循环使用。输煤栈桥废水收集池结构如图 3-20 所示。

输煤栈桥、码头、铁路等废水收集点比较分散，一般根据地形设有多个容积很小的收集池。这些水一般用泵送至含煤废水处理系统进行处理，再循环使用。因为栈桥排出的废水是间断性的，而且流量也不稳定，所以废水收集池中的水泵是根据液位自动启停的。当水池的液位达到设定的高限时，液位开关接通，控制液下泵启动。当水位到低限时，液位开关断开，水泵停止。

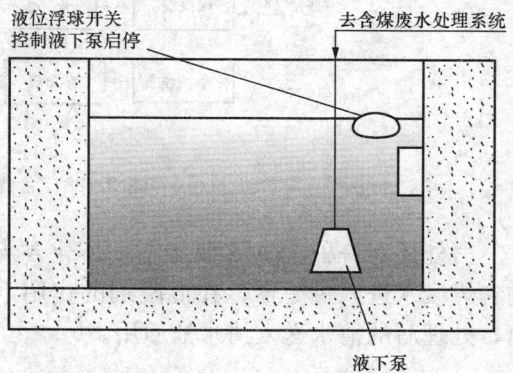

图 3-20 输煤栈桥废水收集池结构示意

2. 含煤废水的处理

（1）含煤废水处理的原理。利用煤粉的密度大于水的密度，在重力的作用下，沉淀下来从而与水分离。但由于煤粉颗粒细小，纯粹利用重力很难全部与水分离，因此加药进行混凝，利用药剂的吸附、架桥作用，废水中的细小煤粉颗粒通过吸附架桥作用、电中和作用及沉淀物网捕作用，形成较大的颗粒，再通过沉淀实现与水分离。

（2）含煤废水的处理流程。如图 3-21 所示。在混凝澄清处理部分，采用折返式混凝反应原理，澄清池结构如图 3-22 所示。废水加药后依次通过 4～6 个反应单元，水的流向不断改变，由此使混凝剂与水充分混合并反应。水中较大的颗粒直接沉入反应器底部定期排出。在通过反应区后，水流入分离区的下部，向上通过斜板（或斜管）后进入清水区排出。

图 3-21 含煤废水处理工艺流程

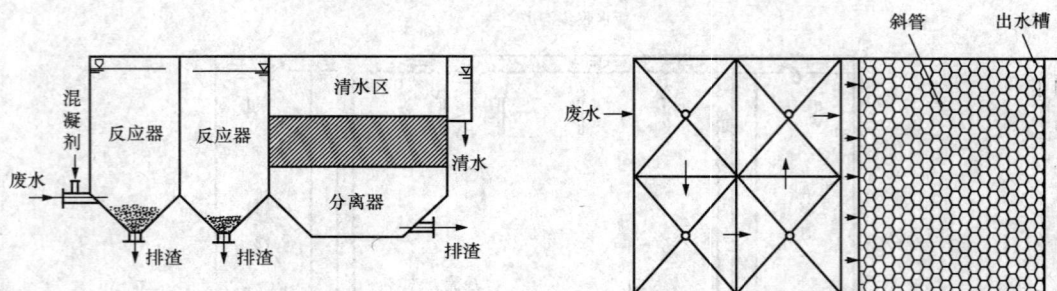

图 3-22 含煤废水澄清器结构示意

（3）含煤废水处理新工艺介绍。随着微滤水处理技术的普及，近年来，在国内的一些火力发电厂已开始采用微滤装置来处理含煤废水。微滤作为膜处理的一种，具有占地面积小，处理后水的悬浮物浓度比沉淀、澄清或气浮要低的优点。但其处理成本要高于沉淀或澄清处理，主要是运行维护成本较高。比如微滤滤元、控制单元的自动阀门、控制元件等需要定期更换，而且需要定期进行化学清洗。图 3-23 为含煤废水微滤处理流程。

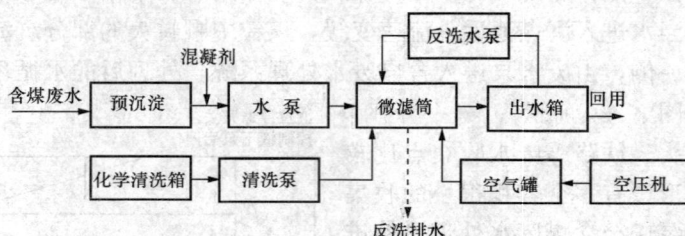

图 3-23 含煤废水微滤处理流程

另外还有一种 JYMS 智能型一体化含煤废水处理设备，其核心是过滤器。加药混凝后的含煤废水进入过滤器，在混凝剂的作用下，煤粉絮凝形成较大的颗粒，通过过滤与水分离，处理后的清水送入清水池回用。

第六节　废水的集中处理及回用

火电厂工业废水处理系统主要有分散处理和集中处理两种类型。

分散处理就是根据电厂产生的废水水量和水质就地设置废水储存池，对废水进行单独收集，池内设置搅拌曝气装置，视水质情况在池内直接加入所需的酸、碱、氧化剂等，废水就地处理达标后回收利用或排入灰场。这种处理系统的特点是：废水污染因子比较单一，污染程度比较轻，处理工艺较简单，基建投资少，占地面积小，布置灵活，检修和维护工作量少。

集中处理是将电厂各种废水分类收集并储存，根据水量和水质选择一定的工艺流程集中处理，使其达到排放标准后排放或回收利用。废水集中处理由于处理系统完善，能适应处理电厂各类废水和污水，有利于实现系统自动化和设备集中管理，且处理效果好，处理后的水可以回收利用。其基本工艺是酸碱中和、氧化分解、凝聚澄清、过滤和污泥浓缩脱水。工业废水集中处理的系统设计与机组设计容量、废水量、水质、外部排入的水体条件有关，但其原则性的工艺流程是大同小异的。目前装设 300MW 机组以上的大型火力发电厂大多数采用集中处理系统。本节主要针对集中处理系统进行阐述。

一、废水的收集设施

典型的废水集中处理站设有多个废水收集池，可以根据水质的差异分类收集多种废水。

1. 机组排水槽

机组排水槽靠近主厂房，其作用是汇集从主厂房排出的各路废水，使水质均化并缓冲水量的变化。为了防止悬浮物在槽内沉淀，排水槽底部设有曝气管，利用压缩空气搅拌废水。

机组排水槽一般是地下结构，这样有利于废水自流收集。考虑到有些废水具有腐蚀性，池内壁用环氧玻璃钢防腐。收集的废水用液下泵送至废水集中处理站的杂排水废液池。

2. 废液池

目前，很多火力发电厂的废水集中处理站设四个废液池，用来收集不同类型的废水。各池用管道连通，必要时可以进行切换。四个废液池中，有一个用于收集化学车间的酸碱废水；另一个收集主厂房来的机组杂排水；还有两个用来收集锅炉化学清洗废液、空预器、省煤器冲洗水等非经常性废水。

废液池总容积的设计原则是能够储存机组正常运行阶段产生的废水，同时再加上 1 台最大容量的机组在维修或化学清洗期间产生的废水量。非经常性废水每次产生的废水总量很大，通常是批量处理，所以需要大容积的废液池（通常占用两个 $1000m^3$ 的废液池），但利用率很低。实际上，只有在处理非经常性废水时，废水集中处理站才能充分发挥其作用。平时由于经常性废水的水量很小，至少有一半的废液池是空的。有些火力发电厂已经将此类的废液池改造成废水综合利用处理设施。

废液池一般采用半地下结构，池内壁需要防腐（通常使用环氧玻璃钢）。废液池底部配有曝气管或曝气器，主要起搅拌和氧化作用。废液池都有单独的出水管道与相应的处理装置连接，有些可以直接排往灰场。

二、工业废水集中处理系统的设计

火力发电厂的工业废水集中处理系统需要考虑排放和回用两个目的来设计。

（一）废水量和水质

火电厂工业废水水量和水质取决于机组容量、锅炉类型、化学水处理方式、锅炉酸洗方式、地区特点以及运行管理水平。表 3-13 列出了某装机容量 $2\times660MW$ 电厂的废水量和水质，以供参考。

表 3-13　　　　　　　　　　　　某电厂废水排水量及水质

项 目	废 水 名 称	排水量	排 水 水 质			备 注
			pH	SS(mg/L)	Fe(mg/L)	
经常性废水	锅炉补给水处理系统再生排水	450m³/d	2~12	200~500		每天
	凝结水精处理装置再生排水	200~250m³/次	2~12	1~10	5~100	6~12天/次
	循环水软化处理再生排水	100m³/h	<6	200~500		每天
非经常性废水	空气预热器清洗废水	6000m³/次	2~6	3000	500~5000	1~2次/年
	除尘器冲洗水	100m³/次	3~5	3000	500~3000	一年4次
	锅炉水侧化学清洗废水	6000m³/次	2~12	100~2000	50~6000	1次/(4~6)年
	锅炉火侧清洗废水	2000m³/次	2~6	3000	500~5000	一年一次

| 项　目 | 废　水　名　称 | 排水量 | 排　水　水　质 | | | 备　注 |
			pH	SS(mg/L)	Fe(mg/L)	
含油污水	变压器坑隔油池排水	20m³/h	6～9	50	变压器油 500mg/L	不经常
	油库区隔油池排水	20m³/h	6～9	50	轻油 500mg/L	不经常
	主厂房地面冲洗水	45m³/d	6～9	150	油<10mg/L	可能有时会较大

（二）废水的收集和系统布置

在锅炉补给水处理、凝结水精处理车间就近设收集酸、碱废水池，将其收集到的废水转运至废水处理设施的废水储存池。

在锅炉房附近设机组排水槽收集主厂房产生的废水。

煤场附近设有收集煤场和输煤系统排水的沉淀池和煤水处理设备，经处理后合格则回收利用，不合格时送废水储存池，进一步处理。

工业预处理排污可直接用泵送至澄清池或浓缩池。

工业废水集中处理设施在厂区的布置位置，应有利于各类废水的收集、储存和复用，交通运输条件便利。废水处理系统中的所有设备、管道应布置合理，运行维护方便。

北方寒冷地区处理设备和管道应室内布置，废水池可加盖。低位布置的设备间应有排水和防止雨水入侵的措施。

废水储存池、药品储存设施、管道均应防腐，防腐要求同锅炉补给水处理部分。另外一些化学药品可以考虑与化学水处理的药品合用。

（三）废水处理系统主要设备和构筑物的选择

1. 废水储存池的容积

设计废水储存池时，必须考虑足够的容量，以便调节排水高峰期的流量，同时为均化水质创造一个良好的条件，使酸、碱废水相互自中和，不同水质相互作用，使其均匀一致，减少处理时化学药品消耗。此外，使不同温度的废水混合冷却，达到一致的温度，使水在澄清过程中不致因进水温度变化而造成澄清过程破坏，出水浑浊。

大部分电厂将经常性废水、非经常性废水和有机废水分别储存。

2. 凝聚澄清器（池）

常选用的有机械加速澄清池和吸收国外引进设备技术制造的斜板澄清器。

机械加速澄清器主要参数如下所列：

表面负荷：0.8m³/(m² · h)；

有效水深：2～4m，池超高宜大于0.3m；

清水区水的上升流速：0.8～1.0m/h；

废水停留时间：1.5～2.5h；

刮泥机刮板外缘线速度：2m/min。

斜板澄清器由于沉降区被斜管分割成许多小部分，水流比较稳定，不易产生涡流；且占地面积小，沉降时间短，所以在工程中使用的越来越多。

3. 过滤器

水处理使用的机械过滤器、快滤池、无阀滤池、单阀滤池等均可使用。过滤介质可采用无烟煤、石英砂、纤维丝、纤维球、瓷砂等。过滤器滤速一般为 5～40m/h。

4. 浓缩池

浓缩池的选择与废水处理系统的贮存能力有关，与进出水的含泥量有关。根据经验，浓缩池进水的含泥量 2% 左右，出水含泥量 4% 左右，表面负荷 $0.8m^3/(m^2 \cdot h)$。贮存容量为年平均 4 天的污泥量。

采用重力式浓缩时应符合下列要求：

(1) 泥渣负荷按 $30～60kg/(m^2 \cdot d)$ 计算；

(2) 刮板机刮板外缘线流速 2m/min 左右；

(3) 水上升流速宜小于 0.8m/h。

5. 脱水机

根据工程经验，脱水机的处理能力应该能够在 8h 内将年平均一天产生的污泥量处理完毕。

6. 污泥斗

污泥斗的容积应能容纳两天的日平均产生的泥饼量。

7. 氧化池

要求处理水在设备内停留时间不小于 5min。

8. 反应池

要求处理水在设备内停留时间不小于 5min，采用次氯酸钠时，池内余氯量应为 1～3mg/L。

9. pH 调整池

要求处理水在设备内停留时间不小于 10min。

10. 混合池

要求处理水在设备内停留时间不小于 10min。

11. 最终中和池

要求处理水在设备内停留时间不小于 15min。

12. 药品的贮存与加入装置

废水处理所用化学药品主要有酸、碱、凝聚剂、助凝剂及氧化剂等，具体采用哪种药品根据被处理水的水质及处理工艺确定。药品贮存量为处理一次非经常性废水的最大用量或 15～20 天正常耗用量，取二者中的较大值。

加药通常采取计量泵加药的集装式加药装置。

三、大型火力发电厂常用的废水处理及回用系统介绍

一般来说，工业废水处理系统应具有如下特征：①一般处理程序是澄清→回收→毒物处理→再利用或排放；②形成循环用水系统；③在直流排水系统中，水质控制要求根据排放标准而定；④在废水回收利用系统中，根据用水设备对水质的要求而定。

现以国内 A（内陆电厂）、B（沿海电厂）、C（水资源紧缺市内电厂）为例进行说明。

(一) A 厂工业废水处理系统

A 厂工业废水处理系统如图 3 - 24 所示。图中污水在 6 个贮水池中的分配方式及处理方式为：

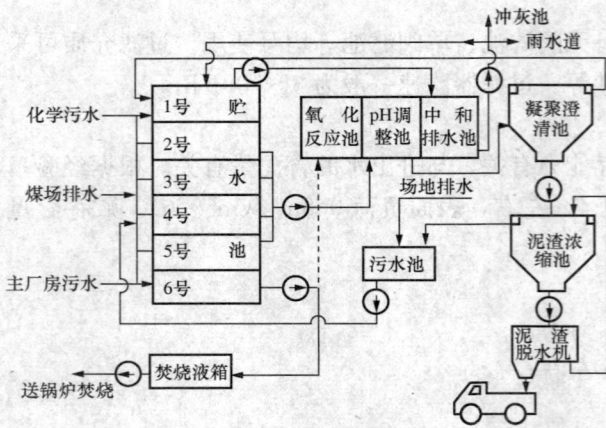

图 3-24　某内陆电厂的工业废水处理系统

1 号池：储存补充水除盐污水、试验室污水及锅炉排污水，只需调节 pH 值。在 1 号贮水池中通入压缩空气将其搅拌均匀送至中和池，经中和合格后送入冲灰水储存池或雨水道，中和未合格者则返回 1 号储水池。

2～5 号池：储存凝结水除盐污水、煤场排水、锅炉水侧清洗水、锅炉火侧与空气预热器及除尘器的冲洗污水，它们需经 pH 调整及澄清、浓缩等处理。污水进入 2～5 号储水池，先后通过 pH 调整池、凝聚澄清池后，上层清液进入 1 号储水池。而凝聚澄清池下部的浆液，用泵送至泥渣浓缩池，其中上部清液自流入污水池，再用泵返回 2～5 号储水池；而下部泥渣通过泥渣脱水机后，将泥渣外运。

6 号池：储存有机污水，需进行氧化或焚烧处理。需焚烧或化学氧化的污水，数量较少。需焚烧者，由 6 号储水池进入焚烧液箱，送至锅炉焚烧系统；采用化学氧化法者，则由 6 号储水池进入氧化反应池，自流入 pH 调整池，其后与 2～5 号池污水处理方法相同。

（二）B 厂工业污水处理系统

B 厂工业污水处理系统流程如图 3-25 所示。B 厂将工业污水划分为四种类型，不同类型的污水采取相应的处理方式，其处理方式主要是 pH 调节、氧化反应、凝聚处理、澄清处理、去油处理等。

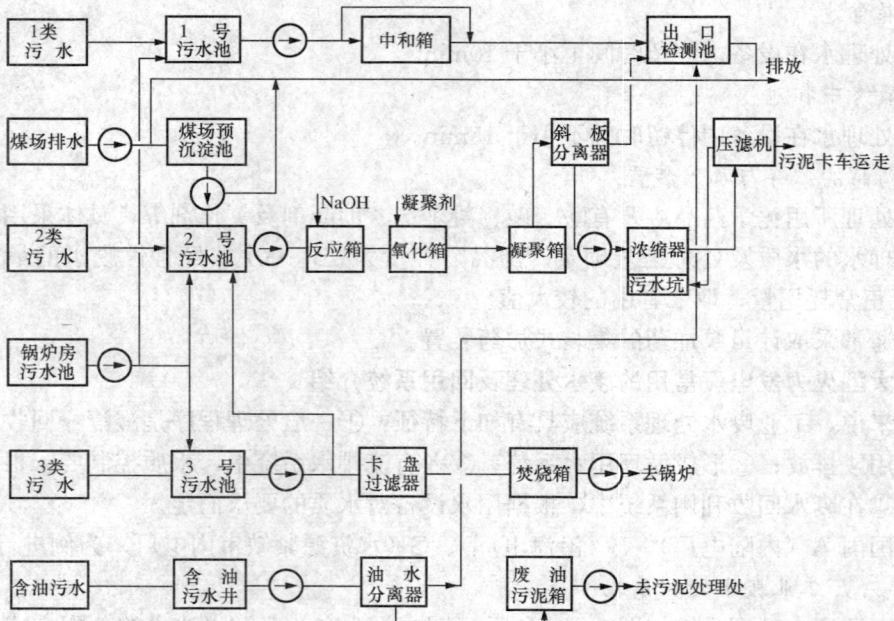

图 3-25　某沿海电厂的工业污水分类处理系统

　　第一类污水包括除盐系统和凝结水处理系统的再生污水、锅炉排污水、地表和设备排水、化验室排水等。这类污水仅需调节 pH 值即可。上述污水在 1 号水池中经处理后，如 pH 值已满足排放要求，则可从 1 号池用泵直接排入海中；如 pH 值不合格，则用泵打入中和箱进行中和处理。

　　第二类污水包括空气预热器冲洗水、炉前系统冲洗水、锅炉受热面清洗水、预处理污水、煤场排水等，这类污水由 2 号池收集处理。煤场排水先被收集到煤场里的两个预沉淀池中，对其初步沉淀后，如 pH 值及浊度合格，则直接排放；如不合格，则打入 2 号池再进行处理；除煤场排水外的这类污水，需经氧化反应、凝聚澄清、斜板分离后，其上部排水到出口检测池，其下部污泥到浓缩池浓缩，浓缩池上方出水流入 2 号池，浓缩后的污泥则运走。

　　第三类污水包括锅炉酸洗水，有机污水等。3 号池收集该污水，污水池中装有水位表及 pH 计。如该污水 pH 值满足要求，则用泵打入过滤器经焚烧箱后，再用泵打入锅炉内燃烧处理；如 pH 值不能满足要求，则打入 2 号池再行处理。第三类污水主要是锅炉酸洗时的有机污水，由于锅炉酸洗并不是经常进行的，通常新机组启动前及运行中每隔 1～2 年或更长一些时间才需要清洗一次，故有的电厂的工业污水处理系统中不包括这部分污水的处理。在锅炉酸洗时，临时连接管道进行必要的处理。

　　第四类污水是含油污水。含油污水经油水分离器后，如污水含油量及浊度合格，经出口检测池排入海中，其废油及污泥排到废油污泥箱处理；如不合格，则打入 2 号池再行处理。

　　应该指出，图 3 - 24 为一内陆电厂的工业污水处理系统，经处理合格的污水作为冲灰水；图 3 - 25 则为一沿海电厂的工业污水分类处理系统，经处理合格的污水排入海中。

（三）C 厂工业废水处理及回用系统

　　C 厂位于水资源日益紧缺的某市。为了节水并解决废水排放的问题，该厂 2001 年对厂内的生活污水、养鱼塘排水、主厂房排水、反洗排水进行回收利用。这些废水经过深度处理后，替代部分黄河水补入电厂的循环水系统，取得了明显的社会效益和经济效益。

1. 废水的组成与水质分析

　　按照分类处理、分类回用的原则，该工程主要收集了以下四种废水进行处理回用。

　　(1) 生活污水。为热电厂生产区的生活排水，流量约 50t/h，其中洗浴用水的比例较高。从水质指标来看，含盐量与现用的黄河水相差不大，COD、氨氮、细菌和悬浮物都比黄河水高。

　　(2) 主厂房排水。主要是锅炉排污水、机组排水和其他排入该沟道的废水。其水质特点是有机物含量较高，含盐量较低，流量大约 10～30t/h。

　　(3) 反洗排水。来自化学车间过滤器反洗排水，两天左右反洗一次，平均每天水量约为 50t。由于经过了沉淀，反洗排水的悬浮物反而比其他水低，有机物也很低，比较容易处理。

　　(4) 鱼塘排水。每天排水 3h，流量 300t/d。鱼塘排水的含盐量不高，但氨氮、有机物、藻类、细菌和悬浮物都比黄河水高得多。

　　根据各路废水的水量加权计算，上述几股废水混合后，COD 大约为 23.4～40.6mg/L，氨氮 7.4mg/L，悬浮物小于 20mg/L，Cl⁻ 小于 60mg/L。因为混合废水的 Cl⁻ 浓度不高，没有超过电厂凝汽器铜管的允许范围，其他无机离子的浓度也可以满足要求，因此回用处理不考虑脱盐装置。

污水总量每天约 2000t，合 83t/h。

2. 废水处理的工艺说明

考虑到生活污水占有较大的比例，因此生化处理是不可缺少的。为了满足循环水的水质要求，在生化处理之后还要进行气浮、过滤处理。该厂废水处理工艺流程如图 3-26 所示。

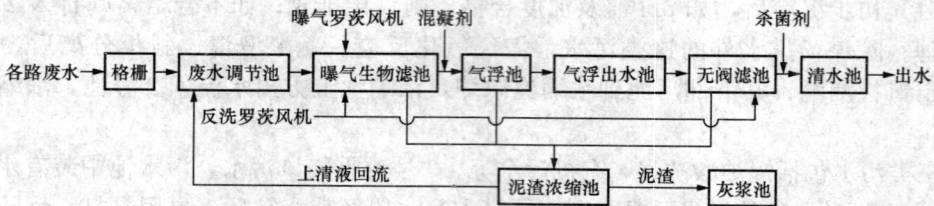

图 3-26　某电厂废水处理的工艺流程

该系统生物处理的关键设备选用曝气生物滤池（BAF），这是针对该厂污水的特点进行设计的。该厂厂区生活污水的 BOD 和 COD 较城市污水低得多，如果采用传统的二级处理方案，不仅设备投资高，占地面积大，系统复杂，而且运行稳定性不好。

曝气生物滤池是近年来开发的新技术，其原理是利用池内滤料表面生长的生物膜，在好氧条件下高效降解污水中的有机物，同时进行生物脱氮。该种工艺具有微生物接种挂膜快，生长繁殖迅速的优点。同时，由于气体在滤料孔隙内的滞留时间长，与生物膜接触充分，生物量和生物活性高，氧利用率高，出水水质好。

经过曝气生物滤池处理后，水中的有机物、悬浮物都有大幅度降低，因此，后级设备出水浊度很低。考虑到低浊水的特点，在后续混凝处理系统中没有采用传统的澄清池，而是采用了气浮工艺。

由于循环水系统对补充水的悬浮物要求比较严格，气浮池出水还要经过滤池过滤，才能送入循环水池。系统采用无阀滤池过滤。

滤池出水投加 NaClO 进行杀菌。约 1h 的接触反应后，水自流进入清水池，最终由清水泵送至循环水水池。

运行证明，该套废水回用处理系统是成功的。系统运行可靠，适用于该热电厂的具体条件，取得了经济、社会效益的双丰收。

综合考虑电费、药剂费、设备折旧费、人工费，每吨水处理成本为 0.75 元；而 C 热电厂的新鲜水成本高达 5.7 元/t（包括排污费）。废水回用后，每吨水可产生 4.95 元的经济效益。按日回收水量 1800t 计，每年实际运行 360 天，可回收水 64.8 万 t，节约用水成本 320 万元，投资一年即可收回。同时，每年可减少废水排放量 72 万 t，其社会环境效益也十分显著。

就目前而言采用工业废水集中处理的新建大型火电厂大部分处理后水质能达到排放标准，但由于各方面的原因，有些火电厂在废水处理的综合利用上还存在一些问题，处理合格后的水大部分排掉，没有很好地考虑回收利用，造成了浪费，应引起重视并在以后的工程中加以改进。

复习思考题

1. 简述火力发电厂废水处理及回用的必要性。
2. 解释火电厂水平衡工作的内容。
3. 与水平衡试验有关的水量有哪些，其中哪些为关键的水量？
4. 按照国标《污水综合排放标准》说明第一类污染物和第二类污染物的特征。
5. 简述火电厂水务管理工作的职责及重要性。
6. 火电厂水质污染的原因有哪些？
7. 火电厂常见废水的种类有哪些？各种废水水质的特点是怎样的？
8. 火力发电厂废水排放常规监测项目有哪些，各监测指标的排放标准是怎样的？
9. 火电厂对废水各种监测项目的监测方法是怎样的？
10. 火电厂经常性废水有哪些？各种废水的处理方法及流程怎样？
11. 火电厂非经常性废水有哪些？各种废水的处理方法及流程怎样？
12. 简述废水集中处理的方法及特点。
13. 在进行火电厂废水集中处理与回用系统设计时，应注意哪些问题？
14. 举例说明火电厂废水集中处理及回用的工艺流程。

第四章　灰渣综合利用技术

第一节　概　　述

一、我国火电厂灰渣排放现状

（一）火电厂粉煤灰（渣）的排放现状

粉煤灰（渣）是磨成一定细度的煤粉在燃煤发电厂煤粉炉中高温燃烧后的副产品，由除尘器收集下来的飞灰（fly ash）即为粉煤灰；由炉底排出的废渣称为炉渣。

我国是产煤大国，同时也是燃煤大国，以煤为主的能源结构在较长的时间内不会发生根本性的变化。一般来讲，每燃烧 1000kg 煤，就能产出 230～300kg 粉煤灰和 20～30kg 的炉渣。无论是煤粉炉还是沸腾炉，灰渣排放量约为燃煤总量的 1/3。

我国粉煤灰（渣）产生量巨大，品质波动大。据统计，燃煤发电机组 1kW 装机容量年排放粉煤灰（渣）1t 左右。例如，一座装机容量为 $100×10^4$ kW 的电厂，一年将排放出 $100×10^4$ t 粉煤灰，而每储存 $1×10^4$ t 粉煤灰占地 1334m^2。大量粉煤灰（渣）的堆放，不仅造成资金和土地资源的巨大浪费，更重要的是灰渣在排放、运输、储存过程中还会造成严重的大气污染、土壤污染和水资源污染，危害人类健康。同时，我国又是一个人均占有资源储量很有限的国家，而粉煤灰作为一种可再生资源却没有得到较好的再生利用。因此，开展粉煤灰（渣）的综合利用，已成为我国经济建设中一项重要的技术经济政策，也是解决我国火电生产与环境污染、资源短缺之间矛盾的重要途径。

（二）火电厂脱硫灰渣的排放现状

为了控制二氧化硫的排放，近年来，国家采取一系列措施加快火电厂二氧化硫治理，烟气脱硫设施建设规模不断扩大。2000 年底我国已采取烟气脱硫措施的火电机组容量仅 500 万 kW 左右，到 2007 年底，我国火电厂烟气脱硫装机容量超过 2.7 亿 kW，其中，2006 年、2007 年连续两年当年投运的脱硫设施的装机容量超过 1 亿 kW。烟气脱硫机组占煤电机组的比例已由 2000 年底的 2% 上升到目前的 50% 以上，超过了美国煤电机组的脱硫比例。

烟气脱硫会产生大量的废弃物。除湿法脱硫产生脱硫石膏外，其他都将产生脱硫粉煤灰。由于在脱硫过程中加入了脱硫剂，其主要成分是 $CaCO_3$ 或 CaO，因而灰渣的化学组成发生了变化。目前对这种灰渣综合利用研究较少，主要还是以堆放为主。有关数据表明：一个装机 100MW 的循环流化床（CFB）锅炉电厂，每年排放 $1×10^6$ t 左右的脱硫灰渣，灰渣的堆积不仅挤占了大量的土地，还带来了资源的浪费与环境的污染。

二、火电厂灰渣综合利用的意义

（一）粉煤灰（渣）综合利用的意义

粉煤灰是火山灰质材料，它具有潜在活性高，矿物体化学稳定性好，颗粒细，有害物质少，可以改善混凝土或砂浆物理性能等优点。炉渣的化学组成与粉煤灰相似。综合利用粉煤灰（渣）能够改善生态环境、变废为宝、节约资源，具有显著的社会效益、环境效益、经济效益，是一项利国、利民、利企业的工作，符合保护土地、合理开发自然资源的基本国策。

综合利用粉煤灰（渣）可减少堆灰场占地，防止灰渣对水体、大气环境造成污染，将其作为原料来利用,可创造明显的经济效益。以上海市为例,2003年上海市粉煤灰(渣)综合利用量超过500万t,为上海节约了近10hm²土地和3亿多元的灰场建设处置费,取得了良好的社会、经济和环境效益。

粉煤灰用于高速公路建设,效益甚为可观。目前我国在沪宁(上海至南京)和京深(北京至深圳)及京冀的三条高速公路建设中推广粉煤灰路堤技术成果。以沪宁高速公路为例,据测算,全线可用灰 $700×10^4$ t,可节省土方约 $500×10^4$ m³,折合农田3700亩(挖深按2m计),则每年可增产粮食 $350×10^4$ kg。

(二)脱硫灰渣综合利用的意义

石灰石(石灰)—石膏法的脱硫副产品以硫酸钙及亚硫酸钙为主要成分,在常规湿法脱硫工艺中采用强制氧化及真空脱水技术,可以使副产品成为脱硫石膏,用其制作建筑石膏,还可应用于生产石膏粉刷材料、石膏砌块、矿井回填材料及改良土壤等方面,从而实现资源的利用。我国的天然石膏储量虽然丰富,但产地集中在山东、山西,给石膏的广泛应用造成了困难。而脱硫石膏作为地方资源,不仅品位高,而且运输距离短,只要采用适当的预处理工艺,稳定控制含水率,就能具有较高的市场竞争力。

循环流化床锅炉通常每燃烧1t煤要加入 $1/3~1/2$ t 的石灰石进行脱硫,因此流化床锅炉产生的灰渣比普通煤粉炉多30%~40%。循环流化床脱硫灰渣与普通煤粉炉灰渣有很多不同之处,以致很难用常规的灰渣利用方式对其进行处理,于是研究循环流化床脱硫灰渣的处理和利用便成了新的课题。目前我国各电厂的大部分脱硫渣都堆放在周围的灰库当中,就目前的技术力量还不能够大量地利用。随着CFB锅炉的推广应用,产生的大量灰渣的堆放占用了大面积的土地,对于我们这个人多地少的国家无疑是一个严重的资源浪费问题。如果采用得当的方法和工艺对CFB锅炉脱硫灰渣进行综合利用开发,必将减少电厂的生产成本,促进循环流化床脱硫技术的发展,同时也为社会提供新的就业机会,达到环境效益、经济效益和社会效益的统一。

三、火电厂灰渣的综合利用概况

(一)粉煤灰综合利用技术分类

当前,国内外的粉煤灰综合利用领域很广,项目很多。美国电力研究院根据粉煤灰容纳量(即吃灰量)和利用技术水平,将粉煤灰的综合利用技术分为3类,见表4-1。

表4-1　　　　　　　　粉煤灰综合利用容纳量和技术水平分类

类别	用途	应用实例	类别	用途	应用实例
高容量/低技术	灌浆材料	废矿井填充 废坑道填充	中容量/中技术	墙体材料	彩色地面砖 层面保温材料 粉煤灰防水粉
	筑路工程	基层材料		混凝土掺和料	代替部分水泥
	回填材料	大桥桥台回填土 挡土墙回填土			
中容量/中技术	水泥生产	混合物原料	低容量/高技术	分选微珠 磁化粉煤灰 粉煤灰提铝粉 粉煤灰艺术制品 吸收材料	新型保温材料 土壤磁性改良剂 电解铝原料 代替石膏 分子筛原料
	墙体材料	粉煤灰烧结砖 粉煤灰砖 粉煤灰陶粒 粉煤灰砌块			

　　第一类：高容量/低技术。即不需要深度加工就可以利用的项目。这类项目投资少，上马快，技术易掌握，吃灰量大。其缺点是使用地点和数量经常变动难以预测，如作为建筑材料、回填材料等。

　　第二类：中容量/中技术。主要用作建筑材料。一般这类项目投资大，吃灰量大，用灰量稳定，有一定技术要求。

　　第三类：低容量/高技术。主要为分选利用，产品层次高，吃灰量小，技术水平要求高，但经济效益好。

　　（二）国外粉煤灰综合利用概况

　　国外粉煤灰的综合利用，最早可以追溯到20世纪20年代，当时一些发达国家就开始对粉煤灰进行研究。第二次世界大战后，欧洲各国急需恢复被破坏了的建筑物和发展经济，建筑材料奇缺，由于粉煤灰的成分与火山灰一样，因此粉煤灰水泥在法国得到青睐。目前在国外，粉煤灰已被广泛应用于建材、建工、交通、农业、化工和冶金等行业。其中利用量大经济效益好的应属生产水泥和拌制混凝土。美国利用量的39％，日本的76％，荷兰的59％都用于这一方面。如今，在比利时、丹麦、德国、挪威、瑞典等国，通常的波兰特水泥已部分或全部被粉煤灰水泥所取代，不仅创造出较好的经济效益，节约了大量水泥，还极大地改善了混凝土的质量。

　　目前，国外粉煤灰产品、品种不断增加，技术也有了较大提高，利用量逐年增加，表现在以下几个方面：①从消极存储为主转化为积极进行综合利用，一些国家的综合利用率达到100％；②从填充、筑路等低级用途转化为把粉煤灰作为原材料生产建材、化肥和提取金属、微量元素；③从收集到加工、销售有一套完整的设施，自动化程度较高；④从过去的自用转向部分出口，如荷兰的粉煤灰向比利时出口等；⑤综合利用企业的经济效益从过去的亏损或微利企业，转向经济效益较好的专业化、大规模企业。

　　（三）中国粉煤灰综合利用概况

　　我国利用粉煤灰是20世纪20年代末30年代初从上海杨树浦发电厂开始的。中国粉煤灰综合利用工作从20世纪50年代起，就一直受到国家的高度重视。20世纪80年代，国家把资源综合利用作为经济建设中的一项重大经济技术政策，提出了一系列鼓励措施和优惠政策，并于1987年9月在江苏芜湖召开的第二次全国资源综合利用会议上，把粉煤灰确定为全国资源综合利用的突破口，使粉煤灰综合利用得到了蓬勃的发展。国家计委1991年又出台了《中国粉煤灰综合利用技术政策及其实施要点》，提出了粉煤灰综合利用总的原则：认真贯彻"突出重点、因地制宜"和"巩固、完善、推广、提高"的方针。中国洁净煤技术"九五"发展规划也把粉煤灰综合利用列为重点研究的内容之一。近年来，我国粉煤灰的综合利用取得了十分明显的社会、经济和环境效益。

　　目前我国粉煤灰的综合利用有以下几个特点：①粉煤灰综合利用率逐年提高，但利用效率不高。如上海、南京等地的粉煤灰利用率连年达到100％，但大量的只是利用原灰作填充土回填、代替盆土和砂石作土建原材料。部分用于制造砖、砌块和板材等墙体材料，用于水泥混合材、混凝土掺和料。更高级资源化利用产品不多。②全国综合利用水平极不平衡。近些年来，我国很多省市粉煤灰综合利用取得了新进展。除上海外，南京、南通、南昌等城市亦连续几年利用率实现了100％，哈尔滨等城市粉煤灰利用率也由50％提高到了90％。总的来讲，经济发达地区及大城市利用率较高，内地及中小城市利用率较低。③国家优惠政策强度大，但地方政府执行力度不一。国家制定了一系列鼓励资源综合利用的优惠政策，极大地调动了企业的积极性。优惠政策主要是税收减免涉及地方政府的财政收入，各地态度不一。地方政府态度积极的，该地粉煤灰综合利用率就高。④综合利用新技术和新工艺多，但实用性和稳定性程度不高，新产品推广和使用存在较大的技术和市场壁垒。目前，中国粉煤灰综合利用技术有近 200 项，其中得以实施应用的仅 70 项左右。

就电力企业而言，对粉煤灰的综合利用，主要存在两方面的问题：一方面是粉煤灰的品质限制了其综合利用效率，如灰中含碳量高，影响了粉煤灰建材的强度；另一方面是由于粉煤灰综合利用率逐年提高，造成某些地方粉煤灰供不应求，最终影响了用灰企业的效益与积极性，时间一长，又反过来，影响了粉煤灰的出路。

四、粉煤灰利用控制标准

火电厂灰渣的理化性能变化很大，相应地它在混凝土等制品中的行为也有较大的波动性，为保证粉煤灰混凝土等制品的质量，使用于不同场合的灰渣都应符合相应的技术标准。

（一）粉煤灰标准的功能

粉煤灰标准的主要功能是规定下列 4 方面粉煤灰的性能：

（1）强度贡献。粉煤灰掺入制品后，应有一定的强度贡献。粉煤灰的强度贡献一般由细度、需水量比、火山灰活性指数及硅、铝、铁氧化物含量等指标控制。

（2）安定性。粉煤灰掺入混凝土制品后，应确保制品的体积安定性。控制安定性的参数有氧化镁、三氧化硫、游离氧化钙、碱量、蒸压膨胀值及水泥内碱的反应性等。

（3）均匀性。粉煤灰的理化性能应有一定的均匀性，均匀性由烧失量、细度及密度等指标的波动范围控制。

（4）运输及贮存性。粉煤灰应有较好的运输及贮存性能，此性能由含水量控制。

由于国内外对脱硫灰渣的应用范围还不广，大部分用于回填及灰场贮存，涉及工程应用时可参考相关的标准。

（二）我国粉煤灰标准

1. 拌制混凝土和砂浆用粉煤灰标准

拌制混凝土和砂浆用粉煤灰应符合 GB/T 1596—2005《用于水泥和混凝土中的粉煤灰》的技术要求，见表 4-2。它将粉煤灰分为三个质量等级，F 和 C 两类，并对 F 和 C 两类粉煤灰不同的技术指标作出了规定，这些技术指标有：细度、需水量比、烧失量、含水量、三氧化硫、游离氧化钙和安定性。Ⅰ级灰与英国的粉煤灰标准 BS3892 第一部分《结构混凝土用粉煤灰》接近，在国际上这一标准是最严格的。Ⅰ级灰具有较大的减水作用，可用于预应力钢筋混凝土。Ⅱ级灰主要应用于一般的钢筋混凝土，Ⅲ级灰主要用于混凝土或代砂。

表 4-2　　　　　　　　　**拌制混凝土和砂浆用粉煤灰技术要求**

项　　目		技　术　要　求		
		Ⅰ级	Ⅱ级	Ⅲ级
细度（45μm 方孔筛筛余）（不大于，%）	F 类粉煤灰	12.0	25.0	45.0
	C 类粉煤灰			
需水量比（不大于，%）	F 类粉煤灰	95	105	115
	C 类粉煤灰			

续表

项　目		技　术　要　求		
		Ⅰ级	Ⅱ级	Ⅲ级
烧失量（不大于，%）	F类粉煤灰	5.0	8.0	15.0
	C类粉煤灰			
含水量（不大于，%）	F类粉煤灰	1.0		
	C类粉煤灰			
三氧化硫（不大于，%）	F类粉煤灰	3.0		
	C类粉煤灰			
游离氧化钙（不大于，%）	F类粉煤灰	1.0		
	C类粉煤灰	4.0		
安定性雷氏夹沸煮后增加距离（不大于，mm）	C类粉煤灰	5.0		

2. 水泥用粉煤灰标准

作为混合材用于水泥生产的粉煤灰应符合 GB/T 1596—2005《用于水泥和混凝土中的粉煤灰》的要求，见表 4‑3。该标准将粉煤灰分为 F 和 C 两类，一个质量等级，五个技术指标：烧失量、含水量、三氧化硫、游离氧化钙、安定性及强度活性指数。GB/T 1596—2005 与被其替代的 GB 1596—1991 一致，均未将细度列为质量指标，因为目前掺粉煤灰水泥的生产在国内均采用混磨工艺。

表 4‑3　　　　　　　　　　水泥活性混合材料用粉煤灰技术要求

项　目		技　术　要　求
烧失量（不大于，%）	F类粉煤灰	8.0
	C类粉煤灰	
含水量（不大于，%）	F类粉煤灰	1.0
	C类粉煤灰	
三氧化硫（不大于，%）	F类粉煤灰	3.5
	C类粉煤灰	
游离氧化钙（不大于，%）	F类粉煤灰	1.0
	C类粉煤灰	4.0
安定性雷氏夹沸煮后增加距离（不大于，mm）	C类粉煤灰	5.0
强度活性指数（不大于，%）	F类粉煤灰	70.0
	C类粉煤灰	

3. 硅酸盐建筑制品用粉煤灰标准

JC/T 409—2001《硅酸盐建筑制品用粉煤灰》适用于加气混凝土、粉煤灰砖、砌块、粉煤蒸养陶粒及掺加粉煤灰的建筑板材等硅酸盐建筑制品用的粉煤灰。粉煤灰的细度、烧失

量、二氧化硅含量、三氧化硫含量应符合表
4-4的规定。硅酸盐建筑制品用粉煤灰按细
度、烧失量、二氧化硅和三氧化硫含量分为
Ⅰ、Ⅱ两个级别，细度分为 $45\mu m$、$80\mu m$ 方
孔筛筛余量两种。粉煤灰的放射性应符合
GB 6763—2000《建筑材料产品及建材用工
业废渣放射性物质控制要求》的规定。

4. 烧结普通砖国家标准

烧结粉煤灰砖是烧结普通砖的一个品种，
故应执行"烧结普通砖"国家标准（GB
5101—2003）的规定。

表 4-4　硅酸盐建筑制品用粉煤灰技术标准　　　　%

指 标 名 称		级　别	
		Ⅰ	Ⅱ
细度	0.045mm 方孔筛筛余量≤	30	45
	0.080mm 方孔筛筛余量≤	15	25
烧失量≤		5.0	10.0
二氧化硅≥		45	40
三氧化硫≤		1.0	2.0

注　细度可选用 0.045mm 或 0.080mm 方孔筛筛余量判定。

（1）尺寸允许偏差。尺寸允许偏差应符合表 4-5 的规定。

表 4-5　　　　　　　　　烧结普通砖尺寸允许偏差　　　　　　　　　mm

公称尺寸	优 等 品		一 等 品		合 格 品	
	样本平均偏差	样本偏差≤	样本平均偏差	样本偏差≤	样本平均偏差	样本偏差≤
240	±2.0	6	±2.5	7	±3.0	8
115	±1.5	5	±2.0	6	±2.5	7
53	±1.5	4	±1.6	6	±2.0	6

（2）强度等级。烧结普通砖按其抗压强度分为 MU30、MU25、MU20、MU15、MU10，5 个强度等级，其强度应符合表 4-6 的规定。

表 4-6　　　　　　　　　烧 结 普 通 砖 的 强 度　　　　　　　　　MPa

强 度 等 级	抗压强度平均值≥	变异系数≤0.21	变异系数>0.21
		强度标准值 f_k≥	单块最小抗压强度值 f_{min}≥
MU30	30.0	22.0	25.0
MU25	25.0	18.0	22.0
MU20	20.0	14.0	16.0
MU15	15.0	10.0	12.0
MU10	10.0	6.5	7.5

5. 农用粉煤灰标准

为防止农用粉煤灰对土壤、农作物、地下水、地面水的污染，保障农牧渔业生产和人体健康，国家环保总局于 1987 年颁布了 GB 8173—1987《农用粉煤灰污染物控制标准》，标准规定，经过一年风化的湿排粉煤灰用于土壤改良时，粉煤灰的污染物含量应符合表 4-7 限值的规定。

表 4-7 　　　　　　　　农用粉煤灰中污染物控制标准值　　　　　　　mg/kg 干粉煤灰

项　　目		最高允许含量	
		在酸性土壤上	在中性和碱性土壤上
		pH<6.5	pH>6.5
总镉（以 Cd 计）		5	10
总砷（以 As 计）		75	75
总钼（以 Mo 计）		10	10
总硒（以 Se 计）		15	15
总硼（以水溶性 B 计）	敏感作物	5	5
	抗性较强作物	25	25
	抗性强作物	50	50
总镍（以 Ni 计）		200	300
总铬（以 Cr 计）		250	500
总铜（以 Cu 计）		250	500
总铅（以 Pb 计）		250	500
全盐量与氯化物		非盐碱土	盐碱土
		3000（其中氯化物 1000）	2000（其中氯化物 600）
pH 值		10.0	8.7

6. 建筑材料产品放射性物质控制标准

在人类日常的生活环境中到处都存在着微量天然的放射性物质，主要为镭[226]、钍[232]、钾[40]、铀[238] 4 种放射性元素。

据有关资料介绍，居民所接受的辐射剂量，约 40% 来自建筑材料，30% 来自土壤的天然放射性和宇宙线，另外 30% 来自 X 射线诊断照射及其他射线波。在个人所接受的剂量中，建筑材料占有很大比例，因此建筑材料的放射性应引起足够的重视。

（1）建筑材料放射性核素限量。根据 GB 6566—2001《建筑材料放射性核素限量》的规定，建筑材料的辐射由内照射指数（I_{Ra}）及外照射指数（I_r）组成，分别可由式（4-1）和式（4-2）表达：

内照射

$$\frac{C_{Ra}}{370} + \frac{C_{Th}}{260} + \frac{C_K}{4200} \leqslant 1 \qquad (4-1)$$

外照射

$$\frac{C_{Ra}}{200} \leqslant 1 \qquad (4-2)$$

式中　C_{Ra}——建筑材料产品中的镭[226]的放射性核素比活度，Bq/kg；

　　　C_{Th}——建筑材料产品中的钍[232]的放射性核素比活度，Bq/kg；

　　　C_K——建筑材料产品中的钾[40]的放射性核素比活度，Bq/kg。

放射性比活度是指单位质量某核素的放射性活度，单位为 Bq/kg。

（2）空心建筑材料制品放射性核素限量。当空心建筑材料制品的空心率大于 25%，或质量厚度小于 8g/cm² 时，其放射性核素镭²²⁶、钍²³²和钾⁴⁰的比活度的限值可适当放宽，但应同时满足式（4-3）和式（4-4）的要求：

$$\frac{C_{Ra}}{370} + \frac{C_{Th}}{290} + \frac{C_K}{4600} \leqslant 1 \tag{4-3}$$

$$C_{Ra} \leqslant 200 \tag{4-4}$$

第二节 火电厂灰渣的分类和基本性能

一、火电厂灰渣的分类

（一）粉煤灰的分类

1. 按化学组成分

根据粉煤灰的化学组成可将其分为低钙型和高钙型，CaO 含量在 10％以上者属于高钙型粉煤灰。燃用烟煤或无烟煤时，所得粉煤灰多为低钙型；燃用次烟煤或褐煤时，所得粉煤灰多为高钙型。目前电厂粉煤灰多为低钙型。

表 4-8 列出了是我国 35 种电厂粉煤灰化学成分的含量均值。

表 4-8 我国 35 种电厂粉煤灰化学成分均值

化学组成	含量均值（％）	范围（％）	化学组成	含量均值（％）	范围（％）
SiO_2	50.6	33.9～59.7	MgO	1.2	0.7～1.9
Al_2O_3	21.1	16.5～35.1	Na_2O	0.5	0.2～1.1
Fe_2O_3	7.1	1.5～19.7	K_2O	1.3	0.6～2.9
CaO	2.8	0.8～10.4	SO_3	0.3	0～1.1

2. 按煤种分

我国 GB/T 1596—2005《用于水泥和混凝土中的粉煤灰》将粉煤灰按其煤种分为 F 类粉煤灰和 C 类粉煤灰。

（1）C 类粉煤灰是由褐煤或次烟煤煅烧收集的粉煤灰。其特征是 CaO 含量较高，一般大于 10％，SiO_2 含量较低，外观偏淡黄—浅灰色。C 类粉煤灰的化学成分见表 4-9。

表 4-9 C 类粉煤灰的化学成分 ％

质量分数	SiO_2	Al_2O_3	CaO	MgO	Fe_2O_3	SO_3	F-CaO	烧失量
平均值	20～25	10～15	35～45	3～5	9～12	2～4	7～10	2.5

与普通 F 类粉煤灰相比较，C 类灰的化学组成特点为：（$Fe_2O_3 + SiO_2 + Al_2O_3$）含量、烧失量、含水量及 K_2O 含量较低，CaO、MgO、SO_3、Na_2O 含量较高。

与普通 F 类粉煤灰相比较，其矿物组成特点为：含有与 F 类粉煤灰相同的某些矿物，如石英、莫来石等，但峰强削弱，特别是莫来石更弱；含有低钙灰中没有的 CA、CS、F-CaO、$CaSO_4$ 等数量不等的矿物，有时亦可能出现 CAS；玻璃体内氧化钙含量较高。

　　与普通 F 类粉煤灰相比较，C 类粉煤灰的物理性能特点为：细度大、密度高、需水量小、强度贡献大。C 类粉煤灰物理性能见表 4 - 10。

表 4 - 10　　　　　　　　　　　　　　C 类灰的物理性能

细度		珠含量（%）	需水量（%）	密度（g/cm³）	堆积密度（kg/m³）
45μm 方孔筛筛余量（%）	80μm 方孔筛筛余量（%）				
14.2	4.0	>90	82.6	2.63	1067

　　（2）F 类粉煤灰是由无烟煤或烟煤煅烧收集的粉煤灰。目前大多数电厂产生的粉煤灰为此类。主要特征是高硅铝、低钙，外观浅灰—灰黑色。这一类粉煤灰具有火山灰性能。F 类粉煤灰的化学组成见表 4 - 11。

表 4 - 11　　　　　　　　　　　　　F 类粉煤灰的化学组成　　　　　　　　　　　%

燃用煤种	SiO_2	Al_2O_3	CaO	MgO	Fe_2O_3	SO_3	K_2O	Na_2O	烧失量
烟煤	50.6	21.1	2.8	1.2	7.1	0.3	1.3	0.5	8.2

　　3. 按粉煤灰的细度和烧失量分

　　澳大利亚的标准 AS3582.1（用于波特兰水泥的粉煤灰）将粉煤灰分为 3 个等级：①细灰，75% 的粉煤灰通过 45μm 筛且烧失量不超过 4%；②中灰，60% 的粉煤灰通过 45μm 筛且烧失量不超过 6%；③粗灰，40% 的粉煤灰通过 45μm 筛且烧失量不超过 12%。

　　我国的标准 GB/T 1596—2005《用于水泥和混凝土中的粉煤灰》也主要根据粉煤灰的细度和烧失量将用于混凝土和砂浆掺和料的粉煤灰分为 3 个等级：①Ⅰ级粉煤灰，45μm 方孔筛筛余量小于 12%，烧失量小于 5%；②Ⅱ级粉煤灰，45μm 方孔筛筛余量小于 25%，烧失量小于 8%；③Ⅲ级粉煤灰，45μm 方孔筛筛余量小于 45%，烧失量小于 15%。

　　4. 按粉煤灰的状态分

　　英国从粉煤灰回填的角度，根据粉煤灰的状态，将粉煤灰分为改性粉煤灰（也称调湿灰）和陈灰。

　　所谓改性粉煤灰，是将排放的粉煤灰运送至目的地之前加一定量的水形成的。这种粉煤灰密实后的强度随时间的延长有一定增长，因此这种粉煤灰通常被用于回填或土壤加固。由于这种用途，改性粉煤灰应满足一定的强度要求。

　　陈灰通常在使用前存放时间比较长，含有的水分为平衡含水率。陈灰性能比较差，一般用于回填。

　　（二）脱硫灰渣的分类

　　脱硫灰渣根据脱硫工艺及脱硫产物的不同，大体上可分为 3 类：湿法脱硫灰渣、干法脱硫灰渣、循环流化床脱硫灰渣。

　　1. 湿法脱硫灰渣

　　湿法脱硫灰渣是指采用湿法脱硫工艺所形成的灰渣，过程中脱硫剂为湿态，同时脱硫产物也为湿态。目前常见的湿法烟气脱硫有：石灰石—石膏法、钠洗法、双碱法、威尔曼—洛德法及氧化镁法等。由于湿法脱硫在技术上最为成熟，这部分脱硫渣占总体的大部分，在电厂以石灰石—石膏法产生的脱硫石膏为最常见。

2. 干法脱硫灰渣

干法脱硫是通过向烟气中喷入钙基吸收剂 $[CaO$ 或 $Ca(OH)_2]$，与烟气中的 SO_3、SO_2 反应生成 $CaSO_4$、$CaSO_3$ 化合物来达到脱硫的目的的一种烟气脱硫工艺。干法脱硫按其喷入的钙基吸收剂的固相或液相状态，又可分为干法与半干法。其中干法工艺中喷入的钙基吸收剂为 CaO 粉或 $Ca(OH)_2$ 粉，而半干法中喷入的钙基吸收剂为雾状的消石灰浆。干法产生的脱硫灰渣，即脱硫产物和灰的混合物，这种灰渣随着干法脱硫工程的逐步实施也将占有一定比例。

3. 循环流化床脱硫灰渣

循环流化床燃烧器以排放渣为主，渣所占比例在 $50\%\sim80\%$。循环流化床脱硫灰渣主要由脱硫副产物硫酸钙、亚硫酸钙和残留的脱硫剂如石灰石、石灰等组成。

二、火电厂粉煤灰的基本性能

（一）物理性能

1. 外观和颜色

粉煤灰的外观类似水泥，都是粉状物质。燃用煤种、燃烧条件的不同以及粉煤灰的组成、细度、含水量的变化，特别是粉煤灰中含碳量的变化，都会影响粉煤灰的颜色。粉煤灰的颜色可以从乳白色到灰黑色，含碳量越高其颜色越深。火电厂粉煤灰一般呈灰白色。

粉煤灰的颜色虽然不是质量评定和生产控制的主要指标，但因为它反应了粉煤灰含碳量的多少，因此也是重要的指标。

粉煤灰的颜色变化在一定程度上也反映了粉煤灰的细度。因为炭粒往往存在于较粗的粉煤灰颗粒组分之中，所以颜色较深的粉煤灰中粗粒所占的比例较多。

2. 密度

粉煤灰密度是指在绝对密实状态下单位体积粉煤灰的质量，单位是 g/cm^3，用李氏比重瓶进行测量。粉煤灰密度可用式（4-5）表示：

$$\rho_P = \frac{m}{V} \tag{4-5}$$

式中 ρ_P ——粉煤灰密度，g/cm^3；

m ——装入比重瓶中的粉煤灰质量，g；

V ——粉煤灰排出液体（煤油）的体积，cm^3。

我国粉煤灰的密度大约为 $1.8\sim2.4g/cm^3$。粉煤灰密度指标对粉煤灰质量评定和生产控制具有一定意义。如果密度发生变化，则表明粉煤灰品质有可能发生变化，密度还可用于判断粉煤灰的均匀性。

3. 堆积密度（松散干容重）

粉煤灰的堆积密度是指粉煤灰在松散状态下的单位体积的质量，可用容量筒进行测量。粉煤灰堆积密度可用式（4-6）表示：

$$\rho_b = \frac{(m_2 - m_1)}{V} \times 1000 \tag{4-6}$$

式中 ρ_b ——粉煤灰的堆积密度，kg/m^3；

m_2 ——容量筒及样品质量，kg；

m_1 ——容量筒质量，kg；

V ——容器的容积，L。

我国粉煤灰的松散干容重约为 $550\sim880\mathrm{kg/m^3}$。

4. 孔隙率

孔隙率指粉煤灰中空隙体积占总体积的百分率，可根据测得的密度与堆积密度按式（4-7）计算求得：

$$\varepsilon = \left(1 - \frac{\rho_b}{\rho_P \times 1000}\right) \times 100 \qquad (4-7)$$

式中　ε——孔隙率，%；

　　ρ_b——粉煤灰干容重，$\mathrm{kg/m^3}$；

　　ρ_P——粉煤灰密度，$\mathrm{g/cm^3}$。

粉煤灰的孔隙率一般约为 $60\%\sim75\%$。

粉煤灰的密实度 D 可用式（4-8）计算：

$$D = 1 - \varepsilon \qquad (4-8)$$

式中　D——粉煤灰的密实度，%；

　　ε——粉煤灰的孔隙率，%。

5. 细度

粉煤灰的细度可以用 $80\mu\mathrm{m}$ 筛筛余量、$45\mu\mathrm{m}$ 筛筛余量及粒径表示。多数国家规定以 $45\mu\mathrm{m}$ 筛筛余百分数为细度指标。

粉煤灰颗粒的组成、结构及理化特性与细度有关。粗颗粒中碳粒及多孔玻璃体较多；中等颗粒中往往磁性玻璃体较多；细度高者，密实玻璃体较多而游离 CaO 及石膏含量少，水化作用时水化产物明显增加，结合水量增加。由于磁性玻璃体的活性较差，多孔玻璃体活性不高而且不利于生成致密的制品，因而不宜用作水泥制品材料。只有密实玻璃体既有利于减水，又会生成较多的水化产物，可形成较好的水泥制品。

可见，细度是粉煤灰的重要物理性质之一，也是评定其质量的一项重要指标。

粉煤灰的细度指标，也可以用它的比表面积表示。1g 粉煤灰所含颗粒的外表面积称为粉煤灰的比表面积，单位为 $\mathrm{m^2/g}$ 或 $\mathrm{cm^2/g}$。比表面积的测定，通常用勃氏试验法，用这类方法所测定的比表面积的变化范围一般为 $1700\sim6400\mathrm{cm^2/g}$。我国则采用类似测定水泥比表面积的透气试验法。国内电厂粉煤灰比表面积的变化范围为 $800\sim5500\mathrm{cm^2/g}$，一般为 $1600\sim3500\mathrm{cm^2/g}$。

6. 粉煤灰的需水量比

需水量比反映粉煤灰需水量的大小，是指在一定的流动度下，以 30% 的粉煤灰取代硅酸盐水泥时所需的水量与硅酸盐水泥标准砂浆需水量之比。它直接影响到混凝土的施工性能和力学性能，因此是粉煤灰物理性能的一项重要品质参数。最劣粉煤灰的需水量比高达 120% 以上，特优粉煤灰则可能在 90% 以下。

粉煤灰的需水量比与粉煤灰的细度有关。当粉煤灰的颗粒越细时，需水量比越小。在粉煤灰颗粒中，当多孔玻璃体或碳粒含量相对较多时，需水量比就大；密实玻璃体含量高时，需水量比小。

7. 含水率

粉煤灰的质量是粉煤灰颗粒与孔隙水质量的总和。粉煤灰的含水率是指原状粉煤灰所含游离水、吸附水占所测试样原质量的百分数。粉煤灰的含水率不但影响卸料、贮藏等操作，还可影响粉煤灰的工程性能，如压实性能及抗剪强度，尤其在粉煤灰产品中，粉煤灰的含水率是配料的主要参数。GB/T 1596—2005《用于水泥和混凝土的粉煤灰》规定 I、II、III 级灰的含水率不得超过 1%。对 C 类粉煤灰来说，含水率还会明显影响粉煤灰的活性，并造成固化结块。

8. 强度活性指数

强度活性指数指试验胶砂抗压强度与对比胶砂抗压强度之比，以百分数表示。按 GB/T 17671—1999《水泥胶砂强度检验方法（ISO 法）》测定试验胶砂和对比胶砂的抗压强度。活性指数按式（4-9）计算：

$$H_{28} = \left(\frac{R}{R_1}\right) \times 100 \tag{4-9}$$

式中　H_{28}——强度活性指数，%；

　　　R——试验胶砂 28d 抗压强度，MPa；

　　　R_1——对比胶砂 28d 抗压强度，MPa。

9. 安定性

安定性指标是一个与化学性质有关的物理指标。测定粉煤灰安定性的目的主要是避免粉煤灰中有害的化学成分（主要是指 MgO），影响混凝土的耐久性。粉煤灰安定性试验往往采用与水泥安定性试验相同的测定方法，用蒸压膨胀或收缩指标来衡量其安定性。

火电厂粉煤灰的物理性质取决于燃煤的种类、煤粉的细度、燃煤方式和温度，以及电厂收尘效率、排灰方式等。表 4-12 示出了某火电厂粉煤灰的主要物理性质指标。

表 4-12　　　　　　　　　某火电厂粉煤灰的物理性质指标

容重 (kg/L)	粒度 (μm)	孔隙率 (%)	需水量比 (%)	比表面积 (cm²/g)	灰分 (%)	热值 (kJ/kg)	分离度 (%)
0.5~1.0	17~40	60~75	35~65	2000~4000	70~80	6000~7500	92

（二）化学特性

粉煤灰的化学组成类似于火山灰。主要的化学成分有 SiO_2、Al_2O_3、Fe_2O_3 和 FeO，约占总量的 80% 以上。次要的化学成分为 CaO、MgO、SO_3、Na_2O 及 K_2O 等。

由于粉煤灰的物理化学特性取决于煤种、制粉设备、锅炉炉型、除尘设备类型、除尘方式、运行条件等多种因素，所以，不同电厂的粉煤灰性质差异很大。我国及国外部分火力发电厂粉煤灰化学组成见表 4-13。

表 4-13　　　　　　　　　粉 煤 灰 的 化 学 成 分　　　　　　　　　（%）

国家＼成分	SiO₂	Al₂O₃	CaO	MgO	Fe₂O₃	SO₃	K₂O	Na₂O	烧失量
中国	46.74	25.01	5.58	1.28	8.46	0.53	1.80	0.67	10.37
日本	57.96	25.86	3.98	1.58	4.31	0.34	2.15	1.49	0.73
美国	44.11	20.81	4.75	1.12	17.49	1.19	1.97	0.73	7.83
英国	46.16	26.99	3.06	1.96	10.44	1.53	3.36	0.90	3.86
法国	41.13	24.39	5.06	1.85	13.93	0.77			9.65
德国	50.00	30.00	3.00	7.00	0.60	3.50	0.70		
捷克	51.30	27.20	4.30	0.63	7.40	0.59	1.86	0.32	4.63

1. MgO 及 SO₃

粉煤灰中的 MgO 及 SO₃ 是有害物质。在粉煤灰中硫可能有不同的存在形态，当以硫酸盐形态存在时，一般对水泥及混凝土没有害处，当以硫化物（SO₃）形态存在且含量过多时，有可能产生膨胀和对钢筋有锈蚀作用。MgO 的存在，将使掺入粉煤灰的水泥发生不安定现象，从而影响混凝土的性能。

2. 含碳量

含碳量系指其中未燃烧的碳粒，也是粉煤灰中的有害物质。未燃烧的碳粒多孔，吸水大，为非活性物质，当含碳量过多时，将增加掺粉煤灰水泥的需水量，从而增加混凝土的需水量使其强度降低。由于粉煤灰中的含碳量与烧失量有较好的相关关系，因此，以烧失量表示粉煤灰中含碳的程度。

3. 游离 CaO

游离氧化钙指粉煤灰中没有以化合状态存在而是以游离状态存在的氧化钙。粉煤灰中的 CaO 是粉煤灰的主要胶凝组分。在 F 类粉煤灰中，CaO 绝大部分结合于玻璃体中；在 C 类粉煤灰中，CaO 除大部分被结合外，还有一部分是游离的。GB/T 1596—2005《用于水泥和混凝土中的粉煤灰》规定 F 类粉煤灰游离氧化钙不得大于 1%，C 类粉煤灰游离氧化钙不得大于 4%。

4. 碱含量

粉煤灰中的 Na₂O 和 K₂O 虽然不多，但它们能加速水泥的水化反应，而且能激发粉煤灰化学活性以及促进粉煤灰与 Ca(OH)₂ 的二次反应，因此 Na₂O 和 K₂O 是有益的化学成分。但是碱性物质的增加，可能会加强碱—集料反应及降低粉煤灰抑制碱—集料反应的能力。因此不少国家的标准规范对 Na₂O 和 K₂O 含量加以限制，一般要求有效碱（以 K₂O 计）不超过 1.5%。

（三）矿物组成

粉煤灰是一种高度分散的固相集合体，主要由无定形和结晶矿物相组成。经电子显微镜和 x 射线衍射研究表明，无定形的、未燃尽的细小碳粒仅占一小部分，多数是由 SiO_2 和 Al_2O_3 形成的无定形固熔玻璃体空心微珠及石英砂粒、莫来石、石灰、黄铁矿等结晶矿物相组成的，主要成分见表 4 - 14。

表 4 - 14　　　　　　　　　　粉煤灰的主要矿物组成　　　　　　　　　　（%）

矿物名称	石　英	莫来石	赤铁矿	磁铁矿	玻璃体
范　围	0.9～18.5	2.7～34.1	0～4.7	0.4～13.8	50.2～79.0
均　值	8.1	21.2	1.1	2.8	60.4

1. 无定形炭粒

此炭粒表面疏松呈蜂窝状，黑中带灰色。

2. 空心微珠

粉煤灰中空心微珠含量约为 50%～80%，主要化学成分是硅、铝、铁的氧化物及少量的钙、镁、钾、钠等化合物。细度为 $0.3～200\mu m$，其中小于 $5\mu m$ 的空心微珠占粉煤灰总量的 20%。

空心微珠按密度大小可分为两类，一类是空心漂珠（简称漂珠），其壁厚是球径的 5%～8%，壁上有细小针孔，珠壁密度为 $480kg/m^3$；另一类是厚壁型空心微珠（简称沉珠），沉珠比漂珠壁厚，容重大，强度高，耐磨性好。沉珠壁厚为球径的30％，珠壁密度为800kg/m³。沉珠一般可承受压力为7～14MPa，最高可达70MPa。

漂珠是粉煤灰中存在的一种大量的中空封闭型玻璃珠体，呈灰白色，相对密度小于1，可浮于水面。它主要由 SiO_2、Al_2O_3、TiO_2、CaO、MgO 等耐高温氧化物组成，具有耐高温性能。漂珠热导率较小，与石棉粉热导率0.106～0.208W/(m·℃) 相近，具有良好的保温性能。另外还具有较好的耐酸性、耐磨性及绝缘性。某电厂漂珠的性能指标列于表4-15～表4-17中。

表4-15　　　　　　　　　　某电厂漂珠的粒度分布

粒径等级（μm）	<90	90～154	154～180	180～280	280～450	450～900	>900
含量（%）	5.9	15.8	14.2	35.0	19.4	8.0	1.7

表4-16　　　　　　　　　　某电厂漂珠的物理性质

项 目	测 定 值	项 目		测 定 值
密度（kg/m³）	340～380	色泽		银白色
相对密度	0.57	壁厚（μm）		5～8
比表面积（m²/g）	0.36～0.32	热导率 [W/(m·℃)]	常温	0.115
耐火度（℃）	1250		500℃	0.126
荷重软化温度（℃）	1200		800℃	0.152
熔点（℃）	1560		1000℃	0.187

表4-17　　　　　　　　　　某电厂漂珠的化学组成

成 分	SiO_2	Al_2O_3	Fe_2O_3	CaO	MgO	TiO_2	SO_3	K_2O	Na_2O	MnO	P_2O_5
含量（%）	54.30	40.37	2.50	1.34	0.52	1.05	0.19	2.50	0.44	0.01	0.13

3. 不规则玻璃体

粉煤灰中的不规则玻璃体，是一些破碎了的玻璃微珠及碎片，其化学成分与微珠的相同，此外尚含有少量的氧化铁、氧化钾等，粗细不一。

4. 石英

粉煤灰中的石英多为白色，有些呈单体小石英碎屑，也有些附在碳粒和煤矸石上呈集合体形式存在。

5. 莫来石

相当于天然矿物富铝红柱石，呈针状体或毛粘状多晶集合体，多分布于空心微珠的壳壁上，极少单颗粒存在。

此外，粉煤灰中还有少量的磁铁矿、赤铁矿等结晶矿物相存在。所有上述矿物多以多相集合体形式出现。

（四）活性

粉煤灰含有较多的活性氧化物（SiO_2、Al_2O_3），它们在有水的条件下，可与氢氧化钙[$Ca(OH)_2$]在常温下反应生成稳定的水化硅酸钙和水化铝酸钙。与火山灰质材料一样，当与石灰、水泥熟料等碱性物质混合并加水搅拌成胶泥状态后，便可凝结、硬化，并具有一定的强度，这些性能即是粉煤灰的活性。

粉煤灰的活性取决于其化学成分、物理性能及结构特征。高温熔融并骤冷的粉煤灰含有大量的表面光滑的玻璃微珠，这些玻璃微珠含有较高的化学内能，是粉煤灰具有活性的主要矿物相。玻璃微珠中含有的活性 SiO_2 和活性 Al_2O_3 量越多，活性越高。

粉煤灰中的某些结晶矿物，诸如莫来石、α—石英等，只有在蒸汽养护条件下才能与碱性物质发生水化反应，常温下一般不具有明显活性。对于少数 CaO 含量很高的粉煤灰，其本身含有较多的游离 CaO 和一些具有水硬活性的矿物，如硅酸二钙、三铝酸五钙等，加水后这种粉煤灰可自行硬化并具有一定的强度。

三、火电厂炉渣的基本性能

炉渣的化学成分与粉煤灰相似，但含碳量通常比粉煤灰高，一般在 15% 左右。其主要化学成分（以烟煤为例）见表 4-18。

表 4-18　　　　　　　　　　　炉渣的化学成分　　　　　　　　　　（%）

煤　种	SiO_2	Al_2O_3	CaO	MgO	Fe_2O_3	K_2O	Na_2O
烟　煤	37.77~60.99	16.8~35.2	0.9~9.6	0.3~3.9	4.3~24.9	0.3~3.4	0.1~1.4

炉渣的容重一般为 700~1000kg/m³。炉渣中也含有二氧化硅和三氧化二铝等活性成分，这些成分含量越高，其活性也就越好，对粉煤灰砖强度的贡献也就越大。另外炉渣中的活性成分不但参与形成强度的反应，而且炉渣中未参与反应的颗粒还起到骨料的作用。

炉渣的矿物组成主要包括玻璃微珠、海绵状玻璃体、石英、氧化铁、硫酸盐等。

四、火电厂脱硫灰渣的基本性能

（一）湿法脱硫石膏的基本特征

脱硫石膏主要成分与天然石膏相同，为二水硫酸钙晶体（$CaSO_4 \cdot 2H_2O$），呈粉末状。当石灰石纯度较高时，脱硫石膏纯度一般在 90%~95% 之间，含水率一般为 10%~15%。脱硫装置正常运行时产生的脱硫石膏近乎白色，有时随杂质含量变化呈黄白色或灰褐色，当除尘器运行不稳定，带进较多飞灰等杂质时，颜色发灰。烟气脱硫石膏品位优于多数商品天然石膏，其主要杂质为碳酸钙，有时还含有少量粉煤灰。表 4-19 列出了天然石膏和脱硫石膏的化学成分及细度。

表 4-19　　　　　　　天然石膏和脱硫石膏的化学成分及细度　　　　　　　（%）

项　　目	SiO_2	Al_2O_3	CaO	MgO	Fe_2O_3	SO_3	烧失量	筛余（%）45μm
天然石膏	4.3	1.73	31.5	1.30	1.15	41.1	17.2	8.8
脱硫石膏	2.7	0.7	31.6	1.0	1.0	42.4	19.2	1.0

在扫描电镜下观察到，脱硫石膏颗粒外形完整，水化后晶体呈柱状，结构紧密，其水化硬化体的表观密度较天然石膏硬化体大 10%~20%，而且，脱硫石膏颗粒一般不超过 200目，粒径分布范围较小，主要集中在 30~60μm 之间，与天然石膏相比较细。

（二）干法、半干法脱硫灰渣的性能

在干法和半干法工艺中，由于脱硫吸收剂的加入，使脱硫灰渣的物理、化学特性与传统意义上的粉煤灰相比发生了很大的变化。它是一种干态的混合物，包含有飞灰、$CaSO_3$、

$CaSO_4$ 以及未完全反应的吸收剂，如 CaO、$Ca(OH)_2$ 和 $CaCO_3$ 等。

干法（半干法）脱硫灰与普通粉煤灰相比，最主要差异在于前者具有较高的 pH 值、较强的自硬性、较低的渗透率、较多的钙基化合物和较细的粒径。

（三）循环流化床脱硫灰渣的基本特性

循环流化床锅炉排放以渣为主，渣所占比例在 50%～80%。渣灰的化学成分中含有较多的氧化钙和三氧化硫，它主要由脱硫副产物硫酸钙、亚硫酸钙和残余的脱硫剂如石灰石、石灰等组成。

与粉煤灰相比，循环流化床脱硫灰渣具有以下特点：①烧失量较高，一般都在 5% 以上，最高可达 20% 以上；②CaO 含量高；③SO_3（粉煤灰中 SO_3 以硫酸盐形式存在）质量浓度高；④玻璃体较少，CFB 锅炉的燃烧温度较低，大部分矿物都没有形成玻璃体，与煤粉炉粉煤灰相比火山灰活性和流动性差；⑤具有一定的自硬性，但强度较低。

第三节 灰渣的综合利用

一、粉煤灰的综合利用

电厂灰渣治理的指导思想是"以用为主"；粉煤灰综合利用的原则是实行"因地制宜、多种途径、各方协作、鼓励用灰"，和"谁排放，谁治理，谁利用，谁收益"，不断扩大利用面，增加利用量、利用率。

我国从 20 世纪 50 年代开始研究、利用粉煤灰，目前已广泛应用于建材工业、建筑行业、市政道路工程。此外，在矿井回填、塑料工业、军事工业、化工原料的提取、环境工程及农业等领域也有所应用。

（一）粉煤灰的分选及利用

粉煤灰中含有碳、铁、铝及空心微珠等有用组分，经过分选后才能有效、合理地利用。根据其化学成分、矿物组成及排灰方式，可采用重选、浮选、磁选、电选及化学选矿等方法对粉煤灰进行分选。

1. 碳的分选及利用

煤由于燃烧不完全，造成粉煤灰中含有一部分未燃碳，一般含量为 3%～20%。不仅浪费能源、污染环境，而且造成粉煤灰综合利用的困难，影响了粉煤灰资源的开发。选出的未燃碳可用作制取活性炭的原材料或用作优质燃料。

从粉煤灰中选碳的常用方法有浮选法、电选法。

（1）浮选法。浮选法适用于湿法排放的粉煤灰，其原理是利用粉煤灰中碳与硅铝酸盐表面对水润湿性的差异，通过向灰浆中加入捕收剂（例如柴油等），疏水的炭粒被捕收剂浸润而吸附在由于搅拌产生的气泡上，上升至液面形成矿化泡沫层与灰浆分离，收集这层泡沫层后可得到未燃炭粒。亲水的粉煤灰则作为尾渣排除。浮选工艺中往往要加入一些起泡剂（如杂醇油、松尾油等），使泡沫稳定。粉煤灰浮选流程如图 4-1 所示。

（2）电选法。粉煤灰的粒度细、比重轻、粒级宽，其中炭与灰的比重近似于 1，很难用重力进行有效分选。而炭与灰的电学性能差异明显，灰的比电阻为 10^{10}～$10^{12}\Omega \cdot cm$，属于非导电性物料；而炭的比电阻为 10^4～$10^5\Omega \cdot cm$，属于导电性物料。电选法就是利用这种电性差异，在高压电场作用下使其分离的。电选流程如图 4-2 所示。

```
粉煤灰                              粉煤灰
  │  浮选                             │  一次电选
  ├────┐                            ├────┐
  │    │  扫选                       │    │  二次电选
  │    ├────┐                       │    ├────┐
  │    │    │  扫选                  │    │    │
  │    │    ├────┐                  │    │    │
  精煤        灰渣                   灰渣      精煤
```

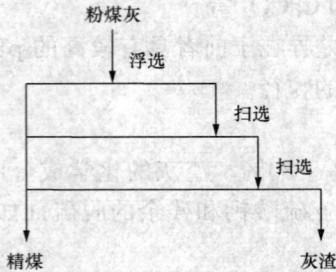

图 4-1 粉煤灰浮选碳的流程　　　　　图 4-2 粉煤灰电选脱碳流程

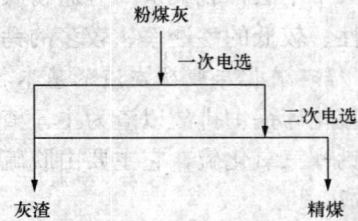

电选脱碳适用于干式排灰，脱碳灰除用作混凝土掺合料外，还可作水泥混合材料用，是建材工业的优质原料。用脱碳粉煤灰制成 500 号普通水泥时，粉煤灰掺配比为 7%～15%；400 号粉煤灰水泥的掺配比为 27%。

2. 铁的分选及利用

燃煤中共生有许多含铁矿物，例如黄铁矿（FeS_2）、赤铁矿（Fe_2O_3）、褐铁矿（$2Fe_2O_3 \cdot 3H_2O$）、菱铁矿（$FeCO_3$）等。煤炭在高温下燃烧时，这些含铁矿物质转化为磁珠状态的氧化铁（Fe_3O_4），在粉煤灰中占 8%～29%。这种磁性氧化铁可直接利用磁选机选出。

粉煤灰磁选有干、湿两种方法。湿法磁选工艺主要设备为半逆流永磁式磁选机、冲选泵和沉淀池。采用"磁选—磨矿（脱磁）—磁选"二级磁选工艺，可使铁精矿的品位达 50%～65%。干灰磁选的效果比湿灰的好，经一次磁选，精铁矿含铁量即可达到 55%。

从粉煤灰中精选铁矿具有工艺简单、投资小、成本低等优点，所选出的铁精矿可供冶炼生铁；铁矿粉可以作为制作铁红、铁黄等染料的原材料。

3. 空心玻璃微珠的分选和应用

粉煤灰中空心玻璃微珠的分选有干、湿两种方法。

（1）干式机械分选。目前世界上采用机械分选微珠的方法已初具规模。采用重力干法分选工艺，既可分选空心玻璃微珠，又可选取铁和炭，同时还可以对空心玻璃微珠进行粒径分级处理。

空心玻璃微珠的分选装置由分选器、分离器和收集器三个主要部分组成。分选器是采用重力方法分离的装置，由三个大小不等的沉降箱组成，每个沉降箱的下部都设有卸料装置。含有粉煤灰的气流进入沉降箱时，由于气流通道断面扩大，气体流速迅速下降，粉煤灰借重力的作用分离出较重的粗颗粒、蜂窝状玻璃体、石英、莫来石、实心球、铁球和大颗粒的炭粒等，它们中的大部分都分别沉降到分选器的各级沉降箱中。剩下部分细小颗粒的空心玻璃微珠、超细微珠等随气流进入分离器。

分离器由两级旋风分离器组成，利用气流旋转过程中产生的惯性离心力使进入其中的大部分细小空心微珠分离出来。剩余极少量超细微珠随气流最后进入收集器。

收集器在分选系统末端，一般采用脉冲袋式收集器，它既能回收超细微珠，又可作净化处理装置。

（2）湿式分选。湿式分离有浮选法、溜槽法和重液法等。浮选法工艺流程如图 4-3 所示，该法回收高档空心玻璃微珠的产率为 22.2%，中档空心玻璃微珠的产率为 9.23%。

（3）空心玻璃微珠的应用。空心玻璃微珠具有颗粒细小、质轻、中空、隔热、隔音、耐高温和低温、耐磨、强度高及电绝缘等特性，是一种具有多功能的优良材料，有许多用途：①可作为轻质、高强、耐火、防火、隔热保温等建筑材料的原料；②是橡胶和塑料制品的理想填料，可提高制品的耐高温性能；③可用作石油精炼过程中的一种裂化催化剂；④可与某些树脂配制成耐高压的海底仪器和潜艇的外壳；⑤用作电瓷瓶及其他电气绝缘材料的原料；⑥用作航天器的表面复合材料；⑦作为高级喷涂料和防火材料的填充材料；⑧用于制造汽车刹车片及军用摩擦片和石油钻井机刹车块等制品；⑨用作人造大理石的填充料；⑩用作油田水泥的减轻剂，降低水泥浆的密度，以防止水泥浆的漏失而使低压地层受水泥浆的污染。

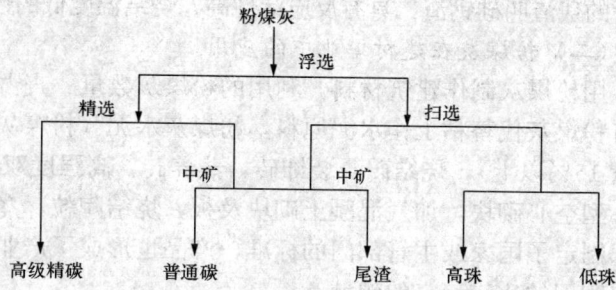

图 4-3 粉煤灰湿式分选流程

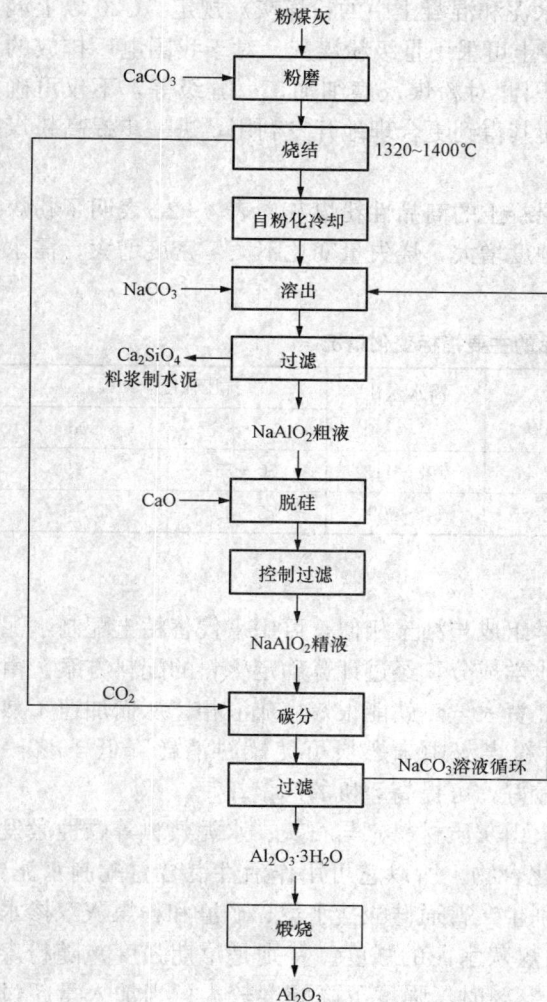

4. 氧化铝的提取及利用

从粉煤灰中提取氧化铝，可采用石灰石烧结工艺，主要工艺过程是熟料烧成、自粉化、溶出、脱硅、碳分和煅烧。其工艺流程如图 4-4 所示。

（1）熟料烧成。粉煤灰与石灰石在高温下烧结，其中的 Al_2O_3 与 CaO 烧结成易溶于碳酸钠溶液的 $5CaO \cdot 3Al_2O_3$，而 SiO_2 与 CaO 烧结成不溶性的 $2CaO \cdot SiO_2$。

（2）熟料自粉。烧结后的熟料冷却至 $650\,℃$ 以下时，熟料中的 C_2S 由 β 相转变至 γ 相引起体积膨胀，熟料自粉碎至 200 目以下。

（3）溶出。用碳酸钠溶液浸泡粉化料，其中 $5CaO \cdot 3Al_2O_3$ 与碱反应生成铝酸钠进入溶液，而生成的碳酸钙与熟料中的不溶物一起留在渣中，使铝与钙、硅分离。

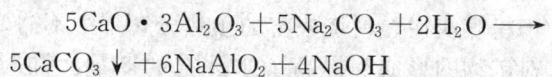

$$5CaO \cdot 3Al_2O_3 + 5Na_2CO_3 + 2H_2O \longrightarrow 5CaCO_3 \downarrow + 6NaAlO_2 + 4NaOH$$

（4）脱硅。将溶出液进一步除硅，以提高氧化铝的纯度。

（5）碳分。用 CO_2 和铝酸钠溶液反应，生成氢氧化铝，且同时产生的 Na_2CO_3 可循环使用。

（6）煅烧。把氢氧化铝煅烧成氧化铝，氧化铝是应用广泛的化工原料。提取出氧化

图 4-4 粉煤灰提取氧化铝工艺流程

铝后的残渣叫硅钙渣，具有反应活性高、烧结温度低的性能，利于节能，是优质的水泥材料。

（二）粉煤灰在建材工业中的应用

用粉煤灰制作建筑材料，利用的粉煤灰数量一直占我国粉煤灰的利用量首位。其主要产品有粉煤灰代替粘土作水泥原料，粉煤灰水泥（粉煤灰掺量30%以上），普通水泥（粉煤灰掺量15%以上），烧结砖、装饰砖、蒸养砖、高强度双免浸泡砖、双免砖，硅酸盐承重砌块和小型空心砌块，加气混凝土砌块及板，烧结陶粒，蒸压砖，钙硅板等。目前这些产品大部分都制定了国家或主管部门的标准，产品也形成了产业化，应用技术也十分成熟，已形成粉煤灰利用的比较稳定的领域。

1. 生产磨细粉煤灰

粉煤灰是一种活性矿物质细粉资源。研究表明粉煤灰的细度不同，对硅酸盐水化产物的影响也不同，细度越细，其活性越高。同时，由于粉煤灰中玻璃微珠在细粒径范围内相对富集，致使细灰的需水量也比粗灰的要少。为确保掺粉煤灰的混凝土制品的质量，世界各国都制定了相应粉煤灰质量标准或应用技术规程，并都以粉煤灰细度作为划分粉煤灰品质（或等级）的主要依据。如GB/T 1596—2005《用于水泥和混凝土中的粉煤灰》规定：C20以上混凝土宜采用Ⅰ、Ⅱ级粉煤灰；C15以下的素混凝土可采用Ⅲ级粉煤灰。对于我国电厂排放的粉煤灰，有95%以上为Ⅲ级粉煤灰或等外灰，因此对粉煤灰磨细加工、分级等，不仅可确保电厂所供应的不同品种粉煤灰的质量，并可使其得到更合理地开发利用，进一步提高粉煤灰利用的技术和经济效益。

磨细灰目前已成为国内主要的适用于钢筋混凝土的商品性粉煤灰。表4-20表明了粉煤灰在磨细前后性能的变化。原状粉煤灰磨细后细度增大，烧失量变化不大，密度增大，需水量比减小，抗压强度比提高。

表4-20　　　　　　　　　　原状灰和磨细粉煤灰产品的主要指标变化情况

粉煤灰种类	细度（%）		密度（g/cm³）	需水量比（%）	抗压强度（MPa）	
	80μm筛筛余	45μm筛筛余			28d	90d
原状粉煤灰	7～30	20～46	1.95～2.10	102～113	60～75	75～90
磨细粉煤灰	2～5	17～20	2.15～2.25	98～102	75～85	85～95

2. 生产水泥

（1）代替粘土原料生产水泥。粉煤灰的化学组成与粘土相似，可用来代替粘土配制水泥生料。在配制水泥生料时，应根据所用原料的化学成分，经过计算确定生料的配料方案。由于粉煤灰在熟料烧成窑的预热分解带中不需要耗费大量热就能很快生成液相，从而加速了熟料矿物的形成，提高了水泥窑的产量。同时，粉煤灰中未燃炭可使燃料消耗降低16%～17%。烧制成的水泥熟料质轻且多孔，易磨性较好，可提高磨机的产量。

（2）配制粉煤灰水泥。粉煤灰是一种人工火山灰质材料，与石灰、水泥熟料等碱性激发剂发生化学反应，能生成具有水硬胶凝性能的化合物，所以它可用作活性混合材配制水泥。用质量合格的粉煤灰作混合材磨制水泥，可分别生产普通硅酸盐水泥、矿渣和粉煤灰双掺水泥（复合硅酸盐水泥）、粉煤灰硅酸盐水泥。粉煤灰水泥的强度（特别是早期强度）随粉煤灰掺入量的增加而下降。当粉煤灰加入量小于25%时，强度下降幅度较小；当加入量超过30%时，强度下降幅度增大。粉煤灰掺入量对水泥强度的影响见表4-21。

表 4 - 21 粉煤灰掺入量对水泥强度的影响

粉煤灰掺入量（%）	45μm 方孔筛筛余（%）	抗压强度（MPa）			抗折强度（MPa）		
		3d	7d	28d	3d	7d	28d
0	6.0	6.3	7.0	7.2	32.0	41.5	55.5
25	5.6	4.7	6.5	6.5	23.1	29.1	44.0
35	5.6	4.2	6.4	6.5	18.5	24.9	42.2

（3）生产低温合成水泥。用粉煤灰和生石灰可调配低温合成水泥。这种水泥的生产工艺与生产硅酸盐水泥或铝酸盐水泥的高温煅烧工艺明显不同，硅酸盐水泥和铝酸盐水泥的熟料都是生料经过高温（1350～1450℃）煅烧，在有部分液相的情况下，经固相反应形成水泥矿物的。低温合成水泥的生产是将配合料先经蒸汽养护（常压水热合成）生成水化物，然后脱水、低温固相反应形成水泥矿物的。低温合成水泥在煅烧过程中未产生液相，物料未被烧结。

（4）制取无熟料水泥。粉煤灰中 Al_2O_3 含量＞15％，SiO_2 含量＞40％时，可用来生产无熟料水泥。

1）石灰粉煤灰水泥：干燥的粉煤灰中掺入 10％～20％的石灰，粉磨成水硬性胶凝材料，这种材料称为石灰粉煤灰水泥。石灰粉煤灰水泥的标号较低，一般在 300 号以下，主要适用于制造大型墙板、砌块及用于低层民用建筑工程中等。

2）纯粉煤灰水泥：当粉煤灰中 CaO 含量在 20％以上，且粉煤灰的化学成分比较稳定时，可采用人工炉内增钙的方法，即在原煤燃烧时加入一定量的石灰石或石灰，使高温下部分石灰与煤中铝、硅、铁等氧化物发生反应生成硅酸盐、铝酸盐等矿物。收集下来的粉煤灰便是水硬化性能良好的胶凝材料，加入少量激发剂，如石膏、氯化钙、氯化钠等，便是纯粉煤灰水泥。纯粉煤灰水泥可用来配制砂浆和混凝土，适用于一般工业建筑工程和民用建筑工程等。

3. 制砖

粉煤灰可制烧结砖、碳化砖、蒸养砖、泡沫保温砖、免烧粉煤灰砖等。

（1）制烧结砖。利用粉煤灰、粘土或其他工业废料（如煤矸石等）掺合烧结，可制成粉煤灰烧结砖。粘土粉煤灰烧结砖的原料配比是：粘土 50％，粉煤灰 50％；煤矸石粉煤灰烧结砖的原料配比是：粉煤灰 60％，煤矸石 40％。

粉煤灰制烧结砖的生产工艺与粘土烧结砖的生产工艺基本相同，只需在粘土砖的生产工艺基础上增加配料和搅拌设备即可。以煤矸石和粉煤灰为原料的烧结砖，尚需增加煤矸石的处理工序，一般可采用颚式破碎机破碎，再用球磨机磨细后进行配料。煤矸石粉煤灰烧结砖生产工艺流程如图 4 - 5 所示。粉煤灰烧结砖与粘土烧结砖物理性质的比较见表 4 - 22。

图 4 - 5 粉煤灰烧结制砖工艺流程

表 4 - 22　　　　　　　　　　粉煤灰烧结砖与粘土烧结砖物理性能比较

品　种	容重 （kg/块）	抗压强度 （MPa）	抗折强度 （MPa）	冻融循环 （15 次）	吸水率 （%）
粉煤灰烧结砖	2.1	20.60	4.00	合格	13.6
粘土烧结砖	2.75	14.70	2.10	合格	7.0

粉煤灰烧结砖与一般粘土砖相比有如下优点：①利用工业废渣，节约土地资源；②利用粉煤灰中未燃炭，节省能源；③比一般粘土烧结砖轻 20%，可减轻建筑物的自重和造价；④粉煤灰作为粘土瘦化剂，能减少砖坯在干燥过程中的裂纹、降低砖坯的损失率；⑤替代粘土砖，保护耕地。

（2）制碳化砖。采用 70% 粉煤灰配以炉渣、石灰各 15%，制成砖坯，利用石灰窑煅烧石灰时放出的 CO_2 和废热使砖坯碳化，可制成碳化砖。碳化时 CO_2 浓度不低于 20%，碳化周期为 30～40h。

碳化砖的特点是节能，成本低，砖体轻。例如 10000 块粉煤灰碳化砖比同数量粘土砖节约煤 2t，比蒸养粉煤灰砖节煤 1t，比粘土砖轻 15%～20%，成本比粘土砖低 28%。

（3）制蒸气养护砖（简称蒸养砖）。粉煤灰蒸养砖是以粉煤灰为主要原料，掺入适量骨料生石灰、石膏，经坯料制备、压制成型、常压或高压蒸气养护而制成的砖。粉煤灰在湿热条件下，能与石灰、石膏等胶凝材料反应，生成具有一定强度的水化产物。粉煤灰掺量约为 65%。生产工艺分高压养护和常压养护两类，高压养护的砖强度较高。对粉煤灰的要求是灰的含碳量越低越好，灰的活性越高越好。

（4）制蒸汽泡沫粉煤灰保温砖。泡沫粉煤灰保温砖是以粉煤灰为主要原料，加入一定量的石灰和适量的泡沫剂，经搅拌、成型和蒸汽养护而成的一种保温砖。

此种砖的原料配比是 78%～80% 的粉煤灰，20%～22% 的生石灰和适量泡沫剂。先将粉煤灰和生石灰混合均匀，再加入泡沫剂，待容重降至 650～700kg/m³ 时，向模内浇注，盖好盖板，送入卧式蒸压釜内，在 834kPa、185℃ 条件下进行蒸压养护，4h 后自然冷却，即为成品。

泡沫剂可自行配制，由松香、氢氧化钠、水胶等经皂化而制得。

粉煤灰保温砖适用于 1000℃ 以下的各种管道的冷体表面及高温窑炉的中层保温层，以达到绝热的目的。其物理性能见表 4 - 23。

表 4 - 23　　　　　　　　　　粉煤灰保温砖的物理性能

项　目	耐火度 （℃）	容量 （g/cm³）	耐压强度 （MPa）	抗折强度 （MPa）	导热系数 [W/(m・℃)]	吸水率 （%）	吸湿率 （%）
指　标	1370	0.5	3.20	1.10	0.098	59.3	0.42

（5）制免烧粉煤灰砖。免烧粉煤灰砖指自然养护、免蒸免烧的砖。其主要配料是：粉煤灰占 70%、炉底渣占 15%、生石灰 15%（作为激发剂），产品可达到 75 号粉煤灰砖标准，生产中总掺灰量达 85%，具有较好的环境效益和经济效益。由于生产该产品工艺、设备比较简单，技术含量较低，投资又比较少，所以在广大城乡建厂较多，发展较快。

4. 生产硅酸盐砌块

粉煤灰硅酸盐砌块是以粉煤灰、石灰、石膏作胶结材料，与集料（可用煤渣、硬矿渣或其他集料）按比例配合，加水搅拌，振动成型，常压蒸汽养护而制成的墙体材料。它的主要规格是：长度880～1180mm、高度380mm、厚度180～240mm，不带孔洞，属于中型密实砌块。粉煤灰砌块的生产工艺流程如图4-6所示，原料配比列于表4-24中。

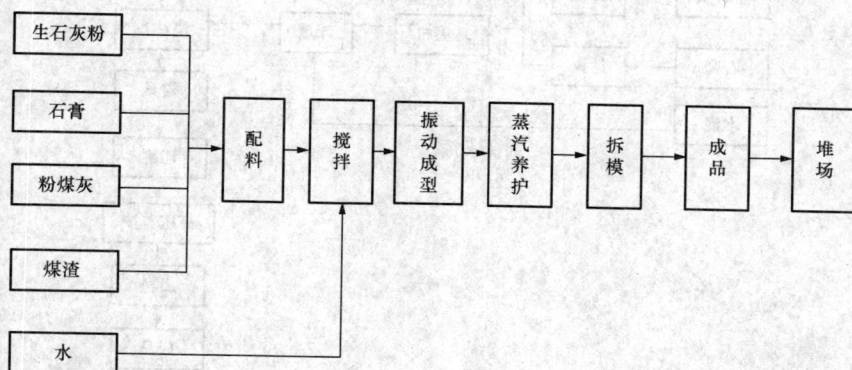

图 4-6　粉煤灰砌块生产工艺流程

表 4-24　粉煤灰砌块原料配比

项　目	适宜用量	过　多	过　少
胶凝材料中有效氧化钙用量	15%～25%	强度低，耐久性差，碳化稳定性差	成型困难，还会使砌块产生细微裂纹，强度下降
胶凝材料中石膏用量	2%～5%	强度很低，抗冻性很差	强度降低，抗冻性差
煤渣用量（胶骨比）	1：10～1：15	抗裂性差，易断裂，收缩值大	成型困难，密实度差
用水量（湿排粉煤灰）	30%～36%	成型困难，密实度差	造成分层、离析，密实度差，抗冻性差

砌块坯成型后，为了加速其中胶凝物质的水热合成反应，使制品在较短时间内凝结硬化达到预期的强度，对制品要进行蒸汽养护。蒸汽养护可用高压蒸汽养护或常压蒸汽养护。

粉煤灰硅酸盐砌块，具有重量轻、导热系数小、粉煤灰掺量大、成型方便、工艺简单等特点，可取代粘土砖，广泛用于建筑行业。

5. 生产加气混凝土

粉煤灰加气混凝土是以粉煤灰、水泥、石灰为基本材料，用铝粉作为发气剂，经原料磨细、配料、浇注、发气成型、坯体切割、蒸汽养护等一系列工序制成的一种多孔轻质建筑材料。其生产工艺流程如图4-7所示。其粉煤灰用量可占70%左右。

粉煤灰加气混凝土的强度主要依靠粉煤灰中的 SiO_2、Al_2O_3 和水泥、石灰中的 CaO 在蒸汽养护下进行化学反应生成水化硅酸盐而得到，在我国多采用高压养护工艺。

```
铝粉 ─────────────────────────────────────┐
水 ───────────────────────┐              │
粉煤灰 ──────→ 球磨机 ──→ 计量              │
                                         ↓
生石灰 ──→ 计量 ┐                      浇注车
              ├→ 球磨机 ──→ 计量 ──→    │
石膏 ───→ 计量 ┘                      模具
                                         │
水泥 ────────────────────────────→      切割
                                         │
                                       高压养护
                                         │
                                       出料
                                         │
                                       成品
```

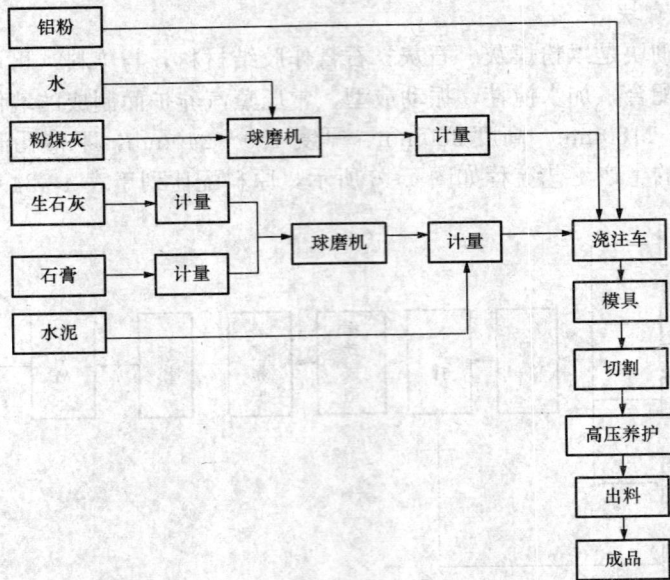

图 4-7　粉煤灰加气混凝土生产工艺流程

粉煤灰加气混凝土具有一般加气混凝土的共同特点：容重轻且具有一定的强度，绝热性能良好，有良好的防火性能，易于加工等，主要用于屋面保温、内外墙体和阳台隔断。

生产粉煤灰加气混凝土是利用粉煤灰资源的有效途径之一，一个年产加气混凝土为 20 万 m³ 的工厂，每年可利用粉煤灰 10 万 t。

6. 生产陶粒

用粉煤灰作主要原料，加入一定量的胶结料和水，经成球、烧结而成的轻骨料为烧结粉煤灰陶粒。它是一种性能良好的人造轻骨料，其粉煤灰用量可达 80% 左右。可以配制 300 号混凝土。由于其中有密度小、耐热度高、抗掺性好、耐冲击力强等优点，可替代天然渣石配制 150～300 号的混凝土，广泛地用于工业与民用建筑中制作各种混凝土构件，还可用于桥梁、窑炉和烟囱的砌筑。

（三）粉煤灰在筑路方面的应用

粉煤灰可作为主要材料或辅助材料，用于路基层和底基层的建造，路堤、路面的建造及回填料、灌浆等。主要技术有：粉煤灰、石灰石砂稳定路面基层，粉煤灰沥青混凝土，粉煤灰用于护坡、护堤工程等。

1. 粉煤灰替代矿粉作沥青混合料中的填充料

沥青混合料是以一定级配的矿料，加入适量的沥青和填充料，加热拌和均匀而成的，适用于沥青路面。拌制沥青的混合料，长期以来用石灰石矿粉作填料。矿粉除起填充作用外，主要作用是增加沥青与集料的粘附性。用粉煤灰代替石灰石矿粉来拌制沥青混合料，可以达到与掺水泥或石灰石矿粉相同的剥落效果，且具有增加粘结力、改善混合料的质量、延长沥青使用寿命的效果。目前，允许在中、轻交通沥青混合料中用化学成分为碱性的粉煤灰代替石灰石矿粉。表 4-25 列出了几种粉煤灰与石灰石矿粉的一般性质比较。

表 4 - 25　　　　　　　几种粉煤灰与石灰石矿粉的一般性质比较

项　　目	石灰石矿粉	细　　灰	粗　　灰	粗　灰（2）
密度（g/cm³）	2.72	2.22	2.07	2.23
容重（g/cm³）	1.9	0.612	0.69	0.73
滴 HCl	起泡反应小	起泡反应小	起泡反应小	起泡反应小
pH 值	7	8	8	8
亲水系数	0.89	0.82	0.84	0.85
比表面积（cm²/g）	2620	3080	3585	3527

2. 建造粉煤灰路堤

粉煤灰路堤是指采用粉煤灰或部分粉煤灰填筑的路堤。粉煤灰的渗透系数比粘性土的渗透系数大数百倍，可提高路堤的强度和稳定性。石灰稳定粉煤灰或石灰粉煤灰稳定土在路面基层中的应用比传统材料优越，因为石灰可使混合料的最佳含水量增大，最大干密度减小，且其强度、刚度、稳定性提高，温度收缩系数减小，对抗低温缩裂有重要作用。

粉煤灰的最大干密度和最佳含水量是可偿还试验路堤压实质量的主要指标，也是影响其物理化学性质的重要因素。粉煤灰的最大干密度和最佳含水率变动很大，使用前必须按轻型击实试验法测定。

3. 处理桥头路堤

掺入粉煤灰的二灰或三灰填筑构造物台背，一方面可以降低路堤对地基及桥台的压力，另一方面二灰或三灰具有一定的强度，在上部荷载及自重作用下不会发生沉降，从而减少桥头路堤的沉降。

含碳量高的粉煤灰会抑制粉煤灰回填体的硬化，作为回填材料的粉煤灰应选用含碳量低的粉煤灰为宜。对含碳量达 15％以上的粉煤灰，其适应性应通过试验来确定。

目前，我国大部分电厂的粉煤灰都属于 F 级灰，即低钙灰，自硬性较弱。但作为代土的回填材料，一般都能满足回填工程的结构强度要求。故对粉煤灰的游离氧化钙等活性成分并不作具体要求。

我国目前各电厂中粉煤灰的三氧化硫含量都很低，小于 0.7％，大大低于英美国家，这个含量不足以造成混凝土及金属埋件的腐蚀。

（四）粉煤灰在回填方面的应用

利用粉煤灰进行回填一次性用灰量大，且不需任何技术，方法简单，主要包括用粉煤灰填充低洼地、池塘、荒地、荒山沟、取土坑、煤矿塌陷区、矿井、海涂及灰场复土造地等。

粉煤灰代替土壤回填可大幅度提高抗压强度，不仅能作为垫层，还可作为工程基础，并具有良好的封闭隔水作用。素灰回填即利用Ⅲ级粉煤灰，不需加工可直接用于工程，其夯实后能达到一定强度，这是一种变废为宝、大量利用原状粉煤灰的重要途径。二灰土回填即将原状粉煤灰与生石灰按照 8∶2 的比例，经均匀搅拌和分层夯实而形成垫层，其承载能力可达到 100kPa 以上。三渣土回填即粉煤灰、石灰、碎石搅拌后压实，其板状结构的抗压强度等各项指标远远高于普通的施工方法。

（五）粉煤灰在农业上的应用

农业生产上用灰量大面广。每亩可施灰 15～35t，特别是粘性大的土壤中，每亩施灰可达 30t 以上。在农业方面粉煤灰主要用于改良土壤，覆土造田和制作复合肥料。

1. 用于改良土壤

粉煤灰颗粒细、孔隙多，其物理性状类似于砂壤土，可用作土壤改良剂。

（1）改良土质。施用粉煤灰可降低粘土中粘粒的含量。粒度<0.01mm 的物理粘粒可随粉煤灰的增加而减少，改善了土质。例如，每亩施灰量为 1250kg 时，粒度<0.01mm 的物理粘粒占 49.3%；施灰量增至 5000kg 时，此种粘粒降至 46.2%。粘土减少，土壤变得疏松，使土壤可耕性得到了改善。

（2）增加土壤孔隙率。施用粉煤灰后，可使土壤的孔隙率增加 6%～22%，改善了土壤的透气性和透水性，有助于养分的转化和微生物活动。

（3）提高土壤含水量和田间持水量。施用粉煤灰能保持土壤中的水分，可提高土壤含水率 4.9%～9.6%。试验表明，每亩施灰量 625kg 时，土壤含水率为 21.98%；施灰量 2000kg 时，含水率可增至 26.3%。

（4）提高土壤温度。粉煤灰为灰黑色，吸光性能良好。施用粉煤灰可提高土壤的吸热能力，使土壤温度升高。试验表明，每亩施灰量为 7500～20 000kg 的农田，土壤表层 5～10cm 内增温 0.7～2.4℃，有利于提高地温，使农作物提早发芽，冬季有保暖作用，利于越冬作物安全过冬。

（5）调节酸性土壤的 pH 值。粉煤灰本身的 pH 值在 8.2 左右。施用粉煤灰对碱性土壤有一定影响，但并不十分明显，而对酸性土壤影响则较明显，可中和部分酸性。

2. 用于覆土造田

利用山谷、洼地、低坑、采石后废弃的石料场等作为灰场，待贮满灰后在上面覆盖 20～30cm 厚的土层，即可成为田地。在此地上种植作物要比纯土上的产量高。原因是粉煤灰与粘土拌和（部分），使土壤得到改良，底层粉煤灰透气、透水性能良好；表面粘土在抵抗蒸发、保水、保肥方面都较好。

3. 生产粉煤灰肥料

粉煤灰所含的不挥发性元素和草木灰有许多共同之处，除了含有 N、P、K 以外，还含有 Zn、Cu、B、Mo、Mn、Fe、Si 等，这些都是植物生长所需的营养物质，因而可视粉煤灰为一种复合微量元素肥料。可以直接使用，也可以用其加工成高效肥料。

（1）作为复合肥料直接使用。施用适量粉煤灰可使小麦、玉米、水稻和大豆等作物增产 12%～20%。实验表明，每亩施用粉煤灰不超过 30t，不会使土壤和农作物污染，例如，重金属 Cd、Cr、Hg 等含量在土壤中无积累现象；Pb、As 含量有所增加，但在允许值以下。粉煤灰富含的硼是油料作物的良好肥源。粉煤灰同腐殖酸结合施用，可以提高土壤中有效硅的含量。

（2）制成高效肥料。研究表明，利用粉煤灰为载体，加上有效养分，磁化后便于土壤形成易于作物吸收的营养单元，不仅能提高、改良耕性，而且能增强作物光合作用和呼吸功效，提高作物抗旱抗灾性。现已利用粉煤灰开发出多种粉煤灰硅复合肥。

粉煤灰制取硅酸钙和硅酸钾肥料的工艺是：在煤粉充分燃烧后，粉煤灰在保持高温状态下投入常温水中，使其完全非晶化，灰中的大部分硅酸盐变成了植物易吸收的可溶性硅酸质肥料。

可溶性硅酸钾肥的制造是把粉煤灰与苛性钾混合造粒，进行预干燥成型、筛分、烧结，就可得到粉煤灰硅酸钾肥料。主要成分是：K_2O：20%；SiO_2：35%；MgO：4%；B_2O_3：0.1%；CaO：8%。

该肥的特点是易溶于酸，难溶于水，无吸湿性，不因雨水淋湿而流失，肥效期长。

（六）粉煤灰在环境工程中的应用

1. 制取粉煤灰分子筛

分子筛是用碱、铝、硅酸钠等为原料，人工合成的一种泡沸石晶体，晶体内含有大量水，加热到一定温度时，脱去水而形成一定大小的孔洞，这些孔洞具有较强的吸附能力，可以把直径小于孔洞的分子吸进孔内，把直径大于孔洞的分子挡在孔外，有筛分分子的作用。

制作粉煤灰分子筛的原料有粉煤灰、纯碱和氢氧化铝，配料比为1：1.5：0.13，其中粉煤灰细度必须达到200～300目以下，氢氧化铝和纯碱要在120℃下烘干2～3h。混配好的原料经850℃高温焙烧、粉碎、合成、水洗、成型、活化等工艺过程后，便可制得粉煤灰分子筛制品。

粉煤灰分子筛的生产工艺简单、质量优良，可广泛用于各种气体和液体的分离和净化，也可用于催化脱水反应等。

2. 在废水处理中的应用

粉煤灰的化学组成和多孔性结构使其具有一定的吸附能力，可有效地去除废水中的悬浮物、COD、色度、氟、磷和重金属等，在许多废水处理中得到应用。

（1）机理和工艺流程。粉煤灰去除废水中有害杂质主要通过如下作用：

1）吸附作用：以物理吸附为主，也有化学吸附和离子交换等。

2）接触凝聚作用：废水中有害物质与粉煤灰发生接触凝聚反应而被除去。

3）沉淀作用：废水中有害物质由于粉煤灰沉降作用及共沉淀作用而被去除。

4）过滤作用：废水中有害物质通过粉煤灰滤层时被截留下来而被除去。

粉煤灰处理废水的工艺过程，主要包括混合吸附过程和灰水分离过程，如图4-8所示。

混合吸附过程可采用水力搅拌混合吸附和机械搅拌混合吸附两种工艺。实践中多采用前种工艺。灰水分离可在浓缩池、沉淀池或在贮灰场内澄清分离，也可以采用混合吸附与分离过程一体化，即类似于水力循环澄清池的装置。出水可直接排放，也可以进一步处理。分离出来的灰可以重复利用。

（2）处理废水的实例。粉煤灰可用于处理城市污水、印染废水、造纸废水、含重金属废水等。

1）处理城市污水：粉煤灰可有效地去除城市污水中的有机物、色度、重金属、磷、氟、臭味等，可去除30%～40%的COD，去除30%～90%的重金属，去除90%～98%的色度，同时也可除掉相当部分的磷。粉煤灰中的 Al_2O_3、CaO 等活性组分，能与氟生成络合物或生成对氟有絮凝作用的胶体离子，从而具有较好的除氟能力。

2）处理印染废水：用粉煤灰处理印染废水有较好的脱色效果，脱色率为90%～99%，是一种经济、有效的脱色途径。

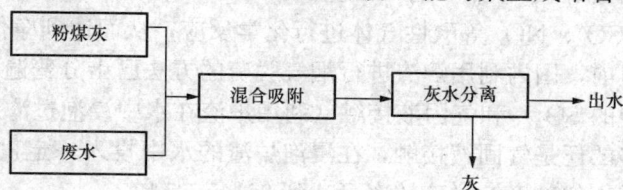

图 4-8　粉煤灰处理废水流程

3）处理造纸废水：用粉煤灰处理造纸废水可使脱色率达到 90%，TOC 去除率达到 56%，BOD 去除率可达 18%。

4）处理含重金属废水：粉煤灰可去除废水中 Hg^{2+}、Pb^{2+}、Co^{2+}、Ni^{2+} 等重金属，去除效果较好。用沸腾炉粉煤灰处理含汞废水，去除率可达 99.99% 以上。吸附了汞的饱和炉渣，经熔烧后可将汞回收，汞的回收率可达 99% 以上。

5）处理高浓度含氟、含磷化工废水：高浓度含氟、含磷化工废水采用电石渣混凝沉淀—粉煤灰过滤工艺，处理后氟、磷及其他各项指标均达到国家排放标准。直接用粉煤灰作吸附剂，对含氟浓度为 10～500mg/L 的废水进行除氟处理，在最佳条件下除氟率可达 90% 以上，除氟后的饱和灰烧制成砖块，对环境不会造成二次污染。利用粉煤灰—生石灰体系处理含氟废水工艺简单，操作方便，成本低廉。在废水含氟 20～100mg/L 的情况下，可使其降至 10mg/L 以下。用粉煤灰中回收的磁珠作磁种，加入混凝剂，用高梯度磁分离技术处理含磷废水效果显著。

6）处理焦化废水：粉煤灰为吸附剂在线处理来自生化处理工序的焦化废水，可以取得较好的污染物去除效果。在处理水量 100t/h，粉煤灰用量为 1.74t/h 时，COD、酚、氰化物、硫化物、油、氨氮、BOD_5、色度的平均去除率为 57.41%。处理后水质除氨氮略高外，其余污染物均达到我国一级焦化新厂排放标准。处理后的水 60% 被回用，用过的粉煤灰可作为建筑材料。

此外，粉煤灰还可以用来处理含油废水、富营养化废水、中药废水、含二价铁离子的酸性矿井水、含砷废水、酚醛树脂生产中的含酚废水等。

3. 在烟气脱硫中的应用

粉煤灰中主要成分 SiO_2、Al_2O_3、Fe_2O_3 和 CaO 在常温有水存在的情况下，能与碱金属和碱土金属发生"凝硬反应"，从而可提高粉煤灰循环利用过程中钙基吸收剂利用率。试验证明，用粉煤灰制成的脱硫剂的脱硫效率要高于纯的石灰脱硫剂，这是因为气—固反应中吸收剂比表面积的大小是反应速率快慢的主要决定因素。在适当的粉煤灰/石灰比和反应温度时，脱硫率可达到 90% 以上。

目前国内外对粉煤灰的综合利用主要向两方面发展。一方面是以粉煤灰为原料作建筑材料，应用于建筑工程和道路工程等；另一方面是以粉煤灰为原料作吸附材料、絮凝剂等，应用于化工和环保方面。

二、炉渣的综合利用

炉渣具有和粉煤灰相似的化学组成，主要应用于烟气净化、建材等方面。

（一）在烟气净化方面的应用

煤经燃烧后生成的炉渣，表面疏松多孔，形成具有一定吸附能力的活性基团（Si-O 和 Al-O），而且炉渣中含有一定量的 CaO、MgO、Fe_2O_3 和 Al_2O_3 等碱性氧化物，与烟气中的 SO_2、CO_2、NO_x 等酸性气体进行化学反应，从而达到净化烟气的目的。

目前，国内利用炉渣进行烟气脱硫的方法已十分普遍，有气固接触（炉渣直接吸附中和烟气中的 SO_2）和气固液接触（利用炉渣在水中浸泡过滤后的水中和吸附 SO_2）两种。但采用较多的还是气固液接触，在浸泡炉渣的水中投入一定量的生石灰（10%），用于提高炉渣浸泡后水的碱度，脱硫效率可达到 86%～95%。

（二）在生产建材方面的应用

1. 用作制砖的内燃料

炉渣中未燃碳含量较高，可用作制砖内燃料。制砖内燃料是将炉渣粉碎到 3mm 以下，与粘土掺和制成砖坯，在焙烧过程中，炉渣中的未燃碳会缓慢燃烧并放出热量。由于砖的焙烧时间很长，这些未燃碳可在砖内燃烧得很完全。采用内燃烧技术可收到显著的节能效果。通常生产万块砖耗煤 1.2～6t，而利用炉渣作内燃料后每万块砖仅需煤 0.1～0.2t。

2. 用于生产屋面保温材料和轻骨料

炉渣由于容重较轻，可作屋面保温材料和轻骨料。四川、河南等地用炉渣代替石子生产炉渣小砌块；北京、武汉等地用炉渣作蒸养粉煤灰砖骨料，炉渣作蒸养制品骨料可提高产品强度，降低产品容重。

3. 作生产水泥的混合材

沸腾炉渣有一定活性，可作为水泥的活性混合材，也可以与少量水泥熟料混合，磨细配制砌筑水泥，或与石灰、石膏混合磨细配制无熟料水泥。沸腾炉渣易磨性好，作混合材可起到助磨作用，降低水泥生产电耗。各地沸腾炉渣的成分和性能差别很大，能否作水泥混合材及掺量多少需通过试验确定。

沸腾炉渣还可用于生产蒸养粉煤灰砖和加气混凝土，其用法和粉煤灰在这些产品中的应用相似。

三、脱硫灰渣的综合利用

（一）湿法烟气脱硫石膏的利用

在常规湿法脱硫工艺中采用强制氧化和真空脱水技术，可以使副产品成为脱硫石膏，便于资源利用。在国外，目前的主要应用领域是水泥和建筑石膏制造业。美国烟气脱硫石膏的利用率为 7.4%，其中 49% 用于生产石膏墙板。日本用于生产水泥和石膏板的脱硫石膏占到其利用率的 98%。表 4-26 列出了不同用途对石膏的质量要求。

表 4-26　　　　　　　　　　　　工业用石膏的质量要求

用　途	质　量　要　求		
	石膏（%）	硬石膏（%）	白　度
水泥缓凝剂	≥55	≥55	
石膏建筑制品	≥75		
模型	≥85		
医用、食品	≥95		
硫酸	≥85	≥85	
纸张填料	≥95		

（1）生产石膏建材。脱硫石膏因纯度高、杂质少，其品位比天然石膏的品位要高。脱硫石膏经清洗、均化、除杂后，在不同结晶条件下，可制得具有较高价值的 β—半水石膏和 α—半水石膏。因此，脱硫石膏可代替天然石膏生产建筑石膏、高强石膏、粉刷石膏和石膏板、石膏砌块等建材制品。

对生产石膏板而言，有害杂质主要是 K、Na、Mg、Fe 等水溶性无机盐和有机物，石膏板用烟气脱硫石膏的质量要求见表 4-27。

表 4 - 27 石膏板用烟气脱硫石膏质量要求

质量指标	$CaSO_4 \cdot 2H_2O$ 纯度（%）	SO_3(dry)（%）	灰分（%）	$MgO \times 10^{-6}$	$Na_2O \times 10^{-6}$
要　求	≥95	≥44	≤0.8	≤800	≤400
质量指标	$Cl \times 10^{-6}$	pH	平均粒径（μm）	含水率（%）	液态拉伸强度（MPa）
要　求	≤300	5.5～7.5	50	≤12	≥0.8

（2）生产水泥辅料。在水泥生产中，为了调节和控制水泥的凝结时间，一般需掺入石膏作为缓凝剂；石膏还可促进水泥中硅酸三钙和硅酸二钙矿物的水化，从而提高水泥的早期强度以及平衡各龄期强度。对生产水泥而言，有害杂质主要是 $CaSO_3$ 和碳。水泥用烟气脱硫石膏的要求见表 4 - 28。

表 4 - 28 水泥用烟气脱硫石膏的质量要求

项　目	$CaSO_4 \cdot 2H_2O$ 纯度（%）	$CaSO_3$（%）	灰分（%）	含水率（%）	平均粒径（μm）
指　标	≥90	≤2	≤2	≤12	≥50

（3）用于路基回填。脱硫石膏用于高速公路建设，显示出高强度，易于操作，且未对周围环境产生影响等优点。美国交通部门就曾用烟气脱硫石膏修复高速公路损坏地段。

（4）在农业中的应用。脱硫石膏可以将价值较低的碳酸铵转化为价值较高的、营养成分较多的硫铵肥料，特别适合在我国北方碱性土壤中使用。其转化方程式为

$$(NH_4)_2CO_3 + CaSO_4 \longrightarrow CaCO_3 + (NH_4)_2SO_4$$

脱硫石膏中的钙也是农作物需要的重要的营养元素，它可以增强作物对病虫害的抵抗能力，使作物茎叶粗壮、籽粒饱满。利用脱硫石膏中的硫酸根离子和土壤中游离的碳酸氢钠、碳酸钠作用，生成硫酸氢钠和硫酸钠可以降低土壤碱性，消除碳酸盐对作物的毒害，同时钙离子可替代土壤胶体上的钠离子，补充活性钙，增强土壤的抗碱能力。

另外，脱硫石膏还可改造苏打盐碱地。阳离子置换性能是土壤的重要特性，通常是评价土壤保水保肥能力的指标。苏打盐碱地的许多不良性质与其含有大量的置换性钠密切相关，它能导致土壤性质不断恶化。脱硫石膏的加入可以使置换性钠降低，是由于石膏中的 Ca^{2+} 和 Mg^{2+} 置换了土壤中的置换性钠，同时，土壤强碱状况也随之改变，从而可为作物的正常生长提供比较好的土壤环境。

（5）在采矿业中的应用。利用脱硫石膏生产充填尾砂的胶结剂，用于采矿业，可大幅降低胶结充填采矿法的采矿成本。胶结充填采矿法是一种经营费用较高的采矿工艺，其充填成本占采矿成本的 1/3 左右，充填成本中充填胶凝材料——水泥占 80% 以上，昂贵的胶结充填成本，严重地制约了胶结充填采矿法的应用和发展。由于尾砂和棒磨砂中含有大量的潜在胶凝成分（$Fe_2O_3 + Al_2O_3 + CaO$），因此将脱硫石膏、火电厂废弃物、尾砂、棒磨砂按一定比例混合后可得到与普通硅酸盐水泥矿物组成相似的胶结材料，替代部分或全部水泥，用作胶结充填采矿的充填胶凝材料。

（二）干法、半干法脱硫灰渣的利用

干法、半干法脱硫灰渣同流化床锅炉灰渣性质类似，CaO、SO_3 含量高，Al_2O_3、SiO_2 和 Fe_2O_3 含量低，具有强碱性和自硬性。因此，两者在利用途径方面也有相同之处。主要可用于建材工业、填筑与气体的分离等方面。

1. 在建材工业中的应用

（1）生产水泥。根据国外的研究，掺加部分脱硫渣生产水泥，既降低了成本，又不会对水泥的凝固和其他技术特性产生消极影响。脱硫渣中的亚硫酸钙在一年内一部分会氧化成硫酸钙，不会产生体积膨胀或不稳定性问题。

（2）制砖。芬兰 IVO 公司与爱沙利亚塔林公司，用脱硫灰加上少量氧化铝粉（0.043%）、石灰石（9%）和砂（11%），再加适当的水，在 35～38℃ 下蒸养，制作成一种蒸养砖，标号可达 16MPa。还可用脱硫灰与水泥制作混凝土砖。

（3）生产硬石膏。全部或部分地清除脱硫灰渣中的氯化物和游离石灰，并通过氧化使亚硫酸钙转化为硫酸钙，可生产出工业无水石膏。

（4）生产微孔混凝土。在微孔混凝土生产中可以加入 30% 的脱硫渣。当然，必须注意氯离子的腐蚀性问题。

（5）生产纤维板。用脱硫渣、飞灰、纤维以及硅酸盐水泥或者石灰水合物可生产制造纤维板。这种纤维板广泛适用于住宅、医院、学校以及工业建筑的内部改建。

（6）生产墙体建筑材料。研究表明，在加入高炉水泥的墙体混合物中用脱硫渣取代 40%～50% 的石灰石料，可改善墙体建筑材料的抗压性，减小透水性。

（7）生产粘合剂。通过向脱硫渣中添加飞灰、硅酸盐水泥及特殊添加剂，可生产出水泥地面粘合剂。该产品在欧洲市场销售很好。

（8）生产石灰砂石。根据国外的研究，在生产石灰砂石时，使用脱硫渣作为添加剂是可行的。当脱硫渣中飞灰含量为 70% 时，可用脱硫渣替代高达 50% 的石灰砂石。

2. 在筑路方面的应用

国内实验结果表明，干法脱硫灰可替代普通粉煤灰，用作二灰碎石路基材料。但这种灰由于其 SO_3 含量比较高，可能会对周围环境以及地下水带来一定的影响，需进一步加以研究。

3. 在农业方面的应用

由于干法烟气脱硫灰中含有大量的石灰，因此可用来稳定塑性粘土，并且不会像普通飞灰那样会延缓稳定土强度的发展，但同样要考虑 SO_3 含量较高对环境的影响问题。

4. 在其他方面的应用

（1）用于提纯气体。干法烟气脱硫灰渣中，一部分未反应的钙可以 CaO 或 $Ca(OH)_2$ 形式存在，其含量可达 1/3，该类灰渣可用于混合气体中 CO_2 气体的去除。水化后，干法烟气脱硫灰渣显示出较强的 CO_2 吸附性，在常温下，控制反应条件，吸附进行得快且安全，如从天然气中去除 CO_2 气体。

（2）用于地面及地下矿山建设。在欧美，脱硫渣、飞灰、水泥和其他添加剂混合构成的混浆可作为后期承重的矿山建筑泥浆和灌注泥浆用于地面及地下矿山建设。

（3）用于垃圾场建设。由于脱硫渣密封层的透气性小于传统密封物，脱硫渣作为"防气味外逸"材料在国外已被用于垃圾堆放场的建设。

（三）循环流化床锅炉脱硫灰渣的利用

1. 在建材工业中的应用

（1）通过机械方式破坏脱硫灰颗粒的凝结，引起表面缺陷，提高脱硫灰活性。该技术处理后的脱硫灰可以作为水泥的替代品，用于生产普通混凝土，土壤固化，堤坝和公路建设等方面。

（2）针对 CFBC 脱硫灰的体积膨胀性使用专门的化学试剂改变灰的水化学反应，从而提高它们的体积安定性和强度。经过稳定后的灰可以用于建筑领域。

（3）将 CFBC 脱硫灰加水和少量特制化学试剂混合，经成型和 7d 的自然养护，干燥后即可成为一种强度约为 $20\sim35$ MPa 的坚硬骨料。该骨料破碎后可用于生产混凝土、建筑砌块和铺路等方面。

2. 用于废弃矿井、采空区回填

回填对材料要求并不高，一般只需控制其 28d 抗压强度在 $345\sim1035$ kPa 之间就可以满足要求。CFBC 脱硫灰渣因有较强的自硬性，成为性能优异的首选回填材料，在国外已被广泛应用。

3. 用于稳定土壤、改善土壤性能

城市垃圾脱水后与脱硫灰混合，堆积一定时间，当反应处理到混合物中土壤成分达到 60% 左右时，土壤改良剂就制成了。这种土壤改良剂在国外已经达到年产百万吨的水平，且由于其含有大量的土壤需要的微量元素，市场前景十分看好。如果经过改良，还可用作沙漠改良剂。该技术简单，且容易操作，在我国推广十分方便。

复习思考题

1. 根据粉煤灰容纳量（即吃灰量）和利用技术等级，粉煤灰的综合利用技术，可分为哪几类？请列举出目前各类技术的主要用途。

2. 目前我国粉煤灰综合利用的特点有哪些？存在的主要问题有哪些？

3. 设置粉煤灰标准的作用有哪些？我国的粉煤灰标准主要涉及哪些方面？请熟悉各标准的核心内容。

4. 火电厂粉煤灰按照其化学组成、燃用煤种可分为哪几类，相应的粉煤灰有哪些特点？

5. 脱硫灰渣根据脱硫工艺及脱硫产物的不同，可分为哪几类，相应的灰渣有哪些特点？

6. 火电厂粉煤灰的物理性能指标中，试述堆积密度、细度、需水量比、强度活性指数、安定性的物理意义。

7. 粉煤灰的主要化学成分有哪些？试述各成分对粉煤灰利用的影响。

8. 粉煤灰的矿物组成中，漂珠具有哪些特征？它的主要用途有哪些？

9. 何谓粉煤灰的活性？哪些组分会影响其活性？

10. 目前主要对粉煤灰中的哪些成分进行分选及利用？分选的方法主要有哪几类，各类分选方法依据的原理是什么？

11. 粉煤灰综合利用的领域有哪些？试举例说明，并陈述主要利用了粉煤灰的哪些组分或性能。

12. 简述炉渣和脱硫灰渣的应用领域，并说明其相应技术依据了炉渣或脱硫灰渣的哪些性能。

13. 请结合已学知识，对粉煤灰、炉渣、脱硫灰渣的利用进行展望，说明其发展趋势。

第五章 噪声污染与防治

第一节 概 述

噪声污染是环境污染的一个重要方面。火电厂噪声不容忽视，主厂房的噪声影响厂区周围数百米内的环境，大型电厂锅炉的排气噪声可影响数公里远。火电厂职工长期在高噪声环境下工作，对个人健康及安全生产影响都很大，因此噪声污染控制是火电厂环境保护工作的重要组成部分。

一、声音的描述

（一）声音的基本概念

1. 声源

所有的声音都源于物体的振动。凡是能产生声音的振动物体，都可称为声源。声源可以是固体、液体或气体。声源的振动就是物体（或质点）在其平衡位置附近进行的往复运动。

2. 声波

物体在弹性介质中的机械振动可引起介质密度的改变，介质密度变化由近及远的传播过程即为声波。声波产生的根源是物体的机械振动，弹性介质的存在是声波传播的必要条件。

3. 声场

凡有声波存在的媒质区域，称为声场。声场可分为自由声场、混响声场、扩散声场、远场及近场等。

4. 频率

声波的频率是单位时间（1s）内媒质质点振动的次数，用 f 来表示，单位为赫兹（Hz）。

质点振动每往复一次所需的时间称为周期，用 T 来表示，单位为秒（s）。频率 f 和周期 T 的关系为

$$f = \frac{1}{T} \tag{5-1}$$

人耳可以听到的声音的频率范围，通常是从 20Hz 到 20 000Hz，这个频率范围的声音叫可听声。

5. 波长

声源的振动在弹性媒质中以波的形式传播出去，在声波的传播方向上，相邻两波峰（或相邻两波谷）之间的距离称为波长。波长也可以描述为质点的振动经过一个周期声波传播开去的距离，通常用 λ 表示，单位为米（m）。

6. 声速

声音在媒质中传播的速度称为声速，常用符号 c 来表示，单位为米/秒（m/s）。

声波的波长 λ、频率 f、周期 T 与声速 c 之间的关系为

$$c = \lambda f \quad \text{或} \quad c = \frac{\lambda}{T} \tag{5-2}$$

7. 频带

可听声的频率从 20～20 000Hz，高低相差达 1000 倍，通常把这样宽广的声音频率变化范围划分为若干较小的段落，称做频带。频带又称为频程。任一频带都有它的上限频率 f_2、下限频率 f_1 和中心频率 f_m，上、下限频率之间的频率范围称为频带宽度。上限频率值 f_2、下限频率值 f_1 和倍频带系数 n 的关系为

$$f_2 = 2^n f_1 \quad 或 \quad n = \log_2\left(\frac{f_2}{f_1}\right) \tag{5-3}$$

倍频带系数 n，可以是分数或整数，一般 n 越小，频带分得越细。

频带的中心频率 f_m 是上、下限频率的几何平均值，即

$$f_m = \sqrt{f_2 f_1} \tag{5-4}$$

在噪声测量中，通用的倍频带有 $n=1$ 时的 1/1 倍频带，简称倍频带；有 $n=1/2$ 时的 1/2 倍频带；有 $n=1/3$ 时的 1/3 倍频带等。

（二）声音的物理量度

1. 级和分贝

（1）分贝。声学中将正比于声功率的两个同类声学量（如两个声压平方）之比，取以 10 为底的对数，再乘以 10，该参数的单位称为分贝，记为 dB。

（2）级。人的听觉灵敏度与声波刺激量之间的关系不是线性关系，而接近对数的关系。因此，利用分贝作为单位进行量度，既可对范围很大的声音强度进行对数压缩，而且也符合人耳对声音响应的灵敏程度。声学量与同类基准（参考）量之比再取对数就是"级"的概念，所以分贝也是级的单位。

2. 声压与声压级

（1）声压。当空气未受到扰动时，空气质点处于无规则的运动状态，各处质点的压强可被认为恒定，就等于大气压强 P_0。当空气受到扰动时，空气压强就在大气压强 P_0 附近做迅速起伏变化的波动，并改变为 P。这样，将声扰动产生的逾量压强 $p = P - P_0$ 称为声压。

（2）声压级。声压级等于声压的平方与基准声压平方的比值，取以 10 为底的对数后乘以 10，如式（5-5）所示：

$$L_p = 10\lg\frac{p^2}{p_0^2} \tag{5-5}$$

式中　L_p——声压级，dB；

　　　p_0——基准声压，$p_0 = 2 \times 10^{-5}$ Pa；

　　　p——声压，Pa。

从人耳的闻阈到痛阈，声压级为 0～120dB。

3. 声强与声强级

（1）声强。单位时间内通过垂直于声波传播方向的单位面积上的声能称为声强，记为 I，单位为瓦/米^2（W/m^2）。声强值愈大，声音越强。人耳对频率为 1000Hz 标准纯音的闻阈值是 10^{-12} W/m^2，痛阈值是 1W/m^2。

声音在自由声场中传播时，对于平面声波在传播方向上，声强 I 与声压 p 的关系为

$$I = \frac{p^2}{\rho c} \tag{5-6}$$

式中 I——声强，W/m^2；

    p——声压，Pa；

    ρ——介质密度，kg/m^3；

    c——声速，m/s。

（2）声强级。声音的声强级等于声音的声强与基准声强的比值，取以 10 为底的对数后乘以 10，如式（5-7）所示：

$$L_I = 10\lg \frac{I}{I_0} \qquad (5\text{-}7)$$

式中 L_I——声强级，dB；

    I——声强，W/m^2；

    I_0——基准声强，$I_0 = 10^{-12}\,W/m^2$。

声音在自由声场中传播时，对于平面声波声强级 L_I 与声压 p 的关系为

$$L_I = 10\lg \frac{I}{I_0} = 10\lg \frac{\dfrac{p^2}{\rho c}}{\dfrac{p_0^2}{\rho c}} = 20\lg \frac{p}{p_0} \qquad (5\text{-}8)$$

4. 声功率与声功率级

（1）声功率。单位时间内声源辐射出来的总声能量称为声功率，记为 W，单位为瓦（W）。对于在自由声场中传播的平面声波，声功率与声强的关系为

$$W = IS \qquad (5\text{-}9)$$

式中 W——声功率，W；

    I——声强，W/m^2；

    S——垂直声波传播方向的面积，m^2。

（2）声功率级。声源的声功率级等于声源的声功率 W 与基准声功率 W_0 的比值取常用对数再乘以 10，如式（5-10）所示：

$$L_W = 10\lg \frac{W}{W_0} \qquad (5\text{-}10)$$

式中 L_W——声功率级，dB；

    W——声功率，W；

    W_0——基准声功率，$W_0 = 10^{-12}\,W$。

5. 声压级的叠加、平均

（1）声压级相同的声音的叠加。不能将声压级做简单的算术相加，能进行叠加运算的只能是声音的能量，利用能量的相加进行声压级运算。

如果声压级相同的 n 个声音叠加在一起，则总声压级为

$$L_{pT} = L_{p1} + 10\lg n \qquad (5\text{-}11)$$

式中 L_{pT}——总声压级，dB；

    L_{p1}——声压级，dB；

    n——声压级相同的声源个数。

（2）声压级不相同的声音的叠加。首先考虑两个声压级不相同的声音的叠加，并假设第二个声音的声压级大于第一个声音的声压级，即 $L_{p2} > L_{p1}$，则总声压级为

$$L_{pT} = 10\lg\frac{p_1^2 + p_2^2}{p_0^2} = 10\lg(10^{\frac{L_{p1}}{10}} + 10^{\frac{L_{p2}}{10}}) = 10\lg[10^{\frac{L_{p1}}{10}}(1 + 10^{\frac{L_{p2}-L_{p1}}{10}})]$$

$$= L_{p1} + 10\lg(1 + 10^{\frac{L_{p2}-L_{p1}}{10}}) = L_{p1} + \Delta L' \tag{5 - 12}$$

式中　L_{p1}、L_{p2}——声源 1 和声源 2 的声压级，dB。

如果是多个声压级不相同的声音叠加，则总声压级为

$$L_{pT} = 10\lg\frac{p_1^2 + p_2^2 + \cdots + p_n^2}{p_0^2} = 10\lg(10^{\frac{L_{p1}}{10}} + 10^{\frac{L_{p2}}{10}} + \cdots + 10^{\frac{L_{pn}}{10}})$$

$$= 10\lg(\sum_{i=1}^{n} 10^{\frac{L_{pi}}{10}}) \tag{5 - 13}$$

式中　L_{p1}、L_{p2}、$\cdots$、L_{pn}——n 个声源的声压级，dB；

　　　　L_{pi}——第 i 个声源的声压级，dB。

几个声压级叠加的结果主要由其中最大的一个决定，其他较小的声压级对总声压级的贡献不大。工程上常用查表法或查图法计算。

（3）声压级的平均。声压级的平均取各声压级的能量平均的分贝数，按照声能叠加的原理，n 个声压级的平均值为

$$\overline{L}_p = 10\lg\frac{1}{n}(\sum_{i=1}^{n} 10^{\frac{L_{pi}}{10}}) = 10\lg\sum_{i=1}^{n} 10^{\frac{L_{pi}}{10}} - 10\lg n \tag{5 - 14}$$

式中　$\overline{L}_p$——平均声压级，dB；

　　　　L_{pi}——第 i 个声源的声压级，dB；

　　　　n——声源个数。

（三）声波的传播与衰减

1. 声波的干涉

实际遇到的声场，如谈话声、机器运转声等，不只含有一个频率或只有一个声源。这样就涉及声的叠加原理，各声源所激起的声波可在同一媒质中独立地传播，在各个波的交叠区域，各质点的声振动是各个波在该点激起的更复杂的复合振动。

若干声波相遇，使空间某些位置处振动加强，而另一些位置处振动减弱的现象称为声波的干涉。产生干涉现象的声波称为相干波。相干波为具有相同频率、相同振动方向和恒定相位差的声波。

在一般的噪声问题中，对于多个声波，经常是不相干声波，其能量可以直接叠加。

2. 声波的反射、透射、折射、衍射

声波在空间传播时会遇到各种障碍物，或者遇到两种媒质的界面。这时，依据障碍物的形状和大小，会产生声波的反射、透射、折射和衍射。声波的这些特点与光波十分相近。当声波入射到障碍物或两种媒质的界面时，一部分声波会在界面上发生反射，一部分声波则透射到第二种媒质中，如图 5-1 所示，入射声波 p_i 与界面法向成 θ_i 角入射到界面上，这时反射声波 p_r 与法向成 θ_r 角，透射声波 p_t 与法向成 θ_t 角。这时，入射声波、反射声波与折射声波的传播方向应满足 Snell 定律，如式（5-15）所示：

图 5-1　声波的折射

$$\frac{\sin\theta_i}{c_1} = \frac{\sin\theta_r}{c_1} = \frac{\sin\theta_t}{c_2} \tag{5 - 15}$$

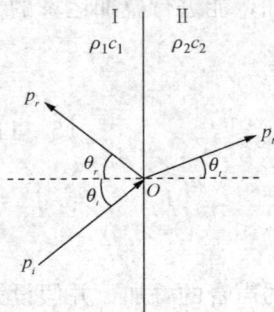

式中　θ_i、θ_r、θ_t——入射角、反射角、折射角；

　　　c_1、c_2——介质 1、2 中的声速，m/s。

式（5-15）也可写成反射定律，即入射角等于反射角，见式（5-16）：

$$\theta_i = \theta_r \qquad (5-16)$$

声波在传播过程中遇到障碍物，当这些障碍物尺寸比声波波长大得多时，在障碍物后形成一个"声影区"。当这些障碍物尺寸比声波波长小得多时，则声音绕过障碍物或孔洞，达到按直线传播要形成的"声影区"。这种现象称声波的衍射。

3. 声波的衰减

声源发出的声音在媒质中传播时，其声压或声强将随着传播距离的增加而逐渐衰减，总衰减量 A 按式（5-17）计算：

$$A = A_d + A_a + A_g + A_b + A_m \qquad (5-17)$$

式中　A——总衰减量，dB；

　　　A_d——声能随距离的发散传播引起的衰减量，dB；

　　　A_a——空气吸收引起的衰减量，dB；

　　　A_g——地面吸收引起的衰减量，dB；

　　　A_b——屏障吸收引起的衰减量，dB；

　　　A_m——气象条件引起的衰减量，dB。

上述各因素中，目前仅有距离及遮蔽物产生的衰减量可用理论公式计算，而其他影响因素一般通过经验公式计算或将实测值绘成曲线后求出。

二、噪声的计量和评价

目前噪声评价量主要有 A 声级、等效声级、累积百分声级等。

（一）A 声级

在介绍 A 声级之前，先简要了解几个有关的概念。

1. 响度级

为了既能显示出声音客观上的大小，又能反映出声音主观感觉上的强弱，仿照声压级引出一个响度级的概念，单位是方（Phon）。响度级就是指当选取 1000Hz 纯音作基准音时，凡是听起来和该纯音一样响的声音，不论其声压级和频率是多少，它的响度级（方值）就等于该纯音的声压级数。例如，某噪声的频率为 3000Hz、声压级为 90dB，但它听起来和频率为 1000Hz、声压级为 100dB 的基准声音一样响，那么这个噪声的响度级就是 100 方。

2. 等响曲线

在消声室内，对大量听力正常的青年（18～30 岁）进行测听，将测听结果进行统计平均，得到一簇曲线，称为纯音等响曲线。每一条曲线表示不同频率、不同声压级的纯音具有相同的响度级。等响曲线如图 5-2 所示。

3. 频率计权

为了使声音的客观物理量与人耳听觉的主观感受近似取得一致，对不同频率的客观声压级人为地给予适当的增减，这种修正方法称为频率计权，实现这种频率计权的网络称为计权网络，目前用到的有 A、B、C、D 4 种计权网络，如图 5-3 所示。经过计权网络测得的声级称为计权声级。

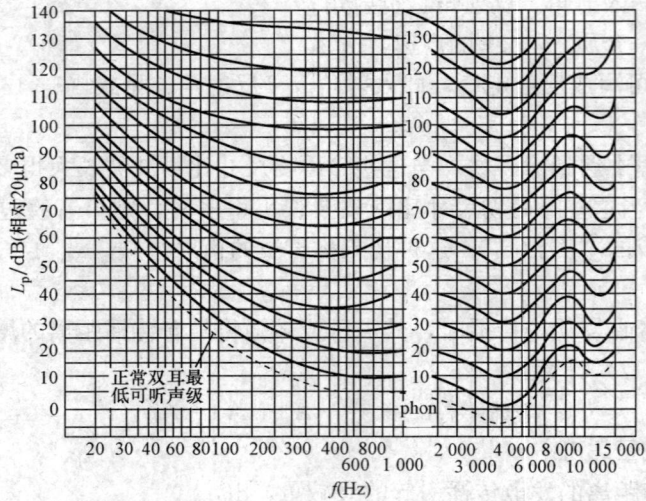

图 5-2　等响曲线

A 声级测量的结果与人耳对声音的响度感觉相近似，是目前评价噪声的主要指标。通常用于评价宽频带稳态噪声。因为 A 声级不能全面地反映噪声源的频谱特性，相同的 A 声级

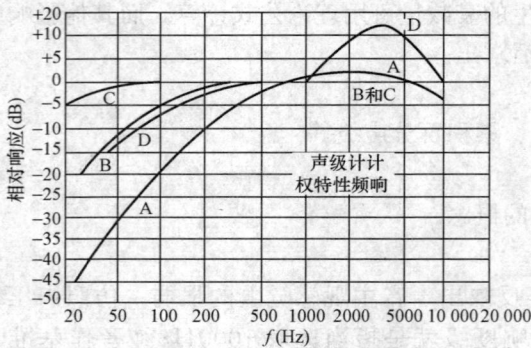

图 5-3　计权网络频率特性

其频谱特性可能有很大的差异。例如，刺耳的电锯声（高频噪声为主）和沉闷的鼓风机声（中、低频噪声为主）测得的 A 声级都是 100dB(A)，但是它们的频谱显然不同，可见使用 A 声级对于反映声音的频率特性是有一定局限性的。

一般噪声测试仪器都具有 A 计权挡位，可以直接测量声级为 A 声级，也可以由测得的频带声压级计算出 A 声级，其计算式为

$$L_{pA} = 10\lg\left(\sum_{i=1}^{n} 10^{\frac{L_{pi}+\Delta L_{Ai}}{10}}\right) \qquad (5-18)$$

式中　L_{pA}——A 声级，dB(A)；

　　　L_{pi}——第 i 个频带的声压级，dB；

　　　ΔL_{Ai}——相应频带的 A 计权修正值，dB。

（二）等效声级

在实际中，噪声很少会稳定地保持在某一声级上，而是呈现起伏或不连续的变化。如何评价这种随时间的变化而呈现起伏变化的噪声，这就引入了等效声级的概念。

等效连续 A 声级指将在某段时间内的不稳态噪声的 A 声级，用能量平均的方法，以一个连续不变的 A 声级来表示该时段内噪声的声级，又称等能量 A 声级，用 L_{eq} 或 $L_{eq(A)}$ 表示，单位记为分贝（A）或 dB(A)。如果用公式表示，等效连续 A 声级为

$$L_{eq} = 10\lg\frac{1}{T}\int_0^T 10^{0.1L_{pA(t)}}\,\mathrm{d}t \qquad (5-19)$$

式中　L_{eq}——等效连续 A 声级，dB(A)；

T——噪声暴露时间，s；

$L_{pA(t)}$——在 T 时间内 A 声级变化的瞬时值，dB(A)。

当噪声的 A 声级测量值为非连续的离散值时，等效连续 A 声级为

$$L_{eq} = 10\lg \frac{1}{\sum_i \Delta_{ti}} \sum 10^{0.1L_{Ai}} \Delta_{ti} \qquad (5-20)$$

式中　L_{Ai}——第 i 个 A 声级，dB(A)；

　　　Δ_{ti}——第 i 个 A 声级所占用的时间，s；

　　　$\sum_i \Delta_{ti}$——总的测量时段，s。

对于等时间间隔抽样的情况，等效连续 A 声级为

$$L_{eq} = 10\lg \frac{1}{N} \sum_i 10^{0.1L_{Ai}} \qquad (5-21)$$

式中　L_{Ai}——第 i 个 A 声级，dB(A)；

　　　N——抽样个数。

针对非稳态噪声的评价量还经常使用昼夜等效声级的概念。昼夜等效声级是用来表述噪声一昼夜变化的情况。将早上 6 时～晚上 10 时的 16h 算作白天，晚上 10 时～次日 6 时的 8h 算作夜晚，并考虑到夜间噪声对人的休息具有更大的干扰性，所以夜晚的噪声增加 10dB 进行计算，这样，按照昼夜时数进行计权后得到的昼夜等效声级 L_{dn} 为

$$L_{dn} = 10\lg \left(\frac{16}{24} \times 10^{\frac{L_d}{10}} + \frac{8}{24} \times 10^{\frac{L_n+10}{10}} \right) \qquad (5-22)$$

式中　L_{dn}——昼夜等效声级，dB(A)；

　　　L_d——白天的等效连续 A 声级，dB(A)；

　　　L_n——夜间的等效连续 A 声级，dB(A)。

（三）频带声压级

将一个倍频程带宽的频率范围内的声压级的累加，称为倍频带声压级。当所研究频带宽度不同时，还可能应用 1/3 倍频程的频带声压级的概念。

（四）累积百分声级

累计百分声级又称统计声级，用 L_n 表示，指在测量时间内，有 $n\%$ 的时间所超过的 A 声级，单位为 dB。例如 $L_{10}=70$dB，则表示整个测量期间只有 10% 的时间测得的 A 声级超过 70dB，其余 90% 的时间，其噪声值低于 70dB；同理 $L_{50}=60$dB，则表示整个测量期间只有 50% 的时间测得的 A 声级超过 60dB，其余 50% 的时间噪声值低于 60dB；$L_{90}=50$dB，则表示整个测量期间只有 10% 的时间噪声值低于 50dB。

在噪声统计工作中，常用 L_{10} 表示规定时间内噪声的平均峰值，称为峰值声级；用 L_{50} 表示规定时间内平均噪声值，称为中值声级；用 L_{90} 表示规定时间内的背景噪声，称为本底声级。

三、噪声的分类与火电厂噪声源

（一）噪声分类

根据噪声源的时间特性，分为稳态噪声及非稳态噪声。

根据噪声源的噪声排放特征，分为点源、线源、面源、体源。

根据噪声源的发声机理，可分为流体动力噪声、机械噪声和电磁噪声三类。如风机、空压机、火力发电厂高压蒸汽排放等产生的噪声属于空气扰动所产生的流体动力噪声；物体间的撞

击、摩擦，交变的机械力作用下的金属板，旋转机件的动力不平衡及运转的机械零件轴承、齿轮等产生的噪声，如火力发电厂的球磨机、输煤皮带等产生的噪声都属于机械噪声；由于电机等交变力相互作用而产生的噪声，如发电机、变压器等所产生的噪声属于电磁噪声。

（二）火电厂噪声源

火电厂作为大型能源企业，有许多大功率旋转设备，如汽轮机、发电机、励磁机、电动机、球磨机及各种风机和泵体等，这些设备的声功率级高达 130dB 左右。另外，各种介质在管道中的高速流动，如汽机主汽门、减温减压器、主送风机的进气口、各类蒸汽的排放等都会产生巨大的噪声，是强噪声源。

1. 风机类噪声及声功率级的估算

风机辐射噪声主要来自于进风口、出风口产生的空气动力性噪声和机壳、轴承等产生的机械噪声及基础振动噪声。其中进、出口空气动力性噪声最强。

风机声功率大小取决于风机结构、功率、风量和风压。一般为 70～130dB 不等，风机的声功率级可按式（5-23）估算：

$$L_w = L_{w0} + 10\lg(q_V H^2) \qquad (5-23)$$

式中　L_w——风机的声功率级，dB；

　　　L_{w0}——比声功率级，由风机型号、叶片形状决定，一般是 19～25dB；

　　　q_V——风量，m^3/min；

　　　H——风压，Pa。

2. 电动机的噪声及声功率级的估算

电动机噪声主要来自冷却风扇引起的空气动力噪声和定子、转子交变磁场引起的振动而产生的电磁及电动机械噪声，其中以空气动力噪声为主。电动机的声功率级可按式（5-24）估算：

$$L_{wA} = a + 20\lg P + 13.31\lg n \qquad (5-24)$$

式中　L_{wA}——电动机的 A 声功率级，dB（A）；

　　　a——常数，对于小型封闭型外扇冷式电机，$a=19\pm2$dB（A），对于大中型防护式电机，$a=14\pm2$dB（A）；

　　　P——电机功率，kW；

　　　n——电机转数，r/min。

3. 汽轮发电机组的噪声

汽轮发电机组的噪声差别较大，取决于功率大小、制造精度和安装质量等因素。对于国产汽轮机，一般是 92～98dB（A）。由于主汽门、油动机等处的节流、振动等，机头部位产生的噪声高些，而发电机、励磁机等产生的噪声可能更高，达 112～117dB（A）。

4. 制粉系统噪声

制粉系统有磨煤机、排粉机、输煤皮带等。火力发电厂的磨煤机多采用钢球磨煤机，它的噪声来源于球磨机的机械振动，如轴承、齿轮的啮合和支架底座等产生的噪声和钢球撞击声，这种噪声以低频为主，是火力发电厂的主要噪声源。

5. 空气动力噪声

排放高压蒸汽产生的空气动力噪声也是火力发电厂的主要噪声源之一。其特点是声级高，可达到 130～160dB（A），频带宽，以中高频为主，辐射范围广，而且往往是突发性的，所以危害较大。

排放高压蒸汽产生的空气动力噪声的 A 声压级可按式（5-25）估算：

$$L_A = 80 + 20\lg \frac{(p-1)^2}{p-0.5} + 20\lg d \tag{5-25}$$

式中　L_A——A 声压级，dB(A)；

　　　p——介质排放压力，MPa；

　　　d——排放管内径，mm。

四、环境噪声标准

我国目前的环境噪声标准主要可以分为噪声排放标准和环境噪声质量标准两大类，与火电厂噪声有关的标准如下。

1. 工业企业厂界环境噪声排放标准

我国于 2008 年 8 月 19 日发布，10 月 1 日起实施的 GB 12348—2008《工业企业厂界环境噪声排放标准》，旨在控制工业及有可能造成噪声污染的企事业单位对外界环境噪声的排放。在该标准中规定了五类区域的厂界环境噪声的排放限值，见表 5-1。五类排放限值的适用区域规定如下：

0 类标准适用于康复疗养区等特别需要安静的区域；

Ⅰ类标准适用于以居民住宅、医疗卫生、文化教育、科研设计、行政办公为主要功能，需要保持安静的区域；

Ⅱ类标准适用于以商业金融、集市贸易为主要功能，或者居住、商业、工业混杂，需要维护住宅安静的区域；

Ⅲ类标准适用于以工业生产、仓储物流为主要功能，需要防止工业噪声对周围环境产生严重影响的区域；

Ⅳ类标准适用于交通干线两侧一定距离之内，需要防止交通噪声对周围环境产生严重影响的区域。

表 5-1　　　　　　　　　　工业企业厂界环境噪声排放限值　　　　　　　　　　dB(A)

厂界外声环境功能区类别	昼间	夜间	厂界外声环境功能区类别	昼间	夜间
0	50	40	Ⅲ	65	55
Ⅰ	55	45	Ⅳ	70	55
Ⅱ	60	50			

标准中规定昼间和夜间的时间由当地人民政府按当地习惯和季节变化划定。对夜间突发噪声，标准中规定对频繁突发噪声其峰值不准超过标准值 10dB，对偶然突发噪声其峰值不准超过标准值 15dB。

对工业企业厂界噪声的监测，按 GB 12348—2008《工业企业厂界环境噪声排放标准》执行。

2. 工业企业噪声卫生标准

我国在 1980 年试行《工业企业噪声卫生标准》，适用于工业企业的生产车间或作业场所（脉冲噪声除外）。标准的主要内容为：工业企业的生产车间或作业场所的工作地点的噪声标准为 85dB(A)。现有工业企业经过努力暂时达不到标准时，可适当放宽，但不得超过 90dB(A)。

对每天接触噪声不到 8h 的工种，根据企业种类和条件，噪声标准可按表 5 - 2 中的规定相应放宽。

表 5 - 2　　　　　　　　　　工作地点容许噪声级（A 计权声级）

每个工作日噪声暴露时间/h	8	4	2	1	1/2	1/4	1/8	1/16
容许噪声级/dB	90	93	96	99	102	105	108	111
最高噪声级/dB	≤115							

该标准对噪声的检测方法也做了规定，即按《工业企业噪声检测规范》进行，对于稳态噪声，测量 A 声级；对于非稳态噪声，测量等效连续 A 声级或测量不同 A 声级下暴露时间，计算连续等效 A 声级。

五、噪声的监测

噪声的监测是实施噪声控制的首要环节，只有通过对现场噪声的科学的监测，才能准确了解各种噪声的特性和危害程度，从而为采取有效的控制措施提供依据。

（一）噪声监测仪器

声级计是噪声测量中常用的基本声学测量仪器。声级计按用途可分为两类，一类用于测量稳态噪声（如精密声级计和普通声级计）；另一类用于测量非稳态噪声和脉冲噪声（如积分声级计和脉冲声级计）。

声级计由于其频率响应及动态范围不同，分为普通声级计及精密声级计。

普通声级计：频率响应（40Hz～10kHz）±3dB，动态范围为 30～130dB；

精密声级计：频率响应（20Hz～20kHz）±2dB，动态范围 30～160dB。

除了普通声级计及精密声级计外，其他的噪声监测仪器还有噪声分析仪或环境噪声自动监测仪等，它们可以自动读数、自动处理数据、显示或读出等效声级 L_{eq} 及统计声级 L_{10}、L_{50}、L_{100} 等。

对噪声监测用的声级计及声级校准器应定期送国家计量部门检定校准。

（二）火电厂噪声监测

DL/T 414—2004《火电厂环境监测技术规范》规定：火电厂环境噪声监测项目为厂界环境 A 计权等效连续噪声（$L_{eq,A}$），每年监测两次，应在接近厂年 75% 发电负荷时和夏季监测。

噪声监测应在无雨、无雪、风力小于 4 级（5.5m/s）的气象条件下进行。为避免风噪声的干扰，监测时应加风罩。

噪声监测时间分昼间（06：00～22：00）和夜间（22：00～6：00）两部分。昼间监测一般选在 8：00～12：00 以及 14：00～18：00，而夜间监测一般选在 22：00～5：00。在昼间和夜间规定的时间内进行测量，测量方法执行 GB 12348—2008《工业企业厂界环境噪声排放标准》的规定，同时要注意排除不能代表厂界环境的偶发性噪声。

在电厂总平面图上，沿着厂界或厂围墙 50～100m 选取 1 个测点，测量点设在电厂厂界外或电厂围墙以外 1～2m 处，距地面 1.2m，其中至少有两个测点设在距电厂主要噪声设施最近的距离处，但应避开外界噪声源。如厂界有围墙，测点应高于围墙。

测量结果用环境噪声污染图表示，即在电厂总平面图厂界各测量点的右下方标出该点的昼间和夜间等效声级。

等效连续 A 声级 $L_{eq,A}$ 可按式（5 - 19）、式（5 - 20）或式（5 - 21）进行计算。

各测点声级的算术平均值及标准偏差按式（5 - 26）及式（5 - 27）计算：

$$L_x = \frac{1}{n}\sum_{i=1}^{n}L_{x,i} \qquad\qquad (5\text{-}26)$$

$$\sigma = \frac{1}{n-1}\sum_{i=1}^{n}(L_{x,i}-L_x)^2 \qquad\qquad (5\text{-}27)$$

上两式中 　L_x——各测点等效连续 A 声级的算术平均值，dB(A)；

　　　　　$L_{x,i}$——测得第 i 个测点的等效连续 A 声级，dB(A)；

　　　　　n——测点总数；

　　　　　σ——标准偏差。

六、噪声控制的原则

噪声是声源向空中以波形式辐射出去的一种压力脉动，当声源停止发射时，噪声立即消失，不在环境中积累。只有当声源、声音传播途径和接受者三个因素同时存在，才能对接受者形成影响和危害。对任何噪声的控制必须考虑这三个因素，即从声源上降低噪声强度、在噪声传播途径上控制噪声、在接收处进行噪声的个人防护。同时又要把这三部分作为一个系统综合考虑。

1. 从声源上根治噪声

治理噪声最有效和最根本的办法是从声源处治理。

(1) 改进设备材质及结构降低噪声。可选用发射噪声小的材料制作机件，例如采用高分子材料或高阻尼合金（亦称减振合金）材料代替一般金属材料，由于其内部摩擦消耗振动能而使噪声降低。

改进设备结构也可降低噪声，例如通过改进某些旋转设备流通部分，使之产生涡流的程度减轻而使噪声降低。

合理改变传动装置可明显降低噪声，例如正齿传动变成斜齿传动，可降低 3～10dB(A)，改成皮带传动可降低 16dB(A)。

(2) 改革工艺和操作方法。不同的工艺和操作，其噪声差别较大，如以焊代铆、以液压代冲压等都可使噪声明显下降。

(3) 提高机械加工精度和装配质量。提高加工精度，使机件的撞击、摩擦得到改善，提高设备的装配、安装、检修质量，调好机组的动平衡，找好中心，提高基座的接触质量和刚度等都可以降低噪声。

2. 在传播途径上降低噪声

因条件所限，在声源上难以实现降低噪声至无害化的目标时，可在传播途径上采取措施。

在总体设计上要合理布局，把主要噪声源远离安静区，或把高噪声设备集中，采取各种声学控制技术措施。如吸声、隔声、消声、隔振、阻尼等；也可利用声屏障阻止噪声的传播，如依靠自然地形或建筑物把声源与人经常活动的区域隔开；还可利用声源的指向性特点来控制噪声，如把锅炉高压蒸汽排口朝向旷野或天空等，以减少噪声对环境的影响。

3. 在噪声接受点上进行防护

在声源及传播途径上无法实施减噪措施时，或只有少数人在噪声环境中工作时，个人防护是有效途径，如配带耳塞、耳罩、头盔等防噪用品，也可采取轮换作业，缩短工人进入高噪声环境的工作时间等方法。

第二节 噪声控制的基本技术

控制噪声的措施可分为吸声、隔声、消声及阻尼减振等。

一、吸声技术

在噪声控制工程中，常用吸声材料和吸声结构来降低室内噪声。

（一）吸声性能的评价指标

1. 吸声系数

声波遇到障碍物时，一部分声能被反射回去，一部分声能被吸收，还有一部分声能则透射过去。吸声系数定义为被吸收的声能与入射声能之比，即

$$\alpha = \frac{W_a}{W_i} = \frac{W_i - W_r}{W_i} \qquad (5-28)$$

式中 α——吸声系数；

W_a——吸收声能，W；

W_i——入射声能，W；

W_r——反射声能，W。

一般的吸声材料或吸声结构的吸声系数在 0~1 之间，吸声系数的值越大，表明吸声性能越好。吸声系数是频率的函数，同一种材料或结构，对于不同的频率，具有不同的吸声系数。

2. 吸声量

吸声系数反映房间壁面单位面积的吸声能力。材料实际吸收声能的多少，除了与材料的吸声系数有关外，还与材料表面积大小有关。吸声材料的实际吸声量：

$$A = S\alpha \qquad (5-29)$$

式中 A——吸声量，m^2；

S——吸声材料的面积，m^2；

α——面积为 S 的吸声材料的吸声系数。

3. 材料的流阻

流阻表征气流通过材料的阻力，也是俗称的材料的透气性。材料的吸声性能与它的透气性有关。当声波引起空气振动时，有微量空气在多孔材料的孔隙中通过。这时，材料两面的静压差与气流线速度之比，即为流阻。

$$R_f = \frac{\Delta P}{u} \qquad (5-30)$$

式中 R_f——流阻，Pa·s/m；

ΔP——气流通过材料时两边的压力差，Pa；

u——气流通过材料的速度，m/s。

4. 材料的孔隙率

多孔材料中通气的空气体积与材料总体积之比称为孔隙率，即

$$P = \frac{V_a}{V_m} \times 100\% \qquad (5-31)$$

式中 P——材料孔隙率，%；

V_a——材料中孔隙的体积，m^3；

V_m——材料的总体积，m^3。

（二）吸声原理

当声波入射到物体表面时，总有一部分入射声能被物体吸收而转化为其他形式的能量，这种现象叫吸声。物体吸声现象是普遍存在的，但在实际工程中，只有当某些材料或结构的吸声作用比较显著时，才称为吸声材料或吸声结构。吸声材料和吸声结构吸收声能的过程，都是使声波机械能减少的过程。吸声机制主要有：

（1）内摩擦作用。声波在媒质中传播时，质点的振动速度各不相同，即在声场中存在速度梯度，从而在相邻质点间产生内摩擦力，此种力是耗散力，它总是对运动起阻碍作用，使声能不断地转化为热能，内摩擦力在均匀媒质中存在，但在两种媒质相互接触的界面附近更显著。

（2）热传导效应。声波在媒质中传播时，由于媒质中各处温度不均匀，即在声场中存在温度梯度，从而在相邻质点间产生热量传递，这种热传递过程中也伴随着机械能的损耗，使声能转化为热能。

（三）吸声材料

常用的吸声材料，如玻璃棉、矿棉、泡沫塑料等，多是一些多孔性材料。这些材料的特点是：内部多孔，孔与孔之间连通，并且连通的孔与外界相通。多孔吸声材料的吸声性能，在材料厚度及装置情况确定的条件下，通常用吸声系数 α 表示，多孔吸声材料一般对中高频声波有良好的吸声效果。

多孔吸声材料吸声性能的影响因素如下：

（1）材料厚度。一般来说，随着厚度的增加，吸声频率特性向低频方向移动，如图 5-4 所示。亦即增加吸声材料的厚度可以提高低频吸声效果，而高频声则保持原先较大的吸收，变化不大，因为高频声在吸声材料表面就被吸收了。

（2）材料密度。吸声体中材料填充的密度间接地控制着材料内部微孔尺寸。填充容重太小，经过运输或振动，会导致疏密不均，效果变差；填充容重过大，将意味着材料内部空隙减少，可提高低频吸收效果，但高频吸声性能将会下降，如图 5-5 所示。在一定的使用条件下，吸声材料有其最佳的填充密度，过大或过小，都会使吸声系数降低。尤其是填充时不要过于密实，否则，不仅浪费材料，还会使其应有的效果变差。

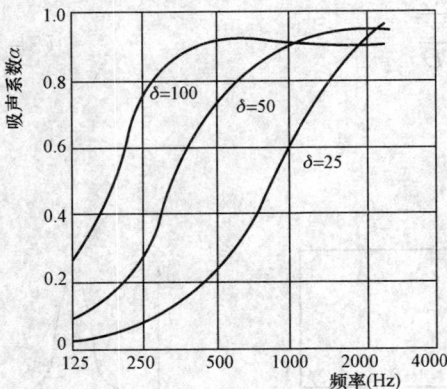

图 5-4　密度为 27kg/m³ 超细玻璃棉厚度
变化对吸声性能的影响

（厚度单位：mm）

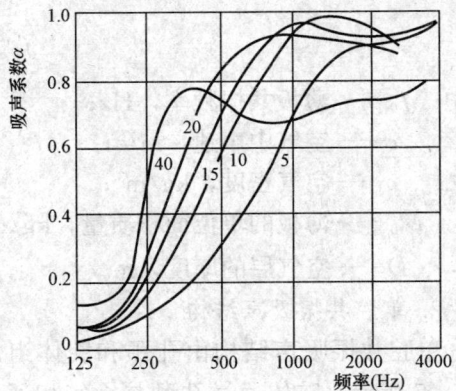

图 5-5　5cm 厚超细玻璃棉密度
变化对吸声性能的影响

（密度单位：kg/m³）

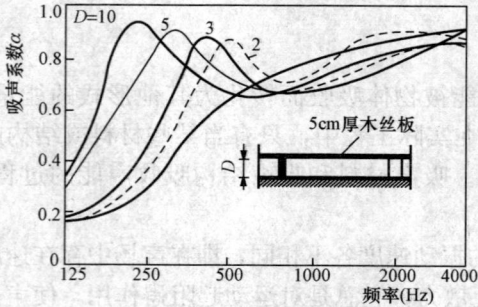

图 5 - 6　背后空气层厚度对吸声性能的影响

（厚度单位：mm）

（3）材料层背后空腔厚度。在多孔吸声材料与壁面间留有一定厚度的空腔，可以改变多孔吸声材料层的声阻抗，从而改善其低频吸声性能，如图 5 - 6 所示。一般空腔越厚，有效吸声频率越趋向于向低频方向扩展，但不能无止境地加厚。取腔厚为 1/4 波长的奇数倍时效果最佳。通常在墙面上的吸声处理空腔厚度取 5～10cm，对于悬吊式吸声平顶，吸声层后的空腔可适当增大，有的达 0.5m 以上。

（4）护面层。超细玻璃棉之类的吸声体是散状的，需要一定的结构护面。但护面是否合理，也会影响吸声材料性能的发挥。工程上常用的护面层有金属网、塑料窗纱、玻璃布、麻布、纱布及金属穿孔板等。金属网和窗纱的穿孔率大，用它们做护面对吸声材料性能不会有什么影响。玻璃布、麻布、纱布都是低流阻材料，对吸声性能的影响也可以忽略不计。穿孔板的穿孔率大于 20%，一般不影响其吸声性能。

（四）吸声结构

多孔吸声材料低频吸收效果较差，且壁面敷设多孔吸声材料的工艺麻烦，经济性欠佳，因此常采用共振吸声结构。

1. 薄板共振吸声结构

将有足够劲度的薄板（如薄木板、硬质纤维板、石膏板、石棉水泥板、金属板等）的周边固定在框架上，该框架再牢固地与刚性板壁紧密结合成一体，连同板后的密闭空气层，就构成了薄板共振吸声结构。

薄板共振吸声结构是由薄板质量和板后空气层的劲度所组成的振动系统，相当于弹簧和质量块的力学系统。当声波入射在薄板上，使板受迫振动时，声能将因板本身的阻尼以及板与框架支撑边缘之间产生摩擦而损耗。当入射声波频率接近于系统固有频率时发生共振，此时声能损耗达到最大值。薄板共振频率 f_0 由式（5 - 32）计算：

$$f_0 = \frac{c}{2\pi}\sqrt{\frac{\rho}{M_0 D}} \qquad (5 - 32)$$

式中　f_0——薄板共振频率，Hz；

　　　c——空气中声速，m/s；

　　　ρ——空气密度，kg/m³；

　　　M_0——薄板的单位面积质量，kg/m²；

　　　D——空气层的厚度，m。

2. 单腔共振吸声结构

单腔共振吸声结构由孔颈和腔体组成，如图 5 - 7 所示。腔体通过孔颈与大气相通。当入射波长远大于空腔深度时，腔体内空气作用可等效于一个"弹簧"，孔颈内的小空气柱可等效为一个"质量块"，整个单腔共振吸声结构可等

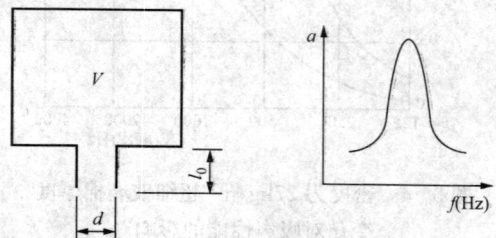

图 5 - 7　空腔共振吸声结构及其吸声频率特性

效为"弹簧振子",在声波的作用下,"弹簧振子"振动,小气柱与孔颈壁摩擦,使一部分声能转换成热能。当声波频率与单腔吸声体固有频率一致时,吸声体发生共振,小气柱振动速度达到最大,阻尼也达到最大,因此转化为热能的声能最多,也就是吸声系数达到最大。

单腔共振吸声结构的固有频率由式(5-33)计算:

$$f_0 = \frac{c}{2\pi} \sqrt{\frac{S}{V(l_0 + \delta)}} \qquad (5 - 33)$$

式中 f_0——单腔共振吸声结构的共振频率,Hz;

c——空气中声速,m/s;

S——孔颈开口面积,m²;

V——空腔容积,m³;

l_0——颈长,m;

δ——开口末端修正量,m。

单腔共振吸声结构吸声频带较窄,适用于低频噪声较突出的场合。为使共振吸声频带宽些,对声波的阻尼大些,可在颈口处蒙上一层薄织物或在孔颈内填充一些多孔吸声材料。

3. 穿孔板共振吸声结构

(1)单层穿孔板共振吸声结构。穿孔板共振吸声结构,可看作许多单腔共振吸声器的组合,如图5-8所示。

设穿孔板每个孔的开孔面积为 S,每个孔所对应的空腔体积为 V,空腔厚为 D。每个共振器在穿孔板上所占的面积为 A,穿孔数为 n 或穿孔率为 P,穿孔板厚 l_0,则穿孔板结构的共振频率用式(5-34)计算:

图5-8 穿孔板共振
吸声结构

$$f_0 = \frac{c}{2\pi} \sqrt{\frac{P}{(l_0 + \delta)D}} \qquad (5 - 34)$$

式中 f_0——单层穿孔板共振吸声结构的共振频率,Hz;

c——空气中声速,m/s;

n——孔数;

S——孔面积,m²;

l_0——板厚,m;

δ——孔口末端修正量,m;

D——板后空气层厚度,m;

P——穿孔率,即穿孔面积与总面积之比。当圆孔为等边三角形排列时,$P = \frac{\pi}{2\sqrt{3}}\left(\frac{d}{B}\right)^2$;当圆孔为正方形排列时,$P = \frac{\pi}{4}\left(\frac{d}{B}\right)^2$,其中 B 为孔中心距,d 为孔径,m。

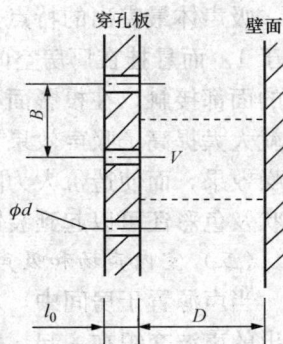

(2)多层穿孔板吸声结构。要使共振吸声结构在较宽的频率范围内有良好的吸声性能,可进行共振器的组合,由两层或多层穿孔板组合的穿孔板吸声结构,可以看成是多个互相耦合在一起的共振吸声结构,具有两个或多个吸收峰。它比单层结构有更好的吸声性能,在2~3个倍频程内得到较高的吸声系数,它不仅对低频,而且对中高频也有较高的吸收。

（3）微穿孔板吸声结构。微穿孔板吸声结构是在普通穿孔板吸声结构的基础上发展起来的。它是由板厚和孔径均在 1mm 以下，穿孔率 P 为 1‰～5‰的薄金属板和空腔组成的共振吸声结构，具有较高的吸声系数和较宽的吸声频带。微穿孔板吸声结构的优点是结构简单、易于清洗、耐高温，所以它适合于高速气流、高温或潮湿等特殊环境。但它加工困难，造价较高，一般用在要求较高的场合。为了达到吸收不同频率声音的要求，常常做成双层或多层的组合结构。

4. 空间吸声体

空间吸声体是由框架、吸声材料和护面结构制成的。由于它可以悬吊在声场的空间，故称为空间吸声体。吸声体的形状可设置成多种样式，通常有平板形、圆柱形、球形、圆锥形等。其中，以平板矩形最常用。

吸声体最突出的特点是具有较高的吸声效率。一般吸声饰面只有一个面与声波接触，α 小于 1。而悬挂在厂房空间的吸声体，根据声波反射和衍射原理，声波与它的两个或两个以上的面都接触，在投影面积相同的情况下，吸声体相应增加了有效吸声面积和边缘效应，所以就大大提高了吸声效果。吸声体的吸声系数相当于甚至高于整个顶部都衬贴吸声材料时的减噪效果，而使造价大为降低。此外，这类空间吸声体还可以预制，现场安装方便，合理的形状及色彩还可以起到装饰作用。

（五）室内声场和吸声降噪

当声源置于房间中，从声源发出的声波在有限大的空间内来回多次反射，并与声源直接发出的声波交织在一起，叠加成复杂的声场，这样的声场称为室内声场。室内声场分为两部分：一部分是由声源直接到达听者的声波，称为直达声。直达声形成的声场称为直达声场。另一部分是经过壁面一次或多次反射后到达听者的声波，称为反射声。由反射声形成的声场称为混响声场。对于混响场，若在房间内传播方向上各向同性，而且各处均匀，则称为完全扩散场，完全扩散场内有效声压处处相等，声能密度也处处相等。

室内声场的声能密度：

$$\varepsilon = \varepsilon_D + \varepsilon_R = \frac{W}{c}\left(\frac{Q}{4\pi r^2} + \frac{4}{R}\right) \tag{5-35}$$

$$R = S\bar{\alpha}/(1-\bar{\alpha})$$

$$\bar{\alpha} = \sum \alpha_i S_i / S$$

式中　ε——室内声场的声能密度，J/m^3；

ε_D——直达声场的声能密度，J/m^3；

ε_R——混响声场的声能密度，J/m^3；

W——点声源的声功率，W；

c——声速，m/s；

Q——声源指向性因子；

r——距声源声学中心距离，m；

R——房间常数，m^2；

$\bar{\alpha}$——平均吸声系数；

α_i——面积为 S_i 的壁面吸声系数；

S——房间内壁面的总面积，m^2。

室内声场的声压平方值：

$$p^2 = p_D^2 + p_R^2 = \rho c W \left(\frac{Q}{4\pi r^2} + \frac{4}{R} \right) \tag{5-36}$$

式中　p——室内声场的声压，Pa；

　　　p_D——直达声场的声压，Pa；

　　　p_R——混响声场的声压，Pa；

　　　ρ——介质密度，kg/m^3。

室内声场的声压级：

$$L_p = L_W + 10\lg \left(\frac{Q}{4\pi r^2} + \frac{4}{R} \right) - K \tag{5-37}$$

式中　L_p——室内声场的声压级，dB；

　　　L_W——室内声场的声功率级，dB；

　　　K——修正值，dB。当空气特性阻抗 ρc 等于 400 时，修正值 $K=0$；沿海地区 $K \leqslant 0.2dB$，高原地区 K 可以大于 1dB。

1. 室内声场的混响时间

当房间内声场已达到稳态时，突然关闭声源后，房间内的声音并不立刻消失，而是要延续一段时间，这种声音的延续现象称为混响。通常采用房间中声场的声能密度衰减到原来的百万分之一时所经过的时间来量度房间的混响，这段时间称为混响时间，用 T 表示，单位为 s。因此，混响时间定义为声能密度衰减 60dB 所需时间。

混响时间可由式（5-38）计算：

$$T = 0.161 \frac{V}{A} = 0.161 \frac{V}{S \bar{\alpha}} \tag{5-38}$$

$$\bar{\alpha} = \sum \alpha_i S_i / S$$

式中　V——房间容积，m^3；

　　　A——室内总吸声量，m^2；

　　　S——室内总壁面面积，m^2；

　　　$\bar{\alpha}$——室内平均吸声系数；

　　　α_i——面积为 S_i 的壁面吸声系数。

2. 室内声场吸声降噪量的计算

室内声场由直达声场与混响声场叠加而成，室内吸声降噪处理的改变量只有房间常数 R，吸声减噪量：

$$\Delta L = L_1 - L_2 = 10\lg \left(\frac{\dfrac{Q}{4\pi r^2} + \dfrac{4}{R_1}}{\dfrac{Q}{4\pi r^2} + \dfrac{4}{R_2}} \right) \tag{5-39}$$

式中　ΔL——室内距声源声学中心距离 r 处的吸声降噪量，dB；

　L_1、L_2——室内吸声处理前后距声源声学中心距离 r 处的声压级，dB；

　R_1、R_2——室内吸声处理前后的房间常数，m^2；

　　　r——距声源声学中心距离，m；

　　　Q——声源指向性因子。

在声源近旁，直达声场为主，即 $\frac{Q}{4\pi r^2} \gg \frac{4}{R}$，略去 $\frac{4}{R}$ 项，则式（5-39）可表达为

$$\Delta L = L_1 - L_2 = 10\lg\left[\frac{\frac{Q}{4\pi r^2}}{\frac{Q}{4\pi r^2}}\right] = 0 \tag{5-40}$$

因此，对于以直达声场为主的噪声不适宜采用吸声处理。

离开声源足够远处，混响场占主导地位，即 $\frac{Q}{4\pi r^2} \ll \frac{4}{R}$，略去 $\frac{Q}{4\pi r^2}$ 项，则式（5-39）可表达为

$$\Delta L = 10\lg\left[\frac{R_2}{R_1}\right] = 10\lg\left[\frac{\bar{\alpha}_2}{\bar{\alpha}_1} \cdot \frac{(1-\bar{\alpha}_1)}{(1-\bar{\alpha}_2)}\right] \tag{5-41}$$

式中　$\bar{\alpha}_1$、$\bar{\alpha}_2$——室内吸声处理前后的平均吸声系数。

在实际当中，室内吸声降噪效果往往是指整个房间内噪声降低的平均情况，而不要求细致地了解房间内各处降噪情况，这时可以忽略声场的起伏变化，把它看成完全扩散均匀。则室内平均吸声降噪量简化为

$$\Delta\bar{L} = 10\lg\left(\frac{\bar{\alpha}_2}{\bar{\alpha}_1}\right) \tag{5-42}$$

式中　$\Delta\bar{L}$——室内平均吸声降噪量，dB。

二、隔声技术

隔声是噪声控制工程技术中有效的措施之一。应用隔声构件，使声能在传播途径中受到阻挡而不能直接通过，从而把噪声环境与安静环境隔开，这种方法称为隔声。常用的隔声结构有隔声罩、隔声间、隔声屏等。

（一）构件隔声性能的评价指标

1. 透射系数与隔声量

声波入射到隔声构件时，声能的一部分被反射，一部分被吸收，还有一部分透过构件。透射声能与入射声能之比称为透射系数，用 τ 表示。

$$\tau = \frac{W_t}{W_i} \tag{5-43}$$

式中　W_i——入射声能，W；

　　　W_t——透射声能，W。

隔声量定义为隔声构件一面的入射声功率级与另一面的透射声功率级之差，即

$$TL = 10\lg\frac{W_i}{W_t} = 10\lg\frac{1}{\tau} \tag{5-44}$$

式中　TL——隔声量，dB；

　　　W_i——入射声能，W；

　　　W_t——透射声能，W；

　　　τ——透射系数。

隔声量又称为透射损失，通常由实验室和现场测量两种方法确定。

2. 平均隔声量

隔声量与频率有密切关系，通常所考虑的频率范围 $100\sim4000\text{Hz}$，可用 17 个 1/3 倍频

程隔声量的算术平均值表示，也可用 125～4000Hz、6 个倍频程隔声量的算术平均值表示，计作 $\overline{TL}$。它没有考虑人耳听觉频率特性和隔声构件的频率特性，因此，具有相同平均隔声量的隔声构件，对同一声源可以有不同的隔声效果。

3. 插入损失

插入损失 IL 系指在声场中插入隔声构件前后，声音入射构件的另一侧在同一特定测量点位置上的声压级之差值。这一评价量在噪声控制工程中应用较广，特别适合于现场环境中，对声场环境无特殊要求，其结果又比较直观。

（二）构件的隔声性能

1. 单层匀质构件的隔声性能

（1）匀质薄板隔声频率特性曲线。典型的匀质薄板隔声频率特性曲线如图 5-9 所示，按频率可以分为三个区域：Ⅰ区为劲度和阻尼控制区；Ⅱ区为质量控制区；Ⅲ区为吻合效应和质量控制延续区。

在频率很低时，隔声构件的劲度起主要作用，隔声量与劲度成正比，为劲度控制区。随着 f 增大，质量效应增大。在某些频率处可能出现劲度和质量效应相抵消，因而产生结构共振现象，隔声量出现低谷。图中 f_0 为共振基频，f_n 代表一些谐振。共振时，构件的振幅大小主要决定于构件的阻尼，所以隔声低谷与阻尼有关。阻尼大，共振的起伏较小，隔声量降低较小，故这一区域称为阻尼控制区。一般土建材料如砖、钢筋混凝土等构件，其 f_0 低于噪声频范围，可不考虑。但是，对于由薄的金属板材作主要隔声材料的构件，其 f_0 可以分布到听阈内，此时应考虑共振的影响。

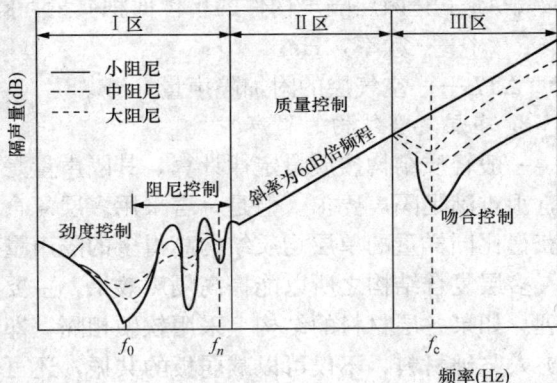

图 5-9 典型的匀质薄板隔声频率特性曲线

频率继续提高，共振影响逐渐消失，此后进入质量控制区，此时构件的质量起主要作用，隔声量随频率和构件质量的增加而增加，频率特性曲线上升斜率为 6dB 倍频程。面密度（质量）增加 1 倍，特性曲线向上平移 6dB。

随着 f 进一步增大，在某个 f 上隔声构件与声波产生吻合效应，并在最低的吻合效应频率处隔声量大幅度下降，出现第二个低谷值，又称为吻合谷。吻合谷深浅与板的阻尼有关，阻尼大则谷浅，阻尼小则谷深。吻合谷之后频率特性曲线将以 10dB 倍频程的斜率上升，经过一段上升后斜率又恢复到 6dB 倍频程，因此这一段又称为质量控制延续区，即质量起主要作用。

考虑到噪声对人的影响较大的频率范围在 100～2500Hz，所以应使吻合效应不发生在这一范围，可采用硬而厚的墙来降低 f_c，或使用软而薄的构件提高 f_c。

（2）隔声量。理论计算公式：根据质量定律，当声波垂直入射时，隔声量为

$$TL = 20\lg(fM) - 42.5 \tag{5-45}$$

式中 TL——隔声量，dB；

f——频率，Hz；

M——构件单位面积的质量，kg/m^2。

经验公式：实际上受到阻尼和边界条件的影响，并不能达到理论上质量定律的计算结果，常用经验公式确定：

$$TL = 16\lg M + 14\lg f - 29 \qquad (5-46)$$

2. 双层结构的隔声性能

对于隔声量要求很高的构件，采取单层匀质隔声构件显得十分笨重而不经济，如果把单层隔声结构分成双层或多层，在各层之间留有空气层或在空气层中填充一些吸声材料，往往可以突破质量定律的限制，较大地提高隔声量。一个留有空气层的双层结构要比等质量的单层结构在隔声量上大 5～10dB。在隔声量相同的条件下，双层结构的质量仅是单层结构的 2/3～3/4。

在一般实际工程中，双层结构的隔声量可用经验公式计算：

$$TL = 16\lg(M_1 + M_2) + 16\lg f - 30 + \Delta TL \qquad (5-47)$$

式中　TL——双层结构的隔声量，dB；

M_1、M_2——两层隔声构件的单位面积质量，kg/m^2；

f——频率，Hz；

ΔTL——空气层的附加隔声量，dB。

3. 多层复合结构的隔声

一般轻质结构按质量定律计算，其隔声量是有限的，再加上它们有较高的固有频率，因此，很难满足隔声要求。但是，若采用多层复合结构，通过不同材质的分层交错排列，就可以获得比同样重的单层均质结构高得多的隔声量。

多层复合结构之所以能提高隔声效果，主要是利用声波在不同介质的界面上产生反射的原理。如果各层材料的结构上采用软硬相隔，即在坚硬层间夹入疏松柔软层，或在柔软层之间夹入坚硬材料，不仅可以减弱板的共振，还可以减少吻合频率区域的声能透射。

采用多层复合结构，只要各层材料选择得当，在获得同样的隔声量下，要比单层结构轻得多，而且在主要声频范围内（125～4000Hz）均可超过由质量定律计算的隔声量。

（三）隔声罩

隔声罩是用隔声构件将噪声源罩在一个较小的空间，使传出的噪声减弱的一种噪声控制措施。目前，不但一些小型噪声源可以使用隔声罩，钢球磨煤机以及汽轮机、发电机和励磁机等大型设备也广泛使用隔声罩来降低噪声。但也有些设备在工艺上很难做到完全封闭，因而只能进行局部隔声封闭，这种隔声罩称为局部隔声罩。

隔声罩的隔声性能用插入损失表示，对于全封闭的隔声罩，可近似用式（5-48）计算：

$$IL = 10\lg(1 + \alpha 10^{0.1TL}) \qquad (5-48)$$

式中　IL——全封闭隔声罩的插入损失，dB；

α——隔声罩内饰吸声材料的吸声系数；

TL——隔声罩罩壁的隔声量，dB。

对于局部隔声罩，插入损失可近似用式（5-49）计算：

$$IL = TL + 10\lg\alpha + 10\lg\frac{1 + \dfrac{S_0}{S_1}}{1 + \dfrac{S_0}{S_1}10^{0.1TL}} \qquad (5-49)$$

式中 IL——局部隔声罩的插入损失，dB；

　　TL——隔声罩罩壁的隔声量，dB；

S_0、S_1——非封闭面和封闭面的总面积，m^2。

从公式中可以看出，隔声罩内壁面进行吸声处理与否，对其隔声性能影响很大。

（四）隔声间

隔声间是在噪声环境中把接受者完全封闭起来，防止外界噪声侵入，使内部空间保持一定安静程度的小室或房间。例如，电厂主控室就是一个隔声性能良好的隔声间。在许多情况下，采用这种方法比隔声罩更经济和有效。

1. 隔声间的隔声量

隔声间的隔声性能通常用插入损失来表示。

$$IL = \overline{TL} + 10\lg \frac{A}{S} \qquad\qquad (5 - 50)$$

$$\overline{TL} = 10\lg \frac{\sum S_i}{\sum S_i 10^{-0.1TL_i}} \qquad\qquad (5 - 51)$$

式中 IL——隔声间的插入损失，dB；

　　A——隔声间内表面的总吸声量，m^2；

　　S——隔声间内表面的总面积，m^2；

　　$\overline{TL}$——隔声间的平均隔声量，dB；

　　S_i——第 i 个隔声构件的面积，m^2；

　　TL_i——第 i 个隔声构件的隔声量，dB。

隔声间的插入损失一般约 20～50dB。门窗是隔声间内不可少的部件，而门窗又是隔声的薄弱环节，在实际的隔声设计中，应避免墙体与门窗的隔声量相差太多。合理的方法是按"等透射原则"进行设计，即通过墙体透射的声能与通过门或窗透过的声能大体相同。一般情况下，隔声间墙体的隔声量只要比门或窗高出 10～15dB 也就足够了。

2. 隔声门

（1）隔声门结构与隔声能力。为提高门扇的隔声性能又不使门扇太重，一般采用多层复合结构，它的组合原则是相邻两层板的声阻抗差别越大越好，按照这一原则组合的复合结构，每一层都不应过分薄，分层也不宜过多。

（2）门缝的密封。门的隔声效果好坏与门的密封程度有关。密封门缝的方法是把门扇与门框之间的碰头做企口或阶梯状，并在接缝处嵌上软橡皮、工业毛毡或泡沫乳胶等弹性材料，以减少缝隙漏声。

（3）双道门间的吸声处理。对隔声要求较高，且需要经常启闭的门应做成声闸，即在双道门形成的门斗内布置吸声材料，使传入的噪声被吸收而降低，它能使隔声性能进一步提高。

3. 隔声窗

（1）玻璃的隔声性能。窗扇本身的隔声性能与窗框的材料关系不大，而主要取决于玻璃的隔声性能。在高频端由于受吻合效应的影响，隔声量下降。为消除吻合效应的影响，可采用厚度不同的双层玻璃。玻璃厚度相同，吻合效应依然存在。厚度不同，吻合效应减弱，厚度差别越大，效果越好。

（2）缝隙的影响。缝隙是影响窗隔声性能的主要因素。特别是对中高频部分影响十分明显，低频部分影响较小。因此，必须密封处理。

（3）多层窗玻璃之间空气层的作用。隔声量随空气层厚度的增加而增加，但在低频端受共振影响出现隔声低谷。通常将朝向声源一侧的玻璃做成倾角（85°左右），使中间空气层厚度上下不一致，以消除共振的影响。

（4）双层窗间加吸声处理。沿窗框做吸声处理后，能使隔声量提高 3～5dB，玻璃薄的改善更明显，且能削弱吻合效应的影响。

（5）玻璃的安装条件。玻璃安装要求严密不透气，在边缘处采用橡胶或毛毡条压紧，这不仅能起到密封作用，还能起到有效阻尼作用，减少玻璃受声激振透声。对于高隔声窗，需采用分立式或用隔振材料将双层窗完全脱开。

（五）隔声屏

隔声屏是在给定位置上降低声源直达声场声压级的一种方法。它是利用反射的原理，把声波反射回去，使之不能达到给定位置。高频声波因其波长短，容易被声屏阻挡，在声屏后形成声影区。而低频声波波长较长，能在声屏周围产生绕射，所以其隔声效果不如高频好。一般对 250Hz 以下的声音隔声效果较差。隔声屏与隔声罩相比较，具有不妨碍机械散热和工人检修、维护等优点，并且造价低。

隔声屏的隔声效果用插入损失 IL 表示。

对于室内点声源放置隔声屏前后的插入损失：

$$IL = 10\lg \frac{\dfrac{Q}{4\pi r_1^2} + \dfrac{4}{R_1}}{\dfrac{QD}{4\pi r_2^2} + \dfrac{4}{R_2}} \tag{5-52}$$

其中

$$D = \sum_{i=1}^{3} \frac{\lambda}{3\lambda + 20\delta_i} = \lambda\left(\frac{1}{3\lambda + 20\delta_1} + \frac{1}{3\lambda + 20\delta_2} + \frac{1}{3\lambda + 20\delta_3}\right) \tag{5-53}$$

上两式中　　IL——隔声屏的插入损失，dB；

D——声波的绕射系数；

λ——波长，m；

δ_1、δ_2、δ_3——声源通过隔声屏上、左、右边缘至受声点与声源至受声点直线距离的声程差，m。

三、消声技术

消声器是应用于管道中，保证气流通过的同时，使噪声降低的一种装置。

（一）消声器的类型

根据消声原理和结构的不同，消声器一般可分为阻性消声器、抗性消声器、阻抗复合式消声器、微穿孔板消声器和排气放空消声器等类型。常见消声器的形式和消声性能见表 5-3。

表 5-3　　　　　　　　　常见消声器的分类

原　理	形　式	消声性能	主要用途
阻性消声器	管式、片式、蜂窝式、列管式、折板式、声流式、弯头式、百叶式、元件式、迷宫式、圆盘式	中高频	通风空调系统管道、机房进出风口、空气动力设备进排气风口等

续表

原　　理	形　　式	消声性能	主　要　用　途
抗性消声器	扩张式、共振式、微穿孔板式、干涉式、电子式	低中频 低频 宽频带	空压机、柴油机、汽车发动机等以低中频噪声为主的设备噪声
阻抗复合式消声器	阻抗复合式、阻性及共振复合式、抗性及微穿孔板复合式等	宽频带	各类宽频带噪声
排气放空消声器	节流降压式、小孔喷注式、节流减压与小孔喷注复合式、多孔材料扩散式	宽频带	各类宽频带噪声

（二）消声器的性能

消声器的性能包括声学性能、空气动力性能和气流再生噪声特性等三个主要方面。

1. 声学性能

消声器的声学性能包括消声量的大小和消声频率范围宽窄两个方面。测量方法不同，所得消声量也不同，消声量有以下四种量度。

（1）插入损失。装置消声器前后测得系统之外某点的声功率级差即为消声器的插入损失。如果装置消声器前后声场分布情况近似保持不变，则声功率级之差就等于相同测点的声压级之差。

$$L_{IL} = L_{W1} - L_{W2} = L_{p1} - L_{p2} \tag{5-54}$$

式中　L_{IL}——插入损失，dB；

L_{W1}、L_{W2}——装消声器前后某定点的声功率级，dB；

L_{p1}、L_{p2}——装消声器前后某定点的声压级，dB。

由于声压级测量简便又符合实际，所以是现场测量消声器消声量最常用的一种方法。

（2）减噪量。减噪量为消声器进口端面和出口端面测得的平均声压级之差。

$$L_{NR} = \overline{L}_{p1} - \overline{L}_{p2} \tag{5-55}$$

式中　L_{NR}——减噪量，dB；

$\overline{L}_{p1}$、$\overline{L}_{p2}$——消声器进口端面和出口端面测得的平均声压级，dB。

它包括了反射声的影响在内。这种测量方法用于已安装好的消声器消声量测量，但容易受到环境的影响而产生较大误差。所以适合于试验台上对消声器进行测量分析，而现场中很少使用。

（3）衰减量。衰减量是指在消声器内部两点间的声压级的差值，单位为 dB，用 L_A 表示。这种方法适用于声学材料在管道内连续而均匀地分布的直通管道消声器。测量点不能靠近管子端头。

（4）传声损失。传声损失又称透射损失，是入射于消声器进口端的输入声功率与消声器出口端透出来的声功率之比的常用对数乘 10 的分贝值，即

$$L_{TL} = 10\lg\frac{W_1}{W_2} = L_{W1} - L_{W2} \tag{5-56}$$

式中　L_{TL}——传声损失，dB；

L_{W1}、L_{W2}——消声器进口与出口端声功率级，dB。

由于声功率级不如声压级测量那么简便而又直接，所以对管道截面不太大的消声器一般

可以通过测量声压级换算为传声损失：

$$L_{W1} = \overline{L}_{p1} + 10\lg S_1 \tag{5-57}$$

$$L_{W2} = \overline{L}_{p2} + 10\lg S_2 \tag{5-58}$$

式中　$\overline{L}_{p1}$、$\overline{L}_{p2}$——消声器进口与出口端平均声压级，dB；

　　　S_1、S_2——消声器进口与出口端截面积，m^2。

对一个消声器来说，用不同的方法或在不同的声学环境下测量，其结果往往会有一定的差异。因此，在表示消声器的消声效果时，应注明所用的测量方法和所在的测量环境，以便对消声器的性能进行比较和评价。

此外，消声器声学性能还因测试声源条件的不同而分为静态消声性能和动态消声性能。前者是指在消声器内无气流通过而仅用扬声器作标准噪声源条件下测得的消声量，后者是指在消声器内有气流通过，即用空气动力设备作噪声源（如风机或风机加扬声器）条件下测量的消声量。

2. 空气动力性能

如果一个消声量很高的消声器由于其空气动力性能差，阻力很大，安装后使系统不能正常运行，则此消声器不能使用。消声器空气动力性能评价指标通常为压力损失或阻力系数。

(1) 压力损失。压力损失 Δp 为气流通过消声器前后所产生的压力降，亦即平均全压之差。如果消声器前后管道内流速相同，动压相等，则压力损失就等于消声器前后管道内平均静压之差。

由于压力损失不仅与消声器结构有关，还与通过消声器的气流速度有关，因此，用压力损失表征消声器空气动力性能时，必须同时给出通过消声器的气流速度。

(2) 阻力系数。消声器的阻力系数 ξ 为通过消声器前后的压力损失与气流动压之比，即

$$\xi = \frac{\Delta p}{p_v} \tag{5-59}$$

$$p_v = \frac{10\rho v^2}{2g}$$

式中　Δp——压力损失，Pa；

　　　p_v——气流动压，Pa；

　　　ρ——空气密度，kg/m^3；

　　　v——气流平均速度，m/s。

阻力系数能比较全面地反映消声器的空气动力特性。根据阻力系数就可方便地求得不同流速条件下的压力损失。

3. 气流再生噪声特性

在消声器的设计试验与工程应用中，经常会遇到动态消声量低于静态消声量以及同一消声器当气流速度提高时消声量相应降低等现象，这是由于消声器内部产生气流再生噪声造成的。

气流再生噪声就是当气流以一定速度通过消声器时，由于气流在消声器内所产生的湍流噪声以及气流激发消声器结构部件振动所产生的噪声。其大小取决于消声器的结构形式和气流速度，气流再生噪声与气流流速的 6 次方成正比。小流速时再生噪声以低频噪声为主，频率每增加 1 倍频程，声压级下降 6dB。

（三）阻性消声器

阻性消声器是在管道内用多孔吸声材料覆盖全部内壁或部分内壁，以达到消耗声能之目的。阻性消声器对低频噪声消声效果较差，对中高频噪声有较好的消声效果。若能适当增加吸声材料的厚度和选取适当的密度，则可改善低频消声效果。阻性消声器消声效果取决于阻性材料的吸声性能，同时还与消声器的长度、通道截面积大小和周长尺寸及气流速度等因素有关。

1. 阻性消声器消声量的计算

阻性消声器的消声量多采用经验公式进行计算。

赛宾于 1940 年在特定条件下，通过实验，得出直通管阻性消声器的声衰减量 L_A 的经验公式：

$$L_A = 1.03(\bar{\alpha})^{1.4} \frac{L}{S} l \tag{5-60}$$

式中　L——消声器通道的断面周长，m；

　　　S——消声器通道的有效横截面积，m^2；

　　　l——消声器的有效部分长度，m；

　　　$\bar{\alpha}$——吸声材料的无规则入射平均吸声系数。

赛宾公式只能用于静态条件下，管道内传播的是平面波，并且满足 $l/\lambda < 0.5$ 或 $D/\lambda < 0.3$（l 和 D 分别为长方形截面最大一边尺寸和圆管截面半径）时才可靠，随比值增大，准确性渐差。

据声波在非刚性壁管道内传播的理论，高频波在管道中传播时衰减量较大，频率低的声波衰减慢，所以讨论声波在管道中的衰减量，只要考虑对频率最低的主波的消声量就可以了。

由于消声器的消声量由吸声材料的吸声系数决定，所以阻性消声器的有效消声频率范围与壁面吸声结构的吸声频带基本一致。

2. 高频失效现象

阻性消声器的实际消声量不仅与吸声系数有关，而且与气流通道的横截面积大小也有关系。如果横截面积太大，即使吸声系数也很大，高频声的消声效果也将显著下降。这是因为消声器通道截面过大，当声波频率高到一定程度时，声波将以窄束状通过消声器，而很少或根本不与吸声材料饰面接触，消声器的消声效果明显下降，这种现象称为高频失效现象。消声量开始降低时的频率称为高频失效频率，用式（5-61）确定：

$$f_c = 1.85 \frac{c}{D} \tag{5-61}$$

式中　f_c——高频失效频率，dB；

　　　c——声速，m/s；

　　　D——通道截面的当量直径，m。

当频率高于失效频率 f_c 以后，每增加 1 倍频带，其消声量约比在失效频率处的消声量下降 1/3。

（四）抗性消声器

抗性消声器通过控制声抗的大小来消声。抗性消声器不使用吸声材料，而是在管道上接截面突变的管段或旁接共振腔，利用声阻抗失配，使某些频率的声波在声阻抗突变的界面处发生反射、干涉等现象，从而达到消声的目的。常用的抗性消声器有扩张室式和共振腔式两大类。

1. 扩张室式消声器

扩张室式消声器由管和室组成，利用管道截面的突然扩张（或收缩）造成通道内声阻抗突变，使沿管道传播的某些频率的声波通不过消声器而反射回声源去。

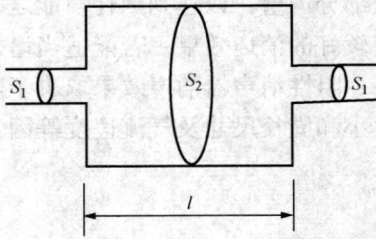

图 5-10　单节扩张室消声器

（1）扩张室消声器消声量的计算。图 5-10 是一个单节扩张室消声器，其传声损失由式（5-62）估算：

$$L_{TL} = 10\lg\left[1 + \frac{1}{4}\left(m - \frac{1}{m}\right)^2 \sin^2 kl\right] \qquad (5-62)$$

式中　L_{TL}——消声器的传声损失，dB；

　　　m——扩张比，$m = \dfrac{S_2}{S_1}$；

　　S_1、S_2——收缩管和扩张室截面积，m^2；

　　　k——波数，m^{-1}，$k = \dfrac{2\pi}{\lambda}$；

　　　l——扩张室长度，m。

（2）扩张室消声器的消声频率特性。单节扩张室消声器的消声量是 m 和 l 的函数，且存在最大值和最小值。图 5-11 为 $kl = 0 \sim \pi$ 范围内，不同扩张比时的消声频率特性。此外这种消声器的消声频率也有一定的适用范围，存在着上限截止频率和下限截止频率。

2. 共振腔式消声器

（1）消声原理与消声量。单腔共振消声器由密闭的腔体 V 通过孔颈与气流通道相通，腔体 V 和孔颈组成一个共振系统，如图 5-12 所示。从声源传播来的声波到达三叉点时，由于通道截面发生突变，使大部分声能向声源反射回去，还有一部分声能由于共振腔的摩擦阻尼转化为热能而被消耗掉，只剩下一小部分声能通过三叉点继续向前传播。当达到共振频率时，共振器消耗掉的声能最多，因此，共振频率附近消声量达到最大。

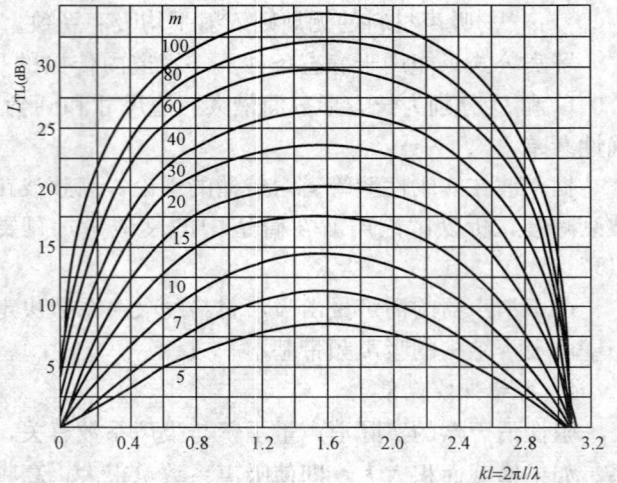

图 5-11　扩张室消声器的消声特性

实际上，共振腔消声器是由管道壁开孔与外侧密闭空腔相通而构成的。共振吸收频率 f_0 的表达式为

$$f_0 = \frac{c}{2\pi}\sqrt{\frac{G}{V}} \qquad (5-63)$$

$$G = \frac{S_i}{t + 0.8d} = \frac{\pi d^2}{4(t + 0.8d)} \qquad (5-64)$$

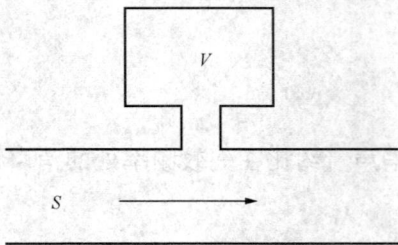

图 5-12　单腔共振消声器结构示意

上两式中 G——传导率，m；

V——共振腔容积，m^3；

n——小孔数；

S_i——单个小孔的面积，m^2；

d——小孔直径，m；

t——穿孔板厚度，m。

如果不考虑声阻，共振腔消声器的传声损失为

$$L_{TL} = 10\lg\left[1 + \frac{K^2}{\left(\dfrac{f}{f_0} - \dfrac{f_0}{f}\right)^2}\right]\qquad(5-65)$$

$$K = \frac{\sqrt{GV}}{2S}\qquad(5-66)$$

式中 f_0——共振吸收频率，Hz；

f——声波频率，Hz；

G——传导率；

V——共振腔容积，m^3；

S——气流通道的截面积，m^2。

图 5-13 给出的是不同情况下共振消声器的消声特性曲线。可以看出，共振腔消声器的选择性很强。共振消声器的消声量在共振频率处很高，但频带很窄。K 值越小，消声频带越窄。因此，K 值是共振腔消声器设计中的重要参数。

式（5-65）计算的是单一频率的消声量。实际工程中，通常要计算某一频带的消声量，最常用的是倍频程和 1/3 倍频程。

对于倍频程，传声损失为

$$L_{TL} = 10\lg[1 + 2K^2]\qquad(5-67)$$

对于 1/3 倍频程，传声损失为

$$L_{TL} = 10\lg[1 + 19K^2]\qquad(5-68)$$

（2）改善共振消声器性能的方法。共振消声器的消声频率范围窄，为弥补这一缺陷，有以下几种方法：

1）选择较大的 K 值。在偏离共振频率时，消声量 L_{TL} 与 K 有关。要在较宽的频带上得到较大的消声量应增大 K 值。但是 K 增大，腔体容积 V 也增大，有时现场实施很困难。

2）增加共振消声器的摩擦阻尼。如在孔上蒙上一层细孔织物，或在腔体中填充吸声材料，能使消声频带变宽，但消声量峰值下降。

3）采用多节共振消声器串联。把几节

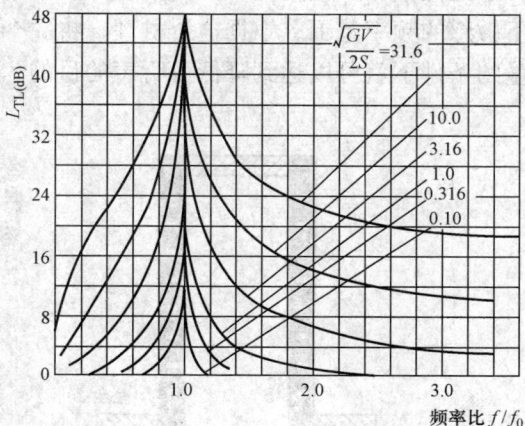

图 5-13 共振消声器的消声特性

不同共振频率的共振消声器串联组合，可以在较宽的频带上获得较大的消声量。

4）采用微穿孔板消声器。它也是共振消声器，不过开孔很小，一般孔径小于 1mm，因而声阻较大。这种消声器可以在相当宽的频率范围内达到较高的消声量，而对系统阻力较小。缺点是孔细而多，加工困难，微孔易于堵塞。

（五）微穿孔板消声器

微穿孔板消声器是一种高声阻、低声质量吸声元件。微穿孔板消声器的结构特征为微孔（$\phi 0.2 \sim 1$）、薄板（$0.5 \sim 1mm$）、低穿孔率（$0.5\% \sim 3\%$）和一定的空腔深度（$50 \sim 200mm$）。

微穿孔板消声器消声频带较宽，气流阻力很小，不需用多孔吸声材料，具有适用风速较高、抗潮湿、耐高温、不起尘等许多优点，而且可以设计成管式、片式、声流式、小室式等多种不同形式，应用广泛。

（六）阻抗复合式消声器

由于阻性消声器在中高频范围内有较好的消声效果，而抗性消声器在低中频有好的消声效果，把两者结合起来设计成阻抗复合式消声器就可以在较宽的频率范围内获得较高的消声效果。

常用的阻抗复合式消声器有阻性—扩张室复合消声器、阻性—共振腔复合消声器、阻性—扩张室—共振腔复合消声器等。阻抗复合式消声器的消声量计算比较复杂，大都是通过实验或现场测量确定。

（七）排气放空消声器

排气放空噪声又称喷注噪声，通常采用排气放空消声器。排气放空消声器又称喷注耗散型消声器，它是从声源上降低噪声的。按消声原理分，主要有小孔喷注消声器、节流降压消声器、多孔扩散消声器和引射掺冷消声器等种类。

1. 小孔喷注消声器

图 5-14 为小孔喷注消声器结构示意及其插入损失与小孔直径的关系曲线。由于喷注噪声的峰值频率与喷口直径成反比，如果喷口直径变小，喷口辐射的噪声能量将从低频移向高频，于是低频噪声被降低，而高频噪声反而增高，如果孔径小到一定值，喷注噪声将移到人耳不敏感的频率范围。根据这个机理，将一个大的喷口改用许多小孔来代替，在保持相同排气量的条件下就可以达到降低可听声的目的。

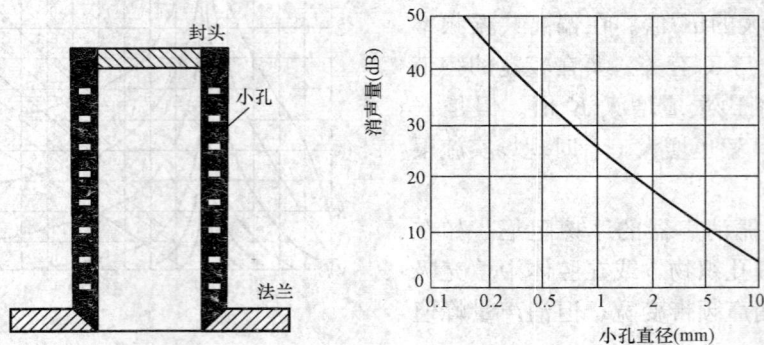

图 5-14　小孔喷注消声器及其插入损失

小孔喷注消声器主要适用于降低排气压力较低（如 5～10kg/cm²）而流速甚高的放空排气噪声，如压缩空气排放、锅炉蒸汽排空等均有很多应用。小孔喷注消声器的消声量一般可达 20dB 左右，且具有体积小、重量轻、结构简单、经济耐用等特点。

2. 节流减压消声器

通过多级节流孔板串联，把排空的一次压降分散成若干个小压降。由于排气噪声声功率与压降的高次方成正比，所以这种把压力突变排空改为压力渐变排空，便可取得消声效果。

节流减压消声器主要适用于高压高温排气放空装置，其消声量一般可达 15～20dB(A)。图 5-15 为节流减压消声器的几种形式。

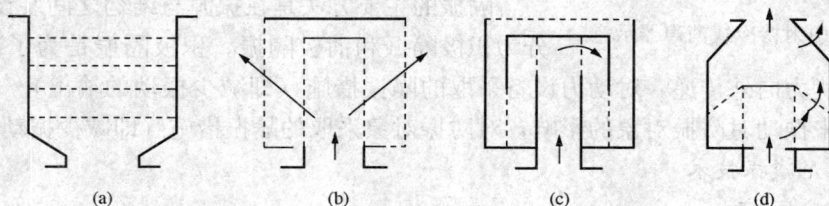

图 5-15 几种节流减压消声器形式
(a) 四级孔板节流；(b) 二级孔管节流；(c) 三级孔管迷路节流；(d) 三级孔管锥管节流

3. 多孔扩散消声器

这类消声器所用材料带有大量的细小孔隙（孔隙小到丝米级），如绕结金属、多孔陶瓷、多孔网柱等，可将排放气流滤成无数个小的气流，气体压力降低，流速被扩散减小，因而辐射的噪声强度大大减弱，同时这些多孔材料本身也起到一定的吸声作用。多孔扩散消声器一般适用于低压高速、小流量的排气噪声，其消声效果可达 20～40dB(A)。图 5-16 为多孔扩散消声器的几种形式。

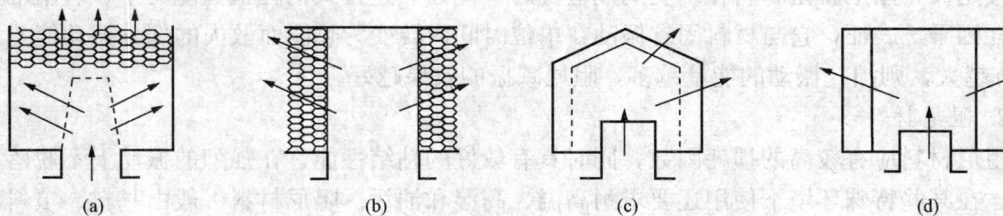

图 5-16 几种多孔扩散消声器形式
(a) 多层金属网板；(b) 多层金属网筒；(c) 多孔陶瓷；(d) 粉末冶金

4. 引射掺冷消声器

图 5-17 为引射掺冷式消声器示意图。高温气流由设备的排气管排入消声器后，便在气流周围形成负压区，利用这种负压把外界冷空气从上半壁外壁的掺冷孔中吸入，从排气管口周围掺入到排放的高温气流中去。对于高温气流，这样会在消声器通道内形成温度梯度，即中间热、四周冷。而这种温度梯度又导致速度梯度，使声波在传播中向消声器周壁弯曲，由于在周壁设置有微穿孔板吸声结构，因而恰好把声能吸收。如果与扩张减压制成复合式消声器，降噪效果可达 30～50dB(A)。

在实际的噪声控制工程中，常把几种喷注耗散型消声器通过适当的结构复合起来使用，

掺冷孔

微穿孔板

排气管

排气

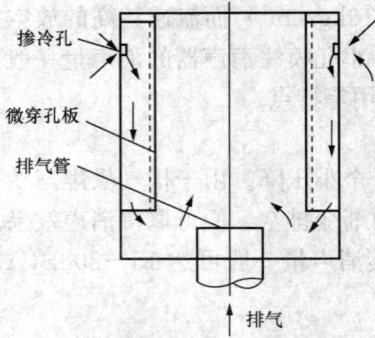

图 5-17　引射掺冷式消声器示意

以获得较高的消声效果，如节流降压小孔喷注消声器、扩散减压与微孔板掺冷消声器等。

四、隔振与阻尼减振技术

振动是噪声之源。隔振是在机器设备下面装设隔振器（减震器）以减少或阻止振动传入地基的一种措施。阻尼减振是用阻尼材料涂刷在振动板材的表面，以减弱板材振动，降低噪声辐射的有效措施。

（一）隔振技术

隔振的主要方法是在振源与结构之间装设隔振装置，分为积极隔振和消极隔振。积极隔振是为了减少动力设备产生的干扰力向外传递，对动力设备采取的隔振措施（即减少振动的输出）。消极隔振是为了减少外来振动对防振对象的影响，对防振对象采取的隔振措施（即减少振动的输入）。

（二）阻尼减振技术

1. 阻尼减振原理

使用金属板材做隔声罩或通风管道时，由于金属板材容易受激振而辐射噪声，为了更有效地抑制振动，需要在薄的钢板上紧紧贴上或喷涂上一层内摩擦阻力大的材料，如沥青、软橡胶或其他高分子涂料配制而成的阻尼浆，这种措施称之为阻尼减振，它是噪声控制措施的重要手段之一。

阻尼抑制板面的振动是利用材料的内损耗的原理，当涂上阻尼材料的金属板做弯曲振动时，阻尼层也随之振动，一弯一折使得阻尼层时而被压缩，时而被拉伸，阻尼材料内部的分子相对位移，由于摩擦而损失一部分能量。另一方面，阻尼层的刚劲总是力图阻止板面的弯曲振动。

按定义，阻尼就是材料在承受周期应变时，能以热量方式消耗机械能的本领。阻尼大小用损耗因子 η 表征，它与材料固有振动在单位时间内转变为热能而散失的部分振动能量成正比。η 越大，则损耗振动的能量越多，阻尼减振的效果越好。

2. 阻尼材料

阻尼材料应有较高的损耗因数，同时具有较好的粘结性能，在强烈的振动下不脱落、不老化。在某些特殊环境下使用还要求耐高温、高湿和油污。阻尼材料一般由基料、填料和溶剂三部分组成。

（1）基料。基料是阻尼材料的主要成分，其作用是使构成阻尼材料的各种成分进行有效黏合，并粘结在金属板上，常用的基料有沥青基、橡胶基和树脂基。

（2）填料。填料的作用是增加阻尼材料的内损耗能力和减少基料的用量以降低成本。常用的有膨胀珍珠岩粉、石棉绒、石墨、碳酸钙、硅石等。一般情况下，填料占阻尼材料的 $30\%\sim60\%$。

（3）溶剂。溶剂的作用是溶解基料，常见的溶剂有汽油、乙酸乙酯等。

3. 阻尼层的涂法

阻尼层与金属板面的结合一般有两种做法：一种是将阻尼涂料涂在金属板的一面或两面，这种做法叫自由阻尼层，又称拉伸型；另一种做法是夹心式做法，即在振动的金属板上粘贴一层弹性材料的阻尼层，其外再覆盖一层弹性模量较高的起约束作用的金属板，称为约束阻尼结构层，振动时阻尼层一面受到约束层的约束，而另一面随着结构振动使阻尼层发生了较大的剪切变形，故又称之为剪切型阻尼层。自由阻尼层和约束阻尼层相比较，前者工艺简单、费用低，但从抑制效果看，后者要好得多。

第三节　火电厂噪声污染与防治

火电厂内有众多的噪声源，加强电厂的噪声防治，有助于保障职工的身心健康，提高生产运行的安全性，改善厂区周围的环境质量。

一、电厂的噪声

火电厂的噪声源很多，归纳起来，火电厂噪声可分为以下几类。

一类是排气噪声，包括锅炉排气及新锅炉投产前冲管等所产生的噪声。排气噪声的声压级最高可达 160dB（A）以上，但它们是非连续性噪声源。全国绝大多数电厂的锅炉均安装了消声器，使排气噪声大大降低。

国内若干大中型电厂的排气噪声的实测值参见表 5-4。

表 5-4　　　　　　　　　　　　若干大中型电厂的排气噪声的实测值

声源名称	声级值 dB(A)	频谱特性	测点距声源的距离
A 电厂锅炉排气	89	高频	300m 左右
A 电厂锅炉排气	110	高频	100m 左右
B 电厂高压排气	93	高频	110m 左右
C 电厂疏水排气	116	高频	10m 左右
D 电厂锅炉排气	119	高频	10m 左右
E 电厂锅炉排气	95	高频	100m 主控室内
F 电厂疏水排气	102.5	高频	5m 下方
G 电厂锅炉排气	151	高频	约 10m
G 电厂锅炉排气	94	高频	装消声器后
HG 电阀门漏气	98	高频	0m

由表 5-4 可知，电厂各种排气为超高强噪声，对环境的影响很大。

一类为气体动力噪声，是由电厂中的各类风机、风管、汽机汽管中高压气流运动、扩容、节流、排气、漏气所产生的，它具有高、中、低各类频谱。

另一类噪声是机械噪声，主要是发电机、汽轮机、引风机、磨煤机等设备的运转、振动、摩擦、碰撞而产生的，它们以低中频为主。虽然这类噪声对环境影响较小，但它们是连续性噪声，对操作人员的身心健康影响较大。

此外，电厂中比较突出的噪声还有燃烧噪声及电磁噪声。燃烧噪声是指锅炉内燃烧、气化及烟气运动对流过程所产生的低中频噪声；电磁噪声是指电动机、励磁机、变压器以及其他电气设备，在磁场交变运动过程中所产生的噪声，它们以中低频为主。

上述噪声的声源绝大部分集中于主厂房内，故主厂房成为火电厂主要的噪声源。电厂主厂房设备噪声及车间噪声范围参见表 5-5。

表 5 - 5　　　　　　　　　电厂主厂房设备噪声及车间噪声范围

设备及车间名称	噪声级 dB(A)				设备及车间名称	噪声级 dB(A)			
	80	90	100	110		80	90	100	110
1. 锅炉					16. 高压加热器调门				
2. 送风机					17. 疏水管				
3. 引风机					18. 油箱高压油泵				
4. 钢球磨煤机					19. 汽机房				
5. 中速磨煤机					20. 碎煤机				
6. 风扇磨煤机					21. 空气压缩机				
7. 锅炉房环境					22. 化水车间				
8. 汽机调速器					23. 化水泵房				
9. 汽机					24. 水泵房				
10. 发电机					25. 锻工房				
11. 励磁机					26. 金工车间				
12. 锅炉给水泵					27. 冷却水塔				
13. 凝结水泵					28. 载重汽车				
14. 冷却水泵					29. 汽车喇叭				
15. 油箱回油喷嘴									

表 5 - 5 中序号为 1、2、3、5、6、7、9、10、11、19、21 的设备或车间产生的噪声以低中频为主；4、12、18、20、22、23、24、28 以低频为主；15、16、25、26、27 则以中高频为主。

由表 5 - 5 可以看出，电厂主厂房设备噪声的特点是：

(1) 大部分强声源的噪声级在 85dB(A) 以上；

(2) 电厂大部分强声源集中在主厂房内；

(3) 主厂房声源的频谱多为中低频（电厂各种排气为超高强高频噪声）。

主厂房噪声级值较高，大机组往往可达 95dB(A) 以上。由于主厂房内通常装有多台机组，即使一两台机组停运检修的情况下，主厂房的总噪声级仍保持较高值。

主厂房空间大，很多设备集中在一起，各类噪声在离开声源后，在厂房内部空间交混并能激起共鸣声。它与固体振动传播出的噪声联成一体，形成了巨大的立体噪声源。每一个界面可看作是一个发声面，对各个界面向外逸出的噪声进行实际监测，主厂房各界面的噪声向外传播衰减至 60dB(A) 的距离约为 90～280m。

二、火电厂噪声污染的防治

根据火电厂噪声的特点及其传播衰减规律来研究防治噪声污染的措施。

电厂的主要噪声源是电厂各类排气及主厂房中的设备，如钢球磨煤机、送引风机、空气压缩机、励磁机等，故它们应成为治理的重点。由于影响环境噪声的因素很多，故要采取多种措施来降低电厂的噪声污染。

1. 电厂设计中，充分考虑噪声的控制问题

厂址的选择要充分考虑噪声对环境的影响。厂址选定以后，则要对各类建筑进行合理布置。

依据噪声级的状况可将电厂建筑物分为噪声源建筑物与防噪声建筑物两大类，见表

5-6，对超过 115dB（A）的各类强噪声源未列入表中。对表 5-6 中所提出的各类建筑物，在总平面布置上，应尽可能做到分区集中。在满足工艺需要的条件下，带强噪声源建筑应布置在对安静区影响较小的位置；防噪声要求严格的建筑，则应布置在安静区域内的适当位置。

表 5-6 　　　　　　　　　　　　　　　　　　　电厂建筑物的分类标准

分　类	分类名称及标准	分类所属建筑物
噪声源建筑	噪声级为 90～115dB（A）的带强声源设备建筑	主厂房、引风机间、碎煤机室、水泵房、灰浆泵房、机力除灰塔、空气压缩机室、翻车机室、锻工房、带鼓风机的铸工车间、制氧站等
	噪声级＜90dB（A）的带一般噪声源设备建筑	化水车间、卸煤沟、主变及厂变压器间、电除尘装置、冷却塔、启动锅炉房、转运站、金工车间等
防噪声建筑	噪声级为 55～65dB（A）的严格防噪声建筑	主控室、集中控制室、通信室、总机室、计算机室、值班宿舍、厂医院、哺乳室等
	噪声级为 60～70dB（A）的一般防噪声建筑	办公室、会议室、化验室、一般控制室、医务室等

2. 采取多种措施，控制关键设备及位置的噪声

对设备噪声可采取多种方法加以控制，例如声源加装隔声罩；声源基础做减振处理；合理选择建筑物窗、洞的大小及位置；降低高位声源的标高等。

离声源或受声点越近的遮挡物，对噪声的控制作用越显著。在某种情况下，设置人工障壁，也是控制噪声传播的有效措施。例如噪声较低的仓库，安静要求不高，故它又可作为隔声障壁；又如矮墙、土堤之类的构筑物，也可作为单机声源噪声的遮挡障壁。国外有的电厂采取了主厂房离地面 5m 以上不开窗，主厂房四周筑起 5m 高土坡，坡上遍种树木，使厂区逸出的噪声降低了 8dB（A）。国外火电厂中，尽量减少主厂房开窗面积，以减弱噪声的对外传播，已成为普遍采用的控制电厂环境噪声的一种手段。

对于主厂房面向安静区域的界面对应的局部位置，必要时可以加大挡板面积加以封闭，防止该部位噪声直接影响安静区域及严格防噪声的建筑物。这对于非接近主厂房不可的主控室、办公楼等的噪声降低尤为有效。在声源确定的情况下，改变建筑物门、窗、洞口的方位朝向，设置隔声外廊等，均可有效地降低室内的噪声值。

上述诸措施在电厂设计中就要充分加以考虑。

电厂环境保护工作人员应在电厂投产前对电厂防噪声污染提出要求与建议。设计部门应精心设计，对电厂各类建筑物及噪声设备进行合理布置，并采取切实的防范措施，以降低电厂投产后噪声对环境的污染。

3. 加装消声设备，尽可能地降低排气噪声

电厂中发出超高强噪声的排气口，须通向室外并加消声设备。

蒸汽排放是电厂最强的噪声源之一。多数锅炉上装有强力排气阀，它装于二级过热器出口联箱的蒸汽管道上。当紧急停炉时，系统中强力排气阀首先动作；同样，当负荷波动时，负荷骤降比锅炉出力降低要快的情况下，强力排气阀用来防止锅炉超压。

在设计流量下，选择适当的消声器直径和长度，就能把排气噪声降下来。运行中应严格控制流量，因为流量过高会在消声器内部和出口处由于再生噪声而削弱消声器的消声作用，

还会侵蚀吸声材料，严重时还可使消声器受到机械性损坏。

装设消声器可使排气噪声大幅度降低，例如一台高性能的消声器可在声源120m处将噪声由原来的103dB(A)降至56dB(A)。又如，两个电厂排气量均为680t/h，第一次冲管时，在距声源165m处，未装消声器的电厂，其噪声为117dB(A)，而另一个装有直径为2.8m的消声器的电厂，其噪声降低了34dB(A)。

4. 选用多种吸声与隔声技术，以降低噪声污染

如选用多孔性吸声材料、共振吸声结构、隔声间等降低噪声。

5. 合理布置并增大绿化面积，以降低环境噪声

树木、草地具有一定的吸声功能，大量而集中的树木可降低环境噪声。

火电厂的噪声控制应从以上各环节综合考虑，从而达到良好的控制效果。

复 习 思 考 题

1. 火力发电厂的主要噪声源有哪些？它们所排放的噪声有哪些特点？
2. 火电厂噪声污染防治的方法有哪些？
3. 噪声的主要评价量有哪些？
4. 噪声控制的原则是什么？
5. 噪声控制技术分为哪几类？分述其原理。
6. 噪声控制的消声技术分为哪几类？
7. 在空间某处测得环境背景噪声的倍频程声压级：

f(Hz)	63	125	250	500	1000	2000	4000	8000
L_p(dB)	90	97	99	83	76	65	84	72

求其线性声压级和A计权声级。

8. 某房间大小为$6 \times 7 \times 3 m^3$，墙壁、天花板和地板在1kHz的吸声系数分别为0.06、0.07、0.07，若在天花板上安装一种1kHz吸声系数为0.8的吸声贴面天花板，求该频带在吸声处理前后的混响时间及处理后的吸声降噪量。

9. 某一隔声墙面积$12 m^2$，其中门、窗所占的面积分别为$2 m^2$、$3 m^2$。设墙体、门、窗的隔声量分别为50dB、12dB、15dB，求该隔声墙的平均隔声量。

10. 某声源排气噪声在125Hz处有一峰值，排气管直径为100mm，长度为2m，试设计一单腔扩张室消声器，要求在125Hz处有13dB的消声量。

参 考 文 献

1. 赵毅，胡志光，等．电力环境保护实用技术及应用．北京：中国水利水电出版社，2006.

2. 邱丽霞，韩晓琳，杨淑红．热力发电厂．北京：中国电力出版社，2008.

3. 吴怀兆．火力发电厂环境保护．北京：中国电力出版社，1996.

4. 奚旦立，孙裕生，刘秀英．环境监测．第三版．北京：高等教育出版社，2004.

5. 华东六省一市电机工程学会．环境保护．北京：中国电力出版社，2001.

6. 李晓芸，赵毅，王修彦．火电厂有害气体控制技术．北京：中国水利水电出版社，2005.

7. 钟秦．燃煤烟气脱硫脱硝技术及工程实例．北京：化学工业出版社，2004.

8. 杨飏．二氧化硫减排技术与烟气脱硫工程．北京：冶金工业出版社，2004.

9. 赵毅．电力环境保护技术．北京：中国电力出版社，2007.

10. 郝吉明，马广大．大气污染控制工程．第二版．北京：高等教育出版社，2002.

11. 阎维平．洁净煤发电技术．北京：中国电力出版社，2002.

12. 蒋文举．烟气脱硫脱硝技术手册．北京：化学工业出版社，2007.

13. 刘金荣．"静电布袋"联合除尘在燃煤电厂的应用前景．工业安全与环保，2006，32（11）：19～20.

14. 徐长香，傅国光．氨法烟气脱硫技术综述．电力环境保护，2006，21（2）：17～20.

15. 姚群，等．大型火电厂锅炉烟气袋式除尘技术与应用．安全与环境学报，2005，5（4）：1～3.

16. 郑慧莹，等．袋式除尘器在燃煤电厂的应用．煤矿现代化，2007（2）：38～39.

17. 张立群．电厂燃煤锅炉同时脱硫脱氮技术分析．科技情报开发与经济，2005，15（7）：152～154.

18. 谭庆锋，等．电厂同时脱硫脱氮技术研究进展及综合防治对策研究．江西化工，2005（3）：19～22.

19. 朱峰．电除尘器除尘效率影响因素分析及应用．湖北电力，2007，31（3）：58～60.

20. 李红英，等．干法烟气脱硫技术的进展及其应用分析．辽宁化工，2007，36（8）：540～542.

21. 陈汇龙，等．高电压技术在烟气脱硫中的应用研究．高电压技术，2006，32（11）：96～99.

22. 王旭伟，等．国内外电厂燃煤锅炉烟气同时脱硫脱硝技术的研究进展．电站系统工程，2007，23（4）：5～7.

23. 杜黎明，等．燃煤锅炉同时脱硫脱硝技术性分析．中国电力，2007，40（2）：71～74.

24. 徐铮，等．湿法脱硫副产品品质影响因素分析及再利用研究．中国电力教育，2007年研究综述与技术论坛专刊.

25. 李庆，等．燃煤电厂采用电袋一体复合式除尘器的技术探讨．华北电力技术，2006，（9）：13～15.

26. 范浩杰，等．水煤浆与煤粉燃烧脱硫比较．燃烧科学与技术，2000，6（1）：47～50.

27. 庄正宁．环境工程基础．北京：中国电力出版社，2006.

28. 王国华，任鹤云．工业废水处理设计与实例．北京：化学工业出版社，2005.

29. 杨宝红，汪德亮，王正江．火力发电厂废水处理与回用．北京：化学工业出版社，2006.

30. 李亚峰，同玉衡，陈立杰．实用废水处理技术．第二版．北京：化学工业出版社，2007.

31. 肖作善，施燮钧，王蒙聚．热力发电厂水处理．北京：中国电力出版社，1996.

32. 韩怀强，蒋挺大．粉煤灰利用技术．北京：化学工业出版社，2001.

33. 庆承松，任升莲，宋传中．电厂粉煤灰的特征及其综合利用．合肥工业大学学报，2003，45（26）：29～31.

34. 庄利军，张光生．炉渣在锅炉烟道气脱硫中的应用．节能，2004，4.

35. 宋楚夫，朱跃．干法、半干法烟气脱硫技术脱硫渣的综合利用．电站系统工程，2002（18）：2.

36. 洪宗辉，潘仲麟．环境噪声控制工程．北京：高等教育出版社，2002.